空调维修
从入门到精通

定频空调 + 变频空调 维修合集

李志锋 等 编著

 化学工业出版社
·北京·

内容简介

本书采用全彩色图解的方式，全面系统地介绍空调器维修知识与故障检修案例。

全书内容分为定频空调维修和变频空调维修两篇，分别介绍两种类型空调的维修入门，制冷系统的维修，空调专用元器件的检测与维修，电控系统的工作原理，室内机/室外机主板、通信电路、单元电路的检修分析，定频空调和变频空调常见故障维修实例等内容，通过大量的现场维修图片，真实地再现了不同类型空调的维修实际场景，步步引导读者快速掌握定频空调和变频空调的维修技能，成为一名合格的空调维修工程师。

本书内容全面新颖、知识系统、技能实用、彩色图解、易学易懂，不仅涵盖了定频空调与变频空调的维修内容，还附送大量的维修视频，帮助读者更加直观地理解空调器维修知识与技能。

本书可供空调维修人员学习，也可供职业院校、培训学校相关专业的师生参考。

图书在版编目（CIP）数据

空调维修从入门到精通：定频空调＋变频空调维修合集/李志锋等编著． —北京：化学工业出版社，2021.3（2024.5重印）

ISBN 978-7-122-38207-8

Ⅰ．①空⋯　Ⅱ．①李⋯　Ⅲ．①空气调节器-维修　Ⅳ．①TM925.120.7

中国版本图书馆CIP数据核字（2020）第245287号

责任编辑：李军亮　徐卿华　　　　　装帧设计：史利平
责任校对：宋　夏

出版发行：化学工业出版社
　　　　　（北京市东城区青年湖南街13号　邮政编码100011）
印　　装：北京缤索印刷有限公司
787mm×1092mm　1/16　印张23¼　字数561千字
2024年5月北京第1版第6次印刷

购书咨询：010-64518888　　售后服务：010-64518899
网　　址：http://www.cip.com.cn
凡购买本书，如有缺损质量问题，本社销售中心负责调换。

定　　价：99.00元　　　　　　　　　版权所有　违者必究

前言

随着空调产业的迅速发展及人民生活水平的提高，空调器的使用日益普遍。早期主要是以定频空调器为主流，但随着国家对节能产品的重视，而变频空调器具有"得天独厚"的节能优势，使得各大品牌的空调器厂商纷纷提高变频空调器的比例，近年来变频空调器的销量快速上升。相对于定频空调器，变频空调器室外机选用变频压缩机，并配套有复杂的电控系统，维修难度也大大增加。同时，空调器作为季节性很强的一类产品，维修时效性非常强，因此需要维修人员充分了解定频和变频空调器的电控原理和特点，以提高维修速度和质量。

已经出版的《空调器维修从入门到精通（图解彩色版）》和《变频空调器维修从入门到精通（图解彩色版）》两本书，分别以定频空调器和变频空调器为主要对象，结合笔者多年的空调器维修经验对空调器的维修技能进行介绍，自出版以来，因其全面实用的内容而受到广大读者及同行的欢迎。为了更好地满足读者的需求，现将两本书进行整合优化，使其同时涵盖定频空调和变频空调的维修内容，同时对相关内容进行更新和补充，并增加更多的维修检测视频，使内容更加全面、系统、实用，更好地帮助广大维修人员快速掌握空调器维修技能。

本书内容具有以下特点。

1. 全面系统：内容涵盖了定频和变频空调器基础、制冷系统基础、通用元器件和变频空调器专用元器件的检测、定频和变频的室内机及室外机主板单元电路分析、美的空调器室内机主板和室外机电控盒的更换流程、定频和变频空调器常见故障维修实例等，循序渐进地引导读者快速掌握空调器维修技能。

2. 案例丰富：重新总结了这几年空调器维修经验，并采用了大量的维修案例。

3. 全彩印刷：为了更清楚地表达空调器的原理和维修实际情况，本书采用全彩印刷的方式，更加方便读者学习。

4. 全程图解：本书采用维修过程一步一图的编写方式，真实还原维修现场，手把手教学空调器的维修。

5. 赠送视频：本书提供维修视频供读者学习使用，包括空调器维修原理和实用技能，帮助读者快速掌握相关技能。

本书主要由李志锋编著，参加本书编写及为本书的编写提供帮助的人员还有周涛、李艳伟、李嘉妍、李明相、刘提、李佳怡、李佳静、刘均、金闯、金华勇、金科技、李文超、金坡、金记纪、金亚南等，在此表示衷心的感谢。

由于笔者水平所限，加上编写时间仓促，书中难免有不妥之处，希望广大读者提出宝贵意见。

编著者

目录

附　录

空调维修操作视频二维码

第一篇

定频空调器维修

第一章
空调器维修入门

第一节 认识空调器

对密闭空间、房间或区域里空气的温度、湿度、洁净度及空气流动速度（简称"空气四度"）等参数进行调节和处理，以满足一定要求的设备，称为房间空气调节器，简称为空调器。

一、空调器型号命名方法

空调器型号命名方法执行国家标准GB/T 7725—1996，基本格式见图1-1。期间又增加GB12021.3—2004和GB12021.3—2010两个标准，主要内容是增加"中国能效标识"图标。

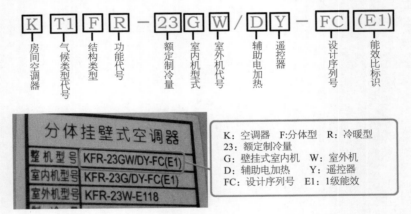

图1-1 空调器型号基本格式

1. 房间空调器代号

"空调器"汉语拼音为"Kong Tiao Qi"，因此选用第一个字母"K"表示空调器。

2. 气候类型

表示空调器所在工作的环境，分T1、T2、T3三种工况，具体内容见表1-1。由于在国内使用的空调器工作环境均为T1类型，因此在空调器型号中省略不再标注。

表1-1 气候类型工况

类型	T1（温带气候）	T2（低温气候）	T3（高温气候）
单冷型	18～43℃	10～35℃	21～52℃
冷暖型	−7～43℃	−7～35℃	−7～52℃

空调维修从入门到精通——定频空调+变频空调维修合集

3. 结构类型

家用空调器按结构类型可分为两种：整机式和分体式。

整体式即窗式空调器，实物外形见图1-2，英文代号为"C"，多见于早期使用；由于运行时整机噪声太大，目前已淘汰不再使用。

分体式英文代号为"F"，由室内机和室外机组成，也是目前最常见的结构形式（实物外形见图1-5和图1-6）。

例：K C R - 20

整体式：窗式空调器（窗机）

图1-2 窗式空调器

4. 功能代号

功能代号表示空调器所具有的功能，见图1-3，分为单冷型、冷暖型（热泵）、电热型。

单冷型只能制冷不能制热，所以只能在夏天使用，多见于南方使用的空调器，其英文代号省略不再标注。

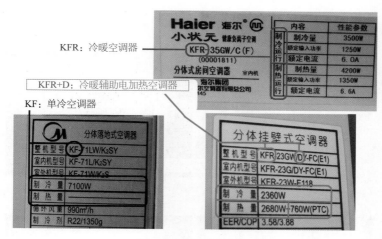

KFR：冷暖空调器

KFR+D：冷暖辅助电加热空调器

KF：单冷空调器

图1-3 功能代号标识

冷暖型既可制冷又可制热，所以夏天和冬天均可使用，多见于北方使用的空调器。制热按工作原理可分为热泵式和电热式，其中热泵式是在室外机的制冷系统中加装四通阀等部件，通过吸收室外的空气热量进行制热，也是目前最常见的形式，英文代号为"R"；电热式不改变制冷系统，只是在室内机加装大功率的电加热丝用来产生热量，相当于将"电暖气"安装在室内机，其英文代号为"D"（整机型号为KFD开头），多见于早期使用的空调器，由于制热时耗电量太大，目前已淘汰不再使用。

5. 额定制冷量

额定制冷量用阿拉伯数字表示，见图1-4，单位为100W，即标注数字再乘以100，得出的数字为空调器的额定制冷量，我们常说的"匹"也是由额定制冷量换算得出的。

分体挂壁式空调器	
整机型号	KFR-26GW/I₁Y
室内机型号	KFR-26G/I₁Y
室外机型号	KFR-26W/I₁
制冷量	2600W
制热量	3000W
循环风量	520m³/h
制冷剂	R22/680g

26：额定制冷量为2600W

金元帅 健康负离子空调	
KFR-60LW/(BPF) (0000944)	
柜式房间空调器	室外机

60：额定制冷量为6000W

图1-4　额定制冷量标识

🛈 说明

　　由于制冷模式和制热模式的标准工况不同，因此同一空调器的额定制冷量和额定制热量也不相同，空调器的工作能力以制冷模式为准。

6.室内机结构形式

　　D—吊顶式；G—壁挂式（即挂机）；L—落地式（即柜机）；K—嵌入式；T—台式。家用空调器常见形式为挂机和柜机，分别见图1-5和图1-6。

7.室外机代号

　　室外机代号为大写英文字母"W"。

图1-5　壁挂式空调器

图1-6　落地式空调器

8.斜杠"/"后面标号表示设计序列号或特殊功能代号

　　见图1-7，允许用汉语拼音或阿拉伯数字表示。常见有：Y—遥控器；BP—变频；ZBP—直流变频；S—三相电源；D（d）—辅助电加热；F—负离子。

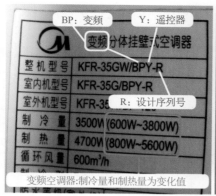 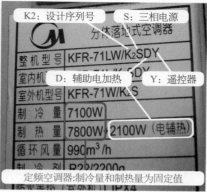

图1-7　定频与变频空调器标识

 说明

　　同一英文字母在不同空调器厂家表示的含义是不一样的，例如"F"，在海尔空调器中表示为负离子，在海信空调器中则表示为使用无氟制冷剂R410A。

9. 能效比标识

　　能效比即EER（名义制冷量／额定输入功率）和COP（名义制热量／额定输入功率），例如海尔KFR-32GW/Z2定频空调器，见图1-8，额定制冷量为3200W，额定输入功率为1180W，EER = 3200W ÷ 1180W = 2.71。

图1-8　能效比标识

　　能效比标识分为旧能效标准（GB 12021.3—2004）和新能效标准（GB 12021.3—2010）。旧能效标准于2005年3月1日开始实施，分体式共分为5个等级，5级最费电，1级最省电，详见表1-2。海尔KFR-32GW/Z2空调器能效比为2.71，根据表1-2可知此空调器为5级能效，也就是最耗电的一类。

表1-2　旧能效标准

制冷量	1级	2级	3级	4级	5级
制冷量≤4500W	3.4及以上	3.39～3.2	3.19～3.0	2.99～2.8	2.79～2.6
4500W＜制冷量≤7100W	3.3及以上	3.29～3.1	3.09～2.9	2.89～2.7	2.69～2.5
7100W＜制冷量≤14000W	3.2及以上	3.19～3.0	2.99～2.8	2.79～2.6	2.59～2.4

新能效标准于2010年6月1日正式实施，旧能效标准也随之结束。新能效标准共分3级，相对于旧标准，级别提高了能效比，旧标准1级为新标准的2级，旧标准2级为新标准的3级，见表1-3。海尔KFR-32GW/Z2空调器能效比为2.71，根据新能效标准3级最低为3.2，所以此空调器不能再上市销售。

表1-3　新能效标准

制冷量	1级	2级	3级
制冷量≤4500W	3.6及以上	3.59～3.4	3.39～3.2
4500W＜制冷量≤7100W	3.5及以上	3.49～3.3	3.29～3.1
7100W＜制冷量≤14000W	3.4及以上	3.39～3.2	3.19～3.0

10. 型号示例

[例1]　海信KF-23GW/58：表示为T1气候类型、分体（F）壁挂式（GW即挂机）、单冷（KF后面不带R）定频空调器，58为设计序列号，每小时制冷量为2300W。

[例2]　美的KFR-23GW/DY-FC（E1）：表示为T1气候类型、带遥控器（Y）和辅助电加热功能（D）、分体（F）壁挂式（GW）、冷暖（R）定频空调器，FC为设计序列号，每小时制冷量为2300W，1级能效（E1）。

[例3]　美的KFR-71LW/K2SDY：表示为T1气候类型、带遥控器（Y）和辅助电加热功能（D）、分体（F）落地式（LW即柜机）、冷暖（R）定频空调器，使用三相（S）电源供电，K2为序列号，每小时制冷量为7100W。

[例4]　科龙KFR-26GW/VGFDBP-3：表示为T1气候类型、分体（F）壁挂式（GW）、冷暖（R）变频（BP）空调器、带有辅助电加热功能（D）、制冷系统使用R410无氟（F）制冷剂、VG为设计序列号、每小时制冷量为2600W，3级能效。

[例5]　海信KT3FR-70GW/01T：表示为T3气候类型、分体（F）壁挂式（GW）、冷暖（R）定频空调器、01为设计序列号、特种（T，专供移动或联通等通信基站使用的空调器）、每小时制冷量为7000W。

二、空调器匹数（P）的含义及对应关系

1. 空调器匹数的含义

匹数是一种不规则的民间叫法，这里的匹数（P）代表的是耗电量，因以前生产的空调器种类较少，技术也相似，因此使用耗电量代表制冷能力，1匹（P）约等于735W。现在，国家标准不再使用"匹（P）"作为单位，使用每小时制冷量作为空调器能力标准。

2. 制冷量与匹数（P）对应关系

制冷量为2400W约等于正一匹，以此类推，制冷量4800W约等于正二匹，对应关系见表1-4。

表1-4　制冷量与匹数（P）对应关系

制冷量	俗称	制冷量	俗称
2300W以下	小1P空调器	4500W或4600W	小2P空调器
2400W或2500W	正1P空调器	4800W或5000W	正2P空调器

制冷量	俗称	制冷量	俗称
2600W 或 2800W	大1P空调器	5100W 或 5200W	大2P空调器
3200W	小1.5P空调器	6000W 或 6100W	2.5P空调器
3500W 或 3600W	正1.5P空调器	7000W 或 7100W	正3P空调器
		12000W	正5P空调器

注：1P～1.5P空调器常见形式为挂机，2P～5P空调器常见形式为柜机。

第二节　空调器结构

一、空调器的外部构造

空调器整机从结构上包括室内机、室外机、连接管道、遥控器四部分组成。室内机组包括蒸发器、贯流风扇、室内风机、电控部分等，室外机组包括压缩机、冷凝器、毛细管、轴流风扇、室外风机、电气元件等。

1. 室内机的外部结构

壁挂式空调器室内机外部结构见图1-9和图1-10。

① 进风口：房间的空气由进风格栅吸入，并通过过滤网除尘。

② 过滤网：过滤房间中的灰尘。

③ 出风口：降温或加热的空气经上下导风板和左右导风板调节方位后吹向房间。

④ 上下风门叶片（上下导风板）：调节出风口上下气流方向（一般为自动调节）。

⑤ 左右风门叶片（左右导风板）：调节出风口左右气流方向（一般为手动调节）。

⑥ 应急开关：无遥控器时使用应急开关可以开启或关闭空调器的按键。

⑦ 指示灯：显示空调器工作状态的窗口。

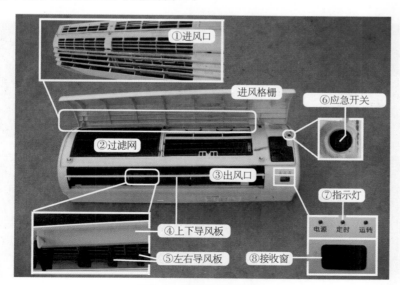

图1-9　室内机正面结构

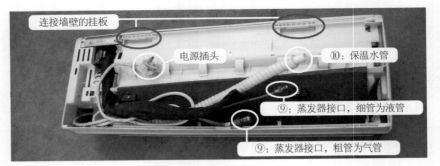

图1-10 室内机反面结构

⑧ 接收窗：接收遥控器发射的红外线信号。

⑨ 蒸发器接口：与来自室外机组的管道连接（粗管为气管，细管为液管）。

⑩ 排水软管（保温水管）：一端连接接水盘，另一端通过外接水管将制冷时蒸发器产生的冷凝水排至室外。

 说明

早期空调器进风通常由进风格栅（或称为前面板）进入室内机，而目前空调器进风格栅通常设计为镜面或平板样式，因此进风口部位设计在室内机顶部。

2. 室外机的外部结构

室外机外部结构见图1-11。

① 进风口：吸入室外空气（即吸入空调器周围的空气）。

② 出风口：吹出为冷凝器降温的室外空气（制冷时为热风）。

③ 管道接口：连接室内机组管道（粗管为气管接三通阀，细管为液管接二通阀）。

④ 检修口（加氟口）：用于测量系统压力，系统缺氟时可以加氟使用。

⑤ 接线端子：连接室内机组的电源线。

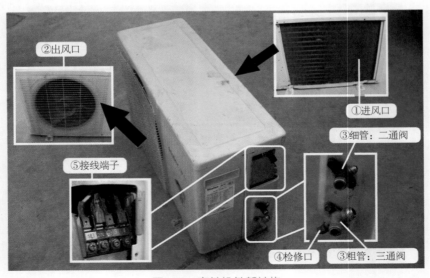

图1-11 室外机外部结构

3. 连接管道

连接管道用于连接室内机和室外机的制冷系统，完成制冷（制热）循环，见图1-12左图，其为制冷系统的一部分；粗管连接室内机蒸发器出口和室外机三通阀，细管连接室内机蒸发器入口和室外机二通阀；由于细管流通的制冷剂为液体，粗管流通的制冷剂为气体，所以细管也称为液管或高压管，粗管也称为气管或低压管；材质早期多为铜管，现在多使用铝塑管。

4. 遥控器

遥控器见图1-12右图，用来控制空调器的运行与停止，使之按用户的意愿运行，为电控系统中的一部分。

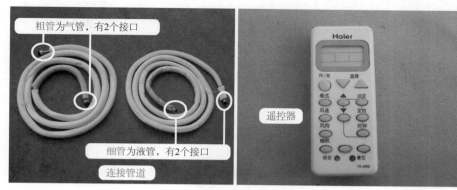

图1-12　连接管道和遥控器

二、空调器的内部构造

家用空调器无论是挂机还是柜机，均由四部分组成：制冷系统、电控系统、通风系统、箱体系统。制冷系统由于知识点较多，因此单设一节进行说明。

1. 主要部件安装位置

① 挂式空调器室内机主要部件　室内机主要部件见图1-13。
制冷系统：蒸发器。
电控系统：电控盒（包括主板、变压器、环温和管温传感器等）、显示板组件、步进电机。
通风系统：室内风机、贯流风扇、轴套、上下和左右导风板。
辅助部件：接水盘。

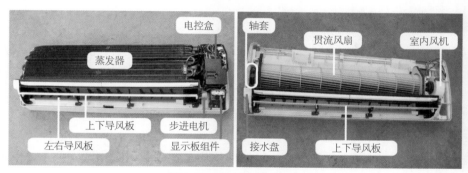

图1-13　室内机主要部件

② 挂式空调器室外机主要部件　室外机主要部件见图1-14。

制冷系统：压缩机、冷凝器、毛细管、四通阀、过冷管组。

电控系统：室外风机电容、压缩机电容。

通风系统：室外风机（轴流电机）、轴流风扇。

辅助部件：电机支架。

图1-14　室外机主要部件

2. 电控系统

电控系统相当于"大脑"，用来控制空调器的运行，一般使用微电脑（MCU）控制方式，具有遥控、正常自动控制、自动安全保护、故障自诊断和显示、自动恢复等功能。

电控系统主要部件见图1-15，通常由主板、遥控器、变压器、环温和管温传感器、室内风机、步进电机、压缩机、室外风机、四通阀线圈等组成。

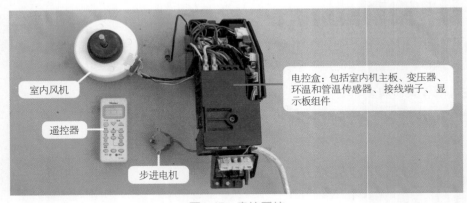

图1-15　电控系统

3. 通风系统

为了保证制冷系统的正常运行而设计，作用是强制使空气流过冷凝器或蒸发器，加速热交换的进行。

① 挂式空调器室内机通风系统　室内机通风系统见图1-16，使用贯流式通风系统，包括贯流风扇和室内风机，作用是将蒸发器产生的冷量（或热量）及时输送到室内，降低或加热房间温度。

贯流风扇由叶轮、叶片、轴承等组成，轴向尺寸很宽，风扇叶轮直径小，呈细长圆筒状，特点是转速高、噪声小；左侧使用轴套固定，右侧连接室内风机。

空调维修从入门到精通——定频空调＋变频空调维修合集

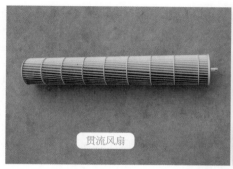

贯流风扇

室内风机：早期为抽头电机，
目前为PG电机

图1-16　贯流风扇和室内风机

　　室内风机产生动力驱动贯流风扇旋转，早期多为2速或3速的抽头电机，目前通常使用带霍尔反馈功能的PG电机，只有部分高档的定频和变频空调器使用直流电机。

　　贯流风扇叶片采用向前倾斜式，见图1-17，气流沿叶轮径向流入，贯穿叶轮内部，然后沿径向从另一端排出，房间空气从室内机顶部和前部的进风口吸入，产生一定的流量和压力，经过蒸发器降温或加热后，从出风口吹出。

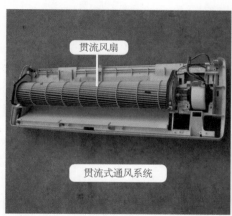

贯流风扇

贯流式通风系统

房间空气从进风口吸入

经过蒸发器降温或加热的空气，被贯流
风扇从出风口吹出

图1-17　贯流式通风系统

　　② 柜式空调器室内机通风系统　室内机通风系统见图1-18，使用离心式通风系统，包括离心风扇和室内风机，作用和挂式空调器相同，将蒸发器产生的冷量（或热量）及时输送到室内，降低或加热房间温度。

离心风扇

室内风机：2速、3速、4速抽头电机

图1-18　离心风扇和室内风机

离心风扇由叶片、叶轮、轮圈和轴承等组成，结构紧凑，风量大，噪声比较低，而且随着转速的下降，噪声也明显下降，叶轮材质主要采用ABS塑料，作用是将室内的空气吸入，再由离心风扇叶轮压缩后，经蒸发器冷却或加热，提高压力并沿风道送向室内。

室内风机产生动力驱动离心风扇旋转，通常使用2速、3速、4速的抽头电机，只有部分高档的定频和变频空调器使用直流电机。

离心风扇叶片通常为向前倾斜式，见图1-19，均匀排列在两个轮圈之间，室内风机运行时带动离心风扇高速旋转，在扇叶的作用下产生离心力，中心形成负压区，使气流沿轴向吸入风扇内，然后沿轴向朝四周扩散，为使气流定向排出，在离心风扇的外面装有泡沫蜗壳，在蜗壳的引导下，气流沿出风口流出。

图1-19　离心式通风系统

③ 室外机通风系统　室外机通风系统见图1-20，使用轴流式通风系统，包括轴流风扇和室外风机，作用是为冷凝器散热。

图1-20　轴流风扇和室外风机

轴流风扇结构简单，叶片一般为2片、3片、4片、5片，使用ABS塑料注塑成形，特点是效率高、风量大、价格低、省电，缺点是风压较低、噪声较大。

定频空调器室外风机通常使用单速电机，变频空调器通常使用2速、3速的抽头电机，只有部分高档的定频和变频空调器使用直流电机。

见图1-21，轴流风扇运行时进风侧压力低，出风侧压力高，空气始终沿轴向流动，将冷凝器中散发的热量强制吹到室外。

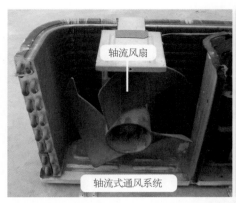

图1-21　轴流式通风系统

4. 箱体系统

箱体系统是空调器的骨骼。图1-22为挂式空调器室内机组的箱体系统（即底座），所有部件均放置在箱体系统上，根据空调器设计不同外观会有所变化。

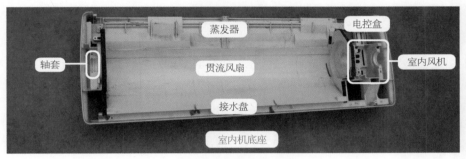

图1-22　室内机底座

图1-23为室外机底座，冷凝器、室外风机固定支架、压缩机等部件均安装在室外机底座上面。

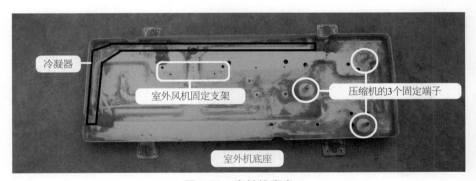

图1-23　室外机底座

第二章
制冷系统维修基础

第一节 主要部件

一、制冷系统

单冷空调器的制冷系统由压缩机、冷凝器、毛细管、蒸发器组成，称为制冷系统四大部件。

1. 压缩机

压缩机是制冷系统的心脏，将低温低压的气体压缩成为高温高压的气体，由电机和压缩部分组成。电机通电后运行，带动压缩部分工作，使吸气管吸入的低温低压制冷剂气体变为高温高压气体。

常见类型有三种：活塞式、旋转式、涡旋式。实物外形见图2-1。活塞式压缩机常见于老式柜式空调器中，通常为三相供电，现在已经很少使用；旋转式压缩机大量使用在1P～3P的挂式或柜式空调器中，通常使用单相供电，是目前最常见的压缩机；涡旋式压缩机使用在3P及以上柜式空调器中，通常使用三相供电，由于不能反向运行，使用此类压缩机的空调器室外机设有相序保护电路。

活塞式　　　　旋转式　　　　涡旋式

图2-1　压缩机

2. 冷凝器

冷凝器实物外形见图2-2，作用是将压缩机排出的高温高压的气体变为低温高压的液体。压缩机排出高温高压的气体进入冷凝器后，吸收外界的冷量，此时室外风机运行，将冷凝器表面的高温排向外界，从而将高温高压的气体冷凝为低温高压的液体。

常见形式有单片式、双片式等。

图2-2　冷凝器

3. 节流元件

① 毛细管　毛细管由于价格低及性能稳定，在定频空调器和变频空调器中大量使用，安装位置和实物外形见图2-3。

毛细管的作用是将低温高压的液体变为低温低压的液体。从冷凝器排出的低温高压液体进入毛细管后，由于管径突然变小并且较长，因此从毛细管排出的液体的压力已经很低，由于压力与温度成正比，此时制冷剂的温度也较低。

图2-3　毛细管

② 电子膨胀阀　部分空调器使用电子膨胀阀作为节流元件，安装位置和实物外形见图2-4，相对于毛细管，具有精确调节、制冷剂流量控制范围大等优点，但由于价格高，且需要配备室外机主板，因此应用在部分高档定频空调器或变频空调器中。

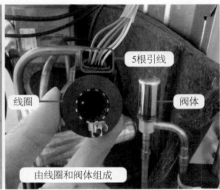

图2-4　电子膨胀阀

4. 蒸发器

蒸发器实物外形见图2-5，作用是吸收房间内的热量，降低房间温度。工作时毛细管排出的液体进入蒸发器后，低温低压的液体蒸发吸热，使蒸发器表面温度很低，室内风机运行，将冷量输送至室内，降低房间温度。

根据外观不同，常见形式有直板式、二折式、三折式等。

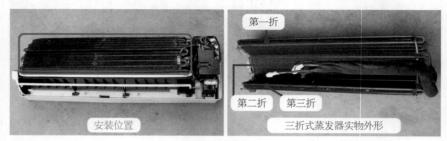

图2-5　蒸发器

5. 制冷循环

单冷空调器制冷循环见图2-6，来自室内机蒸发器的低温低压制冷剂气体被压缩机吸入压缩成高温高压气体，排入室外机冷凝器，通过轴流风扇的作用，与室外的空气进行热交换而成为低温高压的制冷剂液体，经过毛细管的节流降压、降温后进入蒸发器，在室内机的贯流风扇作用下，吸收房间内的热量（即降低房间内的温度）而成为低温低压的制冷剂气体，再被压缩机压缩，制冷剂的流动方向为A→B→C→D→E→F→G→A，如此周而复始地循环达到制冷的目的。制冷系统主要位置压力和温度见表2-1。

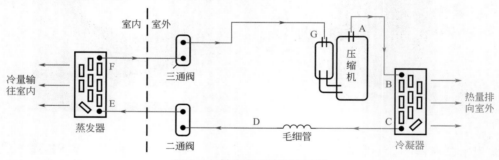

图2-6　单冷空调器制冷循环

说明

图中红线表示高温管路，蓝线表示低温管路。

表2-1　制冷系统主要位置压力和温度

代号和位置		状态	压力/MPa	温度/℃
A：压缩机排气管		高温高压气体	2.0	约90
B：冷凝器进口		高温高压气体	2.0	约85
C：冷凝器出口（毛细管进口）		低温高压液体	2.0	约35
D：毛细管出口	E：蒸发器进口	低温低压液体	0.45	约7
F：蒸发器出口	G：压缩机吸气管	低温低压气体	0.45	约5

二、制热系统

在单冷空调器的制冷系统中增加四通阀，即可组成冷暖空调器的制冷系统，此时系统既可以制冷，又可以制热。但在实际应用中，为提高制热效果，又增加了过冷管组（单向阀和辅助毛细管）。

1. 四通阀组件

四通阀组件实物外形见图2-7，作用是转换制冷剂（即冷媒R22或R410A）在制冷系统中的流向，由四通阀和线圈组成。

四通阀共有4根管子，辨认方法如下：一侧只有1根管子，另一侧有3根管子。一侧只有1根管子接压缩机排气管，有3根管子一侧的中间管子接压缩机吸气管，靠近线圈一侧的管子接冷凝器，最后1根管子接三通阀铜管。

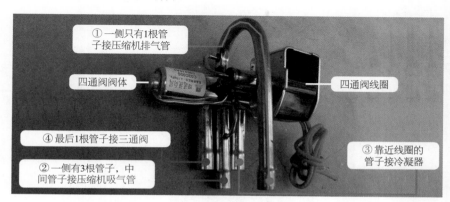

图2-7　四通阀组件

（1）制冷循环

见图2-8，在夏天制冷时，线圈不通电，①（接压缩机排气管）和③（接冷凝器进气管）相通，②（接压缩机吸气管）和④（接三通阀铜管）相通，此时制冷系统制冷剂流动方向和单冷空调器相同，制冷剂的流动方向为A→①→③→B→C→D→E→F→④→②→G→A。

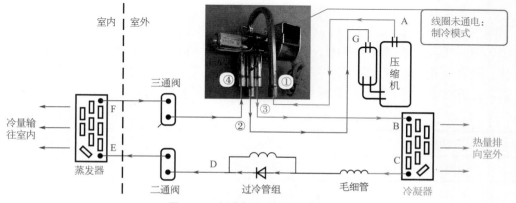

图2-8　冷暖空调器制冷循环（1）

由图2-9可知，压缩机排出的高温高压气体进入冷凝器向外散出热量，成为低温高压的液体；进入蒸发器的制冷剂为低温低压的液体，吸收房间的热量（即将冷量输往室内）后变为低温低压的气体经四通阀到压缩机吸气管，完成制冷循环。制冷循环时系统主要位置压力和温度见表2-1。

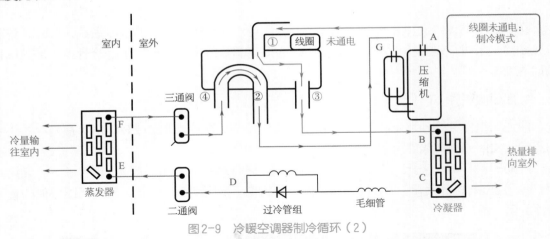

图2-9 冷暖空调器制冷循环（2）

（2）制热循环

见图2-10，在冬天制热时，室内机主板输出交流220V电源为四通阀线圈供电，四通阀内部阀块移动，此时①和④相通，②和③相通，制冷剂流动的方向为A→①→④→F→E→D→C→B→③→②→G→A。

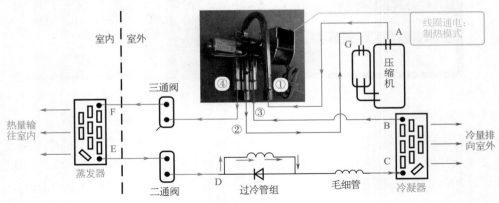

图2-10 冷暖空调器制热循环（1）

由图2-11可知，压缩机排出的高温高压气体进入蒸发器（此时相当于冷凝器），向房间内散出热量，成为低温高压的液体；进入冷凝器（此时相当于蒸发器）的制冷剂为低温低压的液体，吸收室外的热量（即将冷量输往室外）后变为低温低压的气体，经四通阀到压缩机吸气管，完成制热循环。制热循环时系统主要位置压力和温度见表2-2。

表2-2 制热循环时系统主要位置压力和温度

代号和位置		状态	压力/MPa	温度/℃
A：压缩机排气管		高温高压气体	2.2	约80
F：蒸发器进口		高温高压气体	2.2	约70
E：蒸发器出口	D：辅助毛细管进口	低温高压液体	2.2	约50
C：冷凝器进口（毛细管出口）		低温低压液体	0.2	约7
B：冷凝器出口	G：压缩机吸气管	低温低压气体	0.2	约5

空调维修从入门到精通——定频空调+变频空调维修合集

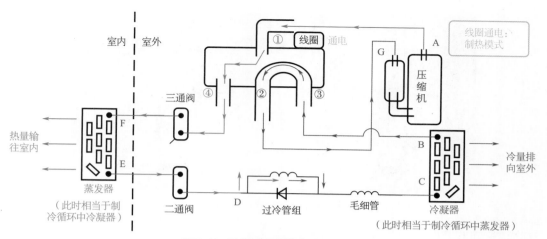

图2-11　冷暖空调器制热循环（2）

2. 单向阀与辅助毛细管（过冷管组）

过冷管组实物外形见图2-12，作用是在制热模式下延长毛细管的长度，降低蒸发压力，蒸发温度也相应降低，能够从室外吸收更多的热量，从而增加制热效果。

单向阀具有单向导通特性，制冷模式下直接导通，辅助毛细管不起作用；制热模式下单向阀截止，制冷剂从辅助毛细管通过，延长毛细管的总长度，从而提高制热效果。

辨认方法：辅助毛细管和单向阀并联，单向阀具有方向之分，带有箭头的一端接二通阀铜管。

图2-12　单向阀与辅助毛细管

（1）制冷模式（见图2-13左图）

制冷剂流动方向为：压缩机排气管→四通阀→冷凝器（①）→单向阀（②）→毛细管（④）→过滤器（⑤）→二通阀（⑥）→连接管道→蒸发器→三通阀→四通阀→压缩机吸气管，完成循环过程。

此时单向阀方向标识和制冷剂流通方向一致，单向阀导通，短路辅助毛细管，辅助毛细管不起作用，由毛细管独自节流。

（2）制热模式（见图2-13右图）

制冷剂流动方向为：压缩机排气管→四通阀→三通阀→蒸发器（相当于冷凝器）→连接管道→二通阀（⑥）→过滤器（⑤）→毛细管（④）→辅助毛细管（③）→冷凝器出口（①）（相当于蒸发器进口）→四通阀→压缩机吸气管，完成循环过程。

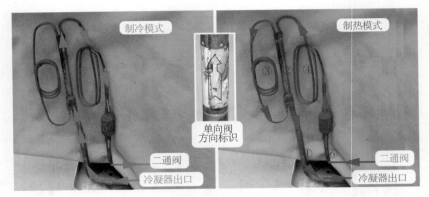

图2-13　过冷管组组件制冷和制热循环过程

此时单向阀方向标识和制冷剂流通方向相反，单向阀截止，制冷剂从辅助毛细管流过，此时由毛细管和辅助毛细管共同节流，延长了毛细管的总长度，降低了蒸发压力，蒸发温度也相应下降，此时室外机冷凝器可以从室外吸收到更多的热量，从而提高制热效果。

举个例子说，假如毛细管节流后对应的蒸发压力为0℃，那么这台空调器室外温度在0℃以上时，制热效果还可以，但在0℃以下，制热效果则会明显下降；如果毛细管和辅助毛细管共同节流，延长毛细管的总长度后，假如对应的蒸发温度为－5℃，那么这台空调器室外温度在0℃上时，由于蒸发温度低，温差较大，因而可以吸收更多的热量，从而提高制热效果，如果室外温度在－5℃，制热效果和不带辅助毛细管的空调器在0℃时基本相同，这说明辅助毛细管工作后减少了的空调器对温度的限制范围。

第二节　基础知识

一、缺氟分析

空调器常见漏氟部位见图2-14。

1. 连接管道漏氟

① 加长连接管道焊点有砂眼，系统漏氟。
② 连接管道本身质量不好有砂眼，系统漏氟。
③ 安装空调器时管道弯曲过大，管道握瘪有裂纹，系统漏氟。
④ 加长管道使用快速接头，喇叭口处理不好而导致漏氟。

2. 室内机和室外机接口漏氟

① 安装或移机时接口未拧紧，系统漏氟。
② 安装或移机时液管（细管）螺母拧得过紧将喇叭口拧脱落，系统漏氟。
③ 多次移机时拧紧松开螺母，导致喇叭口变薄或脱落，系统漏氟。
④ 安装空调器时快速接头螺母与螺栓未对好，拧紧后密封不严，系统漏氟。
⑤ 加长管道时喇叭口扩口偏小，安装后密封不严，系统漏氟。
⑥ 紧固螺母裂，系统漏氟。

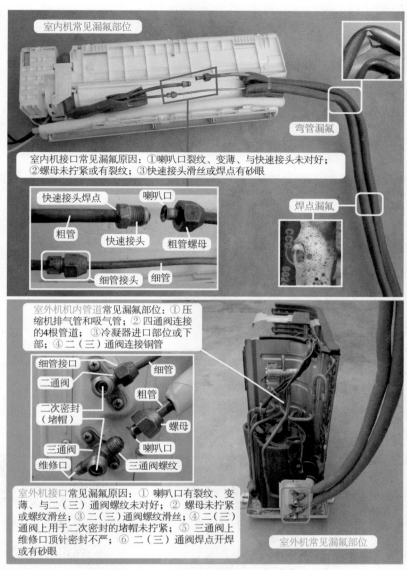

室内机常见漏氟部位

弯管漏氟

室内机接口常见漏氟原因：①喇叭口裂纹、变薄、与快速接头未对好；②螺母未拧紧或有裂纹；③快速接头滑丝或焊点有砂眼

快速接头焊点　喇叭口

粗管　快速接头　粗管螺母

细管接头　细管

焊点漏氟

室外机机内管道常见漏氟部位：①压缩机排气管和吸气管；②四通阀连接的4根管道；③冷凝器进口部位或下部；④二（三）通阀连接铜管

细管接口　细管

二通阀　粗管

二次密封（堵帽）　螺母

三通阀　喇叭口

维修口　三通阀螺纹

室外机接口常见漏氟原因：①喇叭口有裂纹、变薄、与二（三）通阀螺纹未对好；②螺母未拧紧或螺纹滑丝；③二（三）通阀螺纹滑丝；④二（三）通阀上用于二次密封的堵帽未拧紧；⑤三通阀上维修口顶针密封不严；⑥二（三）通阀焊点开焊或有砂眼

室外机常见漏氟部位

图 2-14　制冷系统常见漏氟部位

3. 室内机漏氟

① 室内机快速接头焊点有砂眼，系统漏氟。

② 蒸发器管道有砂眼，系统漏氟。

4. 室外机漏氟

① 二通阀和三通阀阀芯损坏，系统漏氟。

② 三通阀维修口顶针坏，系统漏氟。

③ 室外机机内管道有裂纹。

二、系统检漏

空调器不制冷或效果不好，检查故障为系统缺氟引起时，在加氟之前要查找漏点并处理。如果只是盲目加氟，由于漏点还存在，空调器还会出现同样故障。在检修漏氟故障时，应先询问用户，空调器是突然出现故障还是慢慢出现故障，检查是新装机还是使用一段时间的空调器，根据不同情况选择重点检查部位。

1. 检查系统压力

关机并拔下空调器电源（防止在检查过程中发生危险），在三通阀维修口接上压力表，观察此时的静态压力。

① 0 ～ 0.5MPa：无氟故障，此时应向系统内加注气态制冷剂，使静态压力达到0.6MPa或更高压力，以便于检查漏点。

② 0.6MPa或更高压力：缺氟故障，此时不用向系统内加注制冷剂，可直接用泡沫检查漏点。

2. 检漏技巧

氟R22与压缩机润滑油能互溶，因而氟R22泄漏时通常会将润滑油带出，也就是说制冷系统有油迹的部位就极有可能为漏氟部位，应重点检查。如果油迹有很长的一段，则应检查处于最高位置的焊点或系统管道。

3. 重点检查部位

漏氟故障重点检查部位见图2-15 ～图2-17，具体如下。

① 新装机（或移机）：室内机和室外机连接管道的4个接头，二通阀和三通阀堵帽，以及加长管道焊接部位。

② 正常使用的空调器突然不制冷：压缩机吸气管和排气管、系统管路焊点、毛细管、四通阀连接管道和根部。

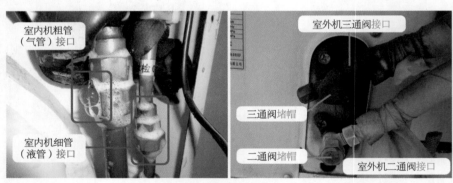

图2-15　漏氟故障重点检查部位（1）

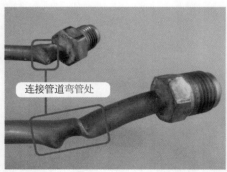

图2-16　漏氟故障重点检查部位（2）

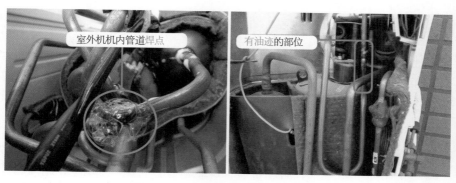

图 2-17　漏氟故障重点检查部位（3）

③ 逐渐缺氟故障：室内机和室外机连接管道的4个接头。更换过系统元件或补焊过管道的空调器还应检查焊点。

④ 制冷系统中有油迹的位置。

4. 检漏方法

用水将毛巾（或海绵）淋湿，以不向下滴水为宜，倒上洗洁精，轻揉出大量泡沫，见图2-18，涂在需要检查的部位，观察是否向外冒泡，冒泡说明检查部位有漏氟故障，没有冒泡说明检查部位正常。

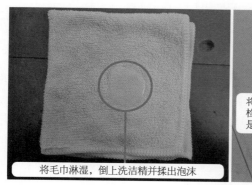
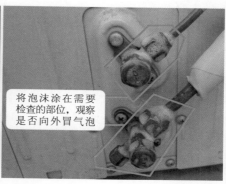

图 2-18　泡沫检漏

5. 漏点处理方法

① 系统焊点漏：补焊漏点。

② 四通阀根部漏：更换四通阀。

③ 喇叭口管壁变薄或脱落：重新扩口。

④ 接头螺母未拧紧：拧紧接头螺母。

⑤ 二、三通阀或室内机快速接头螺纹坏：更换二、三通阀或快速接头。

⑥ 接头螺母有裂纹或螺纹坏：更换连接螺母。

6. 微漏故障检修方法

制冷系统慢漏故障，如果因漏点太小或比较隐蔽，使用上述方法未检查出漏点时，可以使用以下步骤来检查。

（1）区分故障部位

当系统为平衡压力时，接上压力表并记录此时的系统压力值后取下，关闭二通阀和三通阀的阀芯，将室内机和室外机的系统分开保压。

等待一段时间后（根据漏点大小决定），再接上压力表，慢慢打开三通阀阀芯，查看压力表表针是上升还是下降：如果是上升，说明室外机的压力高于室内机，故障在室内机，重点检查蒸发器和连接管道；如果是下降，说明是室内机的压力高于室外机，故障在室外机，重点检查冷凝器和室外机内管道。

（2）增加检漏压力

由于氟的静态压力最高约为1MPa，对于漏点较小的故障部位，应增加系统压力来检查。如果条件具备可使用氮气，氮气瓶通过连接管经压力表，将氮气直接充入空调器制冷系统，静态压力能达到2MPa。

危险提示

　　压力过高的氧气遇到压缩机的冷冻油将会自燃导致压缩机爆炸，因此严禁将氧气充入制冷系统用于检漏，切记！

（3）将制冷系统放入水中

如果区分故障部位和增加检漏压力之后，仍检查不到漏点，可将怀疑的系统部分（如蒸发器或冷凝器）放入清水之中，通过观察冒出的气泡来查找漏点。

三、排除空气

空气为不可压缩的气体，系统中如含有空气会使高压、低压上升，增加压缩机的负荷，同时制冷效果也会变差；空气中含有的水分则会使压缩机线圈绝缘下降，缩短其寿命；制冷过程中水分容易在毛细管部位堵塞，形成冰堵故障；因而在更换系统部件（如压缩机、四通阀）或维修由系统铜管产生裂纹导致的无氟故障，焊接完毕后在加氟之前要将系统内的空气排除，常用方法有真空泵抽真空和用氟R22顶空。

1. 真空泵抽真空

真空泵是排除系统空气的专用工具，实物外形见图2-19左图，可使空调器制冷系统内真空度达到-0.1MPa（即-760mmHg）。

真空泵吸气口通过加氟管连接至压力表接口，接口根据品牌不同也不相同，有些为英制接口，有些为公制接口；真空泵排气口则是将吸气口吸入的制冷系统内空气排向室外。

（1）操作步骤

图2-19右图为抽真空时真空泵的连接方法。

使用一根加氟管连接室外机三通阀维修口和压力表，一根加氟管连接压力表和真空泵吸气口，开启真空泵电源，再打开压力表开关，制冷系统内空气便从真空泵排气口排出，运行一段时间（一般需要20min左右）达到真空度要求后，首先关闭压力表开关，再关闭真空泵电源，将加氟管连接至氟瓶并排除加氟管中的空气后，即可为空调器加氟。

抽真空前：见图2-20左图，制冷系统内含有空气和大气压力相等，约等于0MPa。

抽真空后：见图2-20右图，真空泵将制冷系统内空气抽出后，压力约等于-0.1MPa。

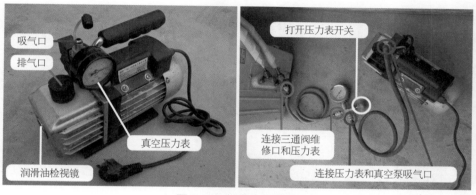

图2-19　抽真空示意图

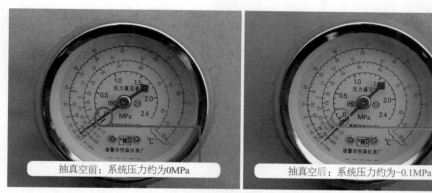

图2-20　抽真空前后压力表对比

（2）注意事项

① 开启真空泵电源前要保证制冷系统已完全封闭，二、三通阀芯也已完全打开。

② 关闭真空泵电源时要注意顺序：先关闭压力表开关，再关闭真空泵电源。顺序相反时则容易使制冷系统内进入空气。

（3）使用技巧

真空泵运行10min后，室内机蒸发器和连接管道就会达到真空度要求，而室外机冷凝器由于毛细管的阻碍作用还会有少许空气，这时可将压缩机通电3min左右使系统循环，室外机冷凝器便能很快达到真空度要求。

2. 使用氟R22顶空

将系统充入氟R22将空气顶出，同样能达到排除空气的目的。

（1）操作步骤

用氟R22顶空操作步骤见图2-21～图2-23。

① 在二通阀处取下细管螺母。

② 在三通阀处拧紧粗管螺母。

③ 从三通阀维修口充入氟R22，通过调整压力表开关的开启角度可以调节顶空的压力，避免顶空过程中压力过大。

④ 室外机的空气从二通阀连接口处向外排出，室内机和连接管道的空气从细管喇叭口处向外排出。

图 2-21　用氟顶空（1）

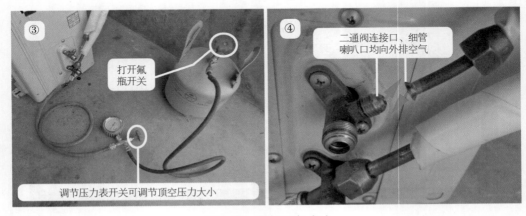

图 2-22　用氟顶空（2）

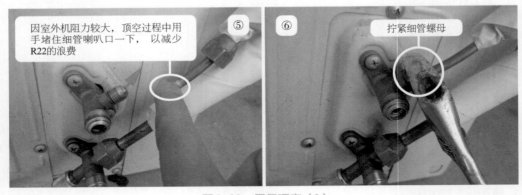

图 2-23　用氟顶空（3）

⑤ 室内机和连接管道的空气排除较快，而室外机有毛细管和压缩机的双重阻碍作用，所以室外机的顶空时间应长于室内机，用手堵住连接管道中细管的喇叭口，此时只有室外机二通阀处向外排空，这样可以减少氟 R22 的浪费。

⑥ 一段时间后将细管螺母连接在二通阀并拧紧，此时系统内空气已排除干净，开机即可为空调器加氟。注意在拧紧细管螺母过程中，应将压力表开关打开一些，使二通阀处和细管喇叭口处均向外排气时再拧紧。

（2）注意事项

① 顶空过程中二、三通阀阀芯全部打开，且不能开启空调器。

② 顶空时间根据经验自己掌握，空调器功率较大时应适当延长时间。

3. 真空泵抽真空和氟R22顶空两种方法优缺点比较

比较结果见表2-3。

表2-3　真空泵抽真空与氟R22顶空两种方法优缺点比较

比较项目	真空泵抽真空	氟R22顶空
优点	操作方法简单，成本较低	不用再携带专用排空工具
缺点	携带不方便	维修成本上升（即浪费R22）
适用场合	固定维修店	上门维修

第三节　加氟

分体式空调器室内机和室外机使用管道连接，并且可以根据实际情况加长管道，方便了安装，但由于增加了接口部位，导致空调器漏氟的可能性加大。而缺氟是制冷系统中最常见的故障之一，为空调器加氟是最基本的维修技能。

一、加氟前准备

1. 加氟基本工具

（1）制冷剂钢瓶

制冷剂钢瓶俗称氟瓶，实物外形见图2-24，用来存放制冷剂。目前空调器使用的制冷剂有两种，早期和目前通常为R22，而目前新出厂的变频空调器通常使用R410A。为了区分，两种钢瓶的外观颜色设计也不相同，R22钢瓶为绿色，R410A为粉红色。

上门维修通常使用充注量为6kg的R22钢瓶及充注量为13.6kg的R410A铜瓶，6kg钢瓶通常为公制接口，13.6kg或22.7kg钢瓶通常为英制接口，在选择加氟管时应注意。

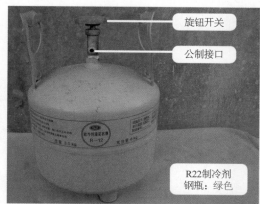

图2-24　制冷剂钢瓶

（2）压力表组件

压力表组件实物外形见图2-25，由三通阀（A口、B口、压力表接口）和压力表组成，作用是测量系统压力。本书将压力表组件简称为压力表。

三通阀 A 口为公制接口，通过加氟管连接空调器三通阀维修口；三通阀 B 口为公制接口，通过加氟管可连接氟瓶、真空泵等；压力表接口为专用接口，只能连接压力表。

压力表开关控制三通阀接口的状态。压力表开关处于关闭状态时 A 口与压力表接口相通，A 口与 B 口断开；压力表开关处于打开状态时 A 口、B 口、压力表接口相通。

压力表无论有几种刻度，只有印有 MPa 或 kgf/cm² 的刻度才是压力数值，其他刻度（例如℃）在维修空调器一般不用查看。

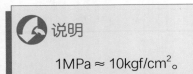

说明

1MPa ≈ 10kgf/cm²。

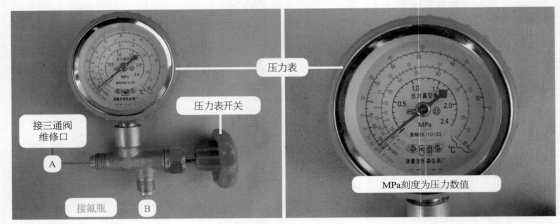

图 2-25　压力表组件

（3）加氟管

加氟管实物外形见图 2-26 左图，作用是连接压力表接口、真空泵、空调器三通阀维修口、氟瓶、氮气瓶等。一般有 2 根即可，一根接头为公制 - 公制，连接压力表和氟瓶；一根接头为公制 - 英制，连接压力表和空调器三通阀维修口。

公制和英制接头的区别方法见图 2-26 右图，中间设有分隔环为公制接头，中间未设分隔环为英制接头。

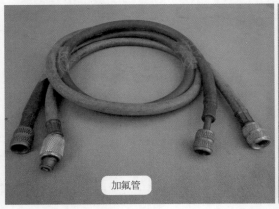
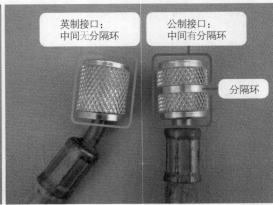

图 2-26　加氟管

（4）转换接头

　　转换接头实物外形见图2-27左图，转换接头的作用是作为搭桥连接，常见有公制转换接头和英制转换接头。

　　见图2-27中图和右图，例如加氟管一端为英制接口，而氟瓶为公制接头，不能直接连接。使用公制转换接头可解决这一问题，转换接头一端连接加氟管的英制接口，一端连接氟瓶的公制接头，使英制接口的加氟管通过转换接头连接到公制接头的氟瓶。

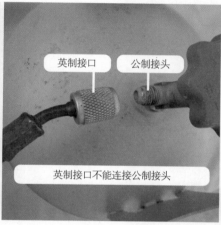
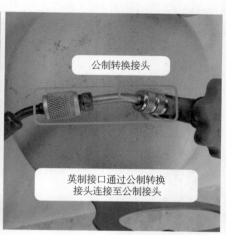

图2-27　转换接头和作用

2. 加氟方法

　　图2-28为加氟管和三通阀维修口顶针。

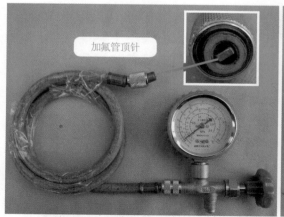

图2-28　加氟管和三通阀维修口顶针

加氟操作步骤见图2-29。

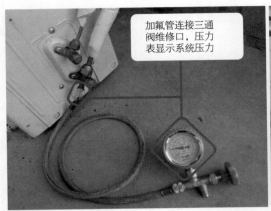 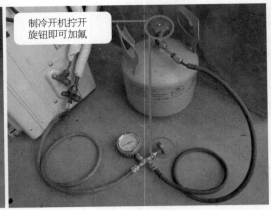

图2-29　加氟示意图

　　① 首先关闭压力表开关，将带顶针的加氟管一端连接三通阀维修口，此时压力表显示系统压力：空调器未开机时为静态压力，开机后为系统运行压力。

　　② 另外一根加氟管连接压力表和氟瓶，空调器制冷模式开机，压缩机运行后，观察系统运行压力，如果缺氟，打开氟瓶开关和压力表开关，由于氟瓶的氟压力高于系统运行压力，位于氟瓶的氟进入空调器制冷系统，即为加氟。

二、制冷模式下加氟方法

 说明

　　本小节所示电流值以1P空调器室外机电流（即压缩机和室外风机电流）为例，正常电流约为4A。

1. 缺氟标志

制冷模式下系统缺氟标志见图2-30、图2-31，具体数据如下。

　　① 二通阀结霜。

　　② 蒸发器结霜。

　　③ 系统压力低，低于0.35MPa。

图2-30　制冷缺氟标志（1）

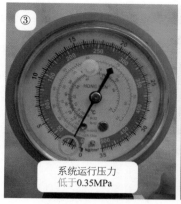
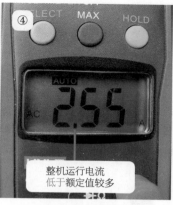

系统运行压力
低于0.35MPa

整机运行电流
低于额定值较多

室外侧水管没
有冷凝水流出

图2-31　制冷缺氟标志（2）

④ 运行电流小。

⑤ 蒸发器温度分布不均匀，前半部分凉，后半部分是温的。

⑥ 室内机出风口吹风温度不均匀，一部分凉，一部分是温的。

⑦ 冷凝器温度上部是温的，中部和下部接近常温。

⑧ 二通阀结露，三通阀温度为常温。

⑨ 室外侧水管无冷凝水排出。

2. 快速判断空调器缺氟的经验

① 二通阀结露，三通阀温度是温的，手摸蒸发器一半凉，一半温，室外机出风口吹出风不热。

② 二通阀结霜，三通阀温度是温的，室外机出风口吹出的风不热。

 说明

　　以上两种情况均能大致说明空调器缺氟，具体原因还是接上压力表、电流表根据测得的数据综合判断。

3. 加氟技巧

① 接上压力表和电流表，同时监测系统压力和电流进行加氟，当氟加至0.45MPa左右时，再用手摸三通阀温度，如低于二通阀温度则说明系统内氟充注量已正常。

② 制冷系统管路有裂纹导致系统无氟引起不制冷故障，或更换压缩机后系统需要加氟时，如果开机后为液态加注，则压力加到0.35MPa时应停止加注，将空调器关闭，等3～5min系统压力平衡后再开机运行，根据运行压力再决定是否需要补氟。

4. 正常标志（开机制冷20min后）

制冷模式下系统正常标志见图2-32～图2-34，具体数据如下。

① 系统压力为0.45MPa左右。

② 运行电流等于或接近额定值。

③ 二、三通阀均结露。

④ 三通阀温度冰凉，并且低于二通阀温度。

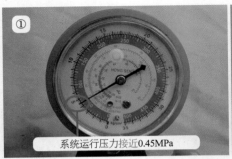
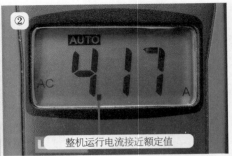

系统运行压力接近0.45MPa 　　整机运行电流接近额定值

图2-32　制冷正常标志（1）

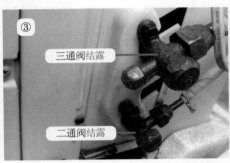

三通阀结露

二通阀结露

蒸发器全部结露、温度较低且均匀

图2-33　制冷正常标志（2）

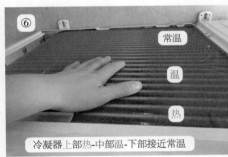

常温

温

热

冷凝器上部热-中部温-下部接近常温

出风温度较低，房间温度（即进风口温度）减去出风口温度应大于9℃

图2-34　制冷正常标志（3）

⑤ 蒸发器表面全部结露，手摸整体温度较低并且均匀。

⑥ 冷凝器上部热、中部温、下部为常温，室外机出风口同样为上部热、中部温、下部接近自然风。

⑦ 室内机出风口吹出温度较低，并且均匀。正常标准为室内房间温度（即进风口温度）减去出风口温度应大于9℃。

⑧ 室外侧水管有冷凝水流出。

5. 快速判断空调器正常的技巧

三通阀温度较低，并且低于二通阀温度；蒸发器全面结露并且温度较低；冷凝器上部热、中部温、下部接近常温。

6. 加氟过量的故障现象

① 制冷系统压力较高。

② 二通阀温度为常温，三通阀温度凉。

③ 室外机出风口吹出风温度较热，明显高于正常温度，此现象接近于冷凝器脏堵。

④ 室内机出风口温度较高，且随着运行压力上升也逐渐上升。

三、制热模式下加氟方法

1. 缺氟标志

制热模式下系统缺氟标志见图2-35～图2-37，具体数据如下。

① 三通阀温度较高（烫手），二通阀温度略高于常温。

② 室内风机在系统运行很长时间才能运行，并且时转时停。

③ 系统运行压力低，且随室内风机时转时停上下变化。

④ 运行电流小于额定值，且随室内风机时转时停上下变化。

⑤ 冷凝器结霜不均匀，只有很窄范围内的一部分结霜。

⑥ 蒸发器前半部分热，后半部分略高于常温。

⑦ 室内机出风口温度低，略高于房间温度。

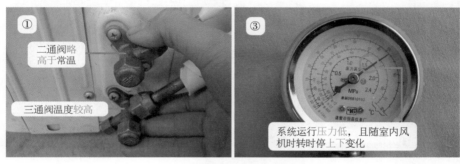

图2-35 制热缺氟标志（1）

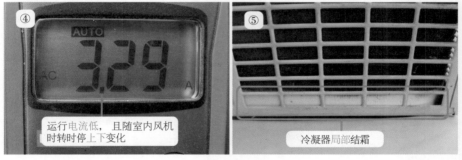

图2-36 制热缺氟标志（2）

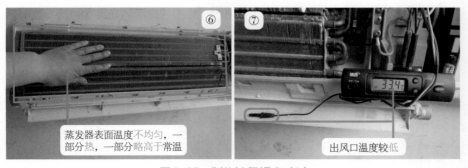

图2-37 制热缺氟标志（3）

2. 快速判断制热模式下缺氟的技巧

二通阀温度是温的，室内风机在系统运行很长时间才开始运行并且时转时停，室内机出风口温度不高。

3. 加氟技巧

① 由于制热运行时系统压力较高，应在开机之前将压力表连接完毕。在连接压力表时，手上应戴上橡胶手套（或塑料袋），防止喷出的氟将手冻伤。维修完毕取下压力表时，不允许在制热运行时取下，建议转换到制冷模式后再取下压力表。

② 系统加氟时需要转换到制冷模式，可以直接拔下四通阀线圈的零线，但在操作过程中要注意安全。

③ 运行压力较高，判断为系统内加氟过多时，可以直接将氟放至氟瓶内，以免浪费。

4. 正常标志

制热模式下系统正常标志见图2-38～图2-40，具体数据如下。

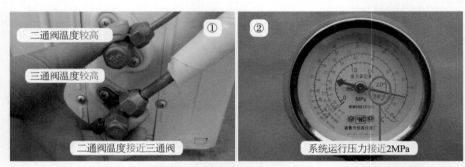

图2-38 制热正常标志（1）

图2-39 制热正常标志（2）

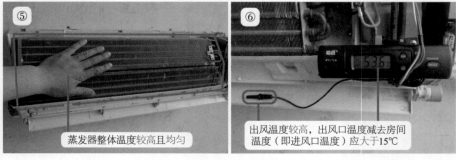

图2-40 制热正常标志（3）

① 二通阀和三通阀的温度均较高。

② 系统运行压力接近2MPa。

③ 运行电流接近额定值。

④ 运行一段时间后冷凝器全部结霜。

⑤ 蒸发器温度较高并且均匀。

⑥ 室内机出风口温度较高，正常标准为出风口温度减去房间温度（即进风口温度）应大于15℃。

⑦ 室内风机一直运行不再时转时停。

⑧ 运行50min左右能自动进入除霜模式。

⑨ 房间温度上升较快。

5. 快速判断制热正常技巧

二通阀温度较高，蒸发器温度较高并且均匀，室内机出风口温度较高。

6. 加氟过量的故障现象

① 三通阀烫手，二通阀常温。

② 室内吹风为温风，蒸发器表面温度不高（加氟过量时室内机出风口温度反而下降）。

③ 系统压力较高，运行电流较大。

第四节　收氟和排空

移机、更换连接配管、焊接蒸发器之前，都要对空调器进行收氟，操作完成后要对系统排空，收氟和排空是制冷系统维修中最常用的技能之一，本节对此进行详细讲解。

一、收氟

收氟即回收制冷剂，将室内机蒸发器和连接管道的制冷剂回收至室外机冷凝器的过程，是移机或维修蒸发器、连接管道前的一个重要步骤。收氟时必须将空调器运行在制冷模式下，且压缩机正常运行。

1. 开启空调器方法

如果房间温度较高（夏季），则可以用遥控器直接选择制冷模式，温度设定到最低16℃即可。

如果房间温度较低（冬季），应参照图2-41，选择以下两种方法其中的一种。

① 用温水加热（或用手捏住）室内环温传感器探头，使之检测温度上升，再用遥控器设定制冷模式开机收氟。

② 制热模式下在室外机接线端子处取下四通阀线圈引线，强制断开四通阀线圈供电，空调器即运行在制冷模式下。注意：使用此种方法一定要注意用电安全，可先断开引线再开机收氟。

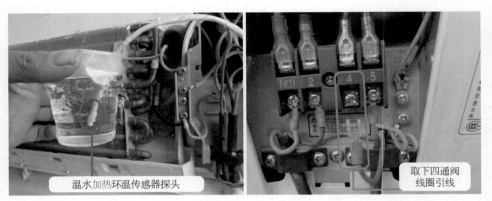

温水加热环温传感器探头

取下四通阀线圈引线

图 2-41　强制制冷开机的两种方法

 说明

　　某些品牌的空调器，待机状态如按压"应急按钮（开关）"按键超过5s，也可使空调器运行在应急制冷模式下。

2. 收氟操作步骤

收氟操作步骤见图2-42～图2-44。

① 取下室外机二通阀和三通阀的堵帽。

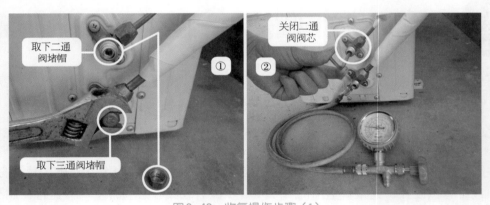

取下二通阀堵帽

取下三通阀堵帽

关闭二通阀阀芯

①　②

图 2-42　收氟操作步骤（1）

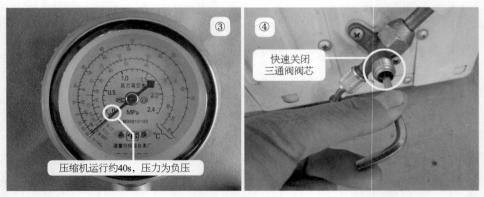

③　④

快速关闭三通阀阀芯

压缩机运行约40s，压力为负压

图 2-43　收氟操作步骤（2）

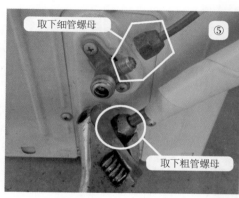
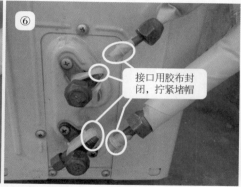

⑤ 取下细管螺母

取下粗管螺母

⑥ 接口用胶布封闭，拧紧堵帽

图2-44　收氟操作步骤（3）

② 用内六方扳手关闭二通阀阀芯，蒸发器和连接管道的制冷剂通过压缩机排气管储存在室外机的冷凝器之中。

③ 在室外机（主要指压缩机）运行约40s后（本处指1P空调器运行时间），关闭三通阀阀芯。如果对时间掌握不好，可以在三通阀维修口接上压力表，观察压力回到负压范围内时再快速关闭三通阀阀芯。

④ 压缩机运行时间符合要求或压力表指针回到负压范围内时，快速关闭三通阀阀芯。

⑤ 遥控器关机，拔下电源插头，在室外机接口处使用扳手取下连接管道中气管（粗管）和液管（细管）螺母。

⑥ 使用胶布封闭接口，防止管道内进入水分或脏物。

⑦ 如果需要拆除室外机，在室外机接线端子处取下室内外机连接线，再取下室外机底脚螺栓后即可。

二、排空

排空是指空调器新装机或移机时安装完毕后，将室内机蒸发器和连接管道内空气排出的过程，操作步骤见图2-45～图2-47。

 说明

排空完成后要用肥皂泡沫检查接口，防止出现漏氟故障。

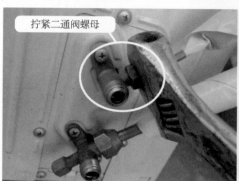
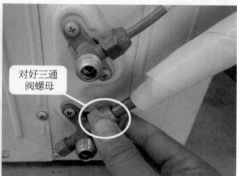

拧紧二通阀螺母

对好三通阀螺母

图2-45　排空操作步骤（1）

图2-46 排空操作步骤（2）

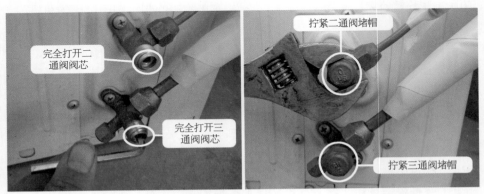

图2-47 排空操作步骤（3）

① 将液管（细管）螺母接在二通阀上并拧紧。

② 将气管（粗管）螺母接在三通阀上但不拧紧。

③ 用内六方扳手将二通阀阀芯逆时针旋转打开90°，存在冷凝器内的制冷剂气体将室内机蒸发器、连接管道内的空气从三通阀螺母处排出。

④ 约30s后拧紧三通阀螺母。

⑤ 用内六方扳手完全打开二通阀和三通阀阀芯。

⑥ 安装二通阀和三通阀堵帽并拧紧。

第三章
电控系统主要元件

第一节　电气元件

一、接收器

1. 安装位置

显示板组件通常安装在前面板或室内机的右下角，美的KFR-26GW/DY-B（E5）空调器显示板组件使用指示灯＋数码管的方式，见图3-1，安装在前面板，前面板留有透明窗口，称为接收窗，接收器对应安装在接收窗后面。

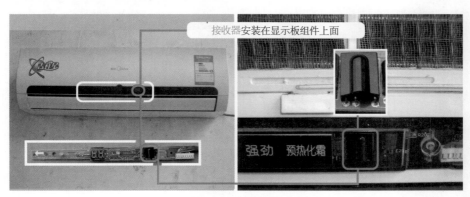

接收器安装在显示板组件上面

强劲　预热化霜

图3-1　安装位置

2. 实物外形和工作原理

（1）实物外形

早期接收器见图3-2，接收器内部含有光敏元件（接收二极管），通过接收窗口接收某一频率范围的红外线，当接收到相应频率的红外线，接收二极管产生电流，经内部I-V集成电路转换为电压，再经过滤波、比较器输出脉冲电压、内部三极管电平转换，接收器的输出引脚输出脉冲信号送至CPU处理。接收器接收距离一般大于7m。

接收器实现光电转换，将确定波长的光信号转换为可检测的电信号，因此又叫光电转换器。由于接收器接收的是红外光波，其周围的光源、热源、节能灯、日光灯及发射相近频率的电视机遥控器等都有可能干扰空调器的正常工作。

实物外形　　　　接收二极管　　　　I-V集成电路

图3-2　接收器组成

（2）工作原理

目前接收器通常为一体化封装，工作电压为直流5V，共有3个引脚，功能分别为地、电源（5V）、输出（信号），外观为黑色，部分型号表面有铁皮包裹，通常和发光二极管（或LED显示屏）一起设计在显示板组件。常见接收器型号为38B、38S、1838（见图3-6中图）、0038（见图3-7中图）。

3. 引脚功能判断方法

在维修时如果不知道接收器引脚功能，见图3-3，可查看显示板组件上滤波电容的正极和负极引脚、连接至接收器引脚加以判断：滤波电容正极连接接收器供电（电源）引脚、负极连接地引脚，接收器的最后一个引脚为输出（信号）。

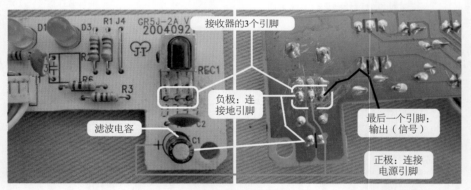

图3-3　接收器引脚功能判断方法

4. 接收器检测方法

接收器在接收到遥控信号（动态）时，输出端由静态电压会瞬间下降至约直流3V，然后再迅速上升至静态电压。遥控器发射信号时间约1s，接收器接收到遥控信号时输出端电压也有约1s的时间瞬间下降。

使用万用表直流电压挡，见图3-4，动态测量接收器输出引脚电压，黑表笔接地引脚（GND）、红表笔接输出引脚（OUT），检测的前提是电源引脚（5V）电压正常。

① 接收器输出引脚为静态电压：在无信号输入时电压应稳定约5V。如果电压一直在2～4V跳动，为接收器漏电损坏，故障表现为有时接收信号有时不能接收信号。

② 按压按键遥控器发射信号，接收器接收并处理，输出引脚电压瞬间下降（约1s）至约3V。如果接收器接收信号时，输出引脚电压不下降即保持不变，为接收器不接收遥控信号故障，应更换接收器。

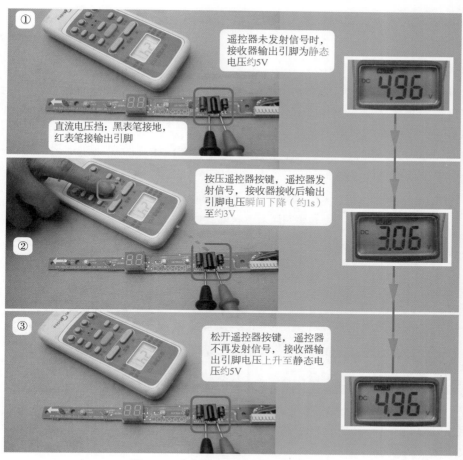

图3-4　动态测量接收器输出引脚电压

③ 松开遥控器按键，遥控器不再发射信号，接收器输出引脚电压上升至静态电压约5V。

5. 常见故障维修方法

出现不能接收遥控信号故障，在维修中占到很大比例，为空调器通病，故障一般使用3年左右出现，原因为某些型号的接收器使用铁皮固定，并且引脚较长，在天气潮湿时，接收器受潮，3个引脚发生氧化锈蚀，使导电能力变差，导致不能接收遥控信号故障。

实际上门维修时，如果用螺丝刀把轻轻敲击接收器表面或用烙铁加热接收器引脚，见图3-5，均能使故障暂时排除，但不久还会再次出现故障。根本解决方法为更换接收器，并

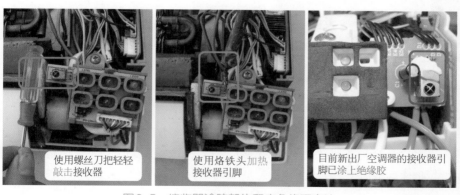

图3-5　接收器涂胶部位和应急修理方法

且在引脚上面涂上一层绝缘胶，使引脚不与空气接触，目前新出厂空调器的接收器引脚已涂上绝缘胶。

6. 接收器代换方法

0038和1838两种型号接收器的作用都是将遥控器信号处理后送至CPU，在实际维修过程中，如果检查接收器损坏而无相同配件更换时，可以使用另外的型号代换，两种接收器功能引脚顺序不同，在代换时要更改顺序，方法如下。

① 使用0038接收器的显示板组件用1838代换：将1838接收器引脚掰弯，按功能顺序焊入显示板组件，代换过程见图3-6。

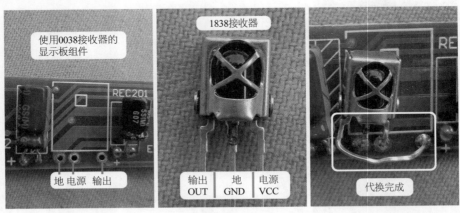

图3-6　使用0038接收器的显示板组件用1838代换

② 使用1838接收器的显示板组件用0038代换：将0038接收器引脚掰弯，按功能顺序焊入显示板组件，代换过程见图3-7。

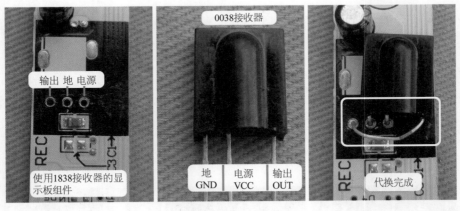

图3-7　使用1838接收器的显示板组件用0038代换

二、传感器

1. 传感器特性

空调器使用的温度传感器为负温度系数的热敏电阻，负温度系数是指温度上升时其阻值下降，温度下降时其阻值上升。

以美的空调器使用型号为25℃/10kΩ的管温传感器为例，测量在降温（15℃）、常温

（25℃）、加热（35℃）的三个温度下传感器的阻值变化情况。

① 图3-8左图为降温（15℃）时测量传感器阻值，实测为16.1 kΩ。

② 图3-8中图为常温（25℃）时测量传感器阻值，实测为10 kΩ。

③ 图3-8右图为加热（35℃）时测量传感器阻值，实测为6.4 kΩ。

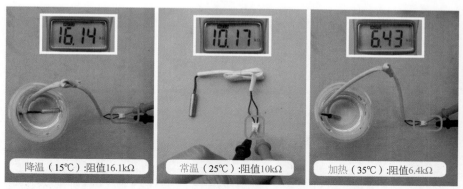

图3-8　降温−常温−加热测量传感器阻值

2. 检查传感器

空调器常用的传感器有25℃ /5kΩ、25℃ /10kΩ、25℃ /15kΩ三种型号，检查其是否损坏前应首先判断使用的型号，再测量阻值。

 说明

室外机压缩机排气传感器使用型号通常为25℃ /65kΩ，不在本节叙述之列。

（1）查找传感器分压电阻

由于不同厂家使用的传感器型号不同，实际维修时可以从偏置电阻（即分压电阻）的阻值来判断（分压电阻阻值与传感器25℃时的阻值一般相同）。

分压电阻位于传感器插座附近，见图3-9，通常使用5道色环的精密电阻，表面为绿色。2个2针的传感器插座，其中的1针连在一起接公共端直流5V，另外1针接电阻去CPU引脚，如果电阻的另一端接地，那么这个电阻即为分压电阻。

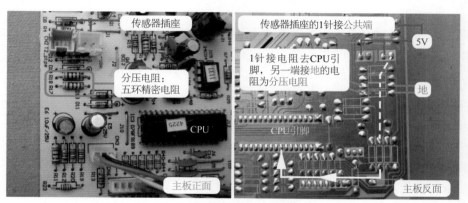

图3-9　查找传感器分压电阻

如果传感器插座公共端接地，则分压电阻的另一端接直流5V。

（2）三种常用传感器的分压电阻阻值

① 图3-10为25℃/5kΩ传感器使用的分压电阻：阻值通常为4.7kΩ或5.1kΩ，在大多数空调器中使用，代表品牌有海信空调器等。

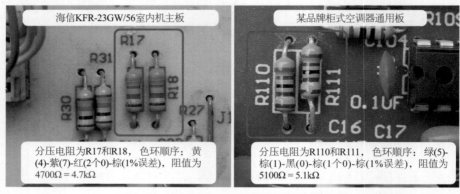

图3-10　25℃/5kΩ传感器使用的分压电阻

② 图3-11为25℃/10kΩ传感器使用的分压电阻：阻值通常为10kΩ或8.1（8.06）kΩ，代表品牌有格兰仕、美的空调器等。

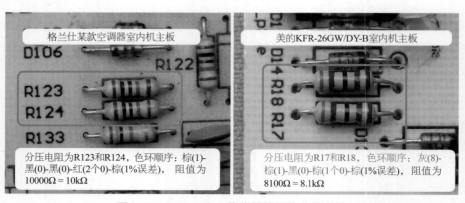

图3-11　25℃/10kΩ传感器使用的分压电阻

③ 图3-12为25℃/15kΩ传感器使用的分压电阻：阻值通常为15kΩ或20kΩ，代表品牌有科龙、海尔、三洋空调器等。

（3）测量传感器阻值

使用万用表电阻挡，常温测量传感器阻值，结果应与所测量传感器型号在25℃时阻值接近，如结果接近无穷大或接近0Ω，则传感器为开路或短路故障。

① 如环境温度低于25℃，测量结果会大于标称阻值；反之如环境温度高于25℃，则测量结果会低于标称阻值。

② 测量管温传感器时，如空调器已经制冷（或制热）一段时间，应将管温传感器从蒸发器检测孔抽出并等待约1min，使表面温度接近环境温度再测量，防止蒸发器表面温度影响检

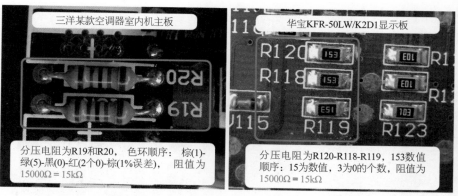

图3-12 25℃/15kΩ 传感器使用的分压电阻

测结果而造成误判。

③ 阻值应符合负温度系数热敏电阻变化的特点，即温度上升阻值下降，如温度变化时阻值不作相应变化，则传感器有故障。

三、压缩机和室外风机电容

1. 安装位置

由于压缩机和室外风机设在室外机，压缩机电容和室外风机电容也设在室外机，见图3-13，并且安装在室外机专门设计的电控盒内。

图3-13 安装位置

2. 主要参数

电容主要参数见图3-14。

① 容量：由压缩机或室内外风机的功率决定，即不同的功率选用不同容量的电容。常见使用的规格见表3-1。

表3-1 常见电容使用规格

挂式室内风机电容容量：1～2.5μF	柜式室内风机电容容量：2.5～5μF
室外风机电容容量：2～6μF	压缩机电容容量：20～70μF

② 耐压：由于工作在交流（AC）电源且电压为220V，因此电容的耐压值通常为交流450V（450V AC）。

③ CBB61（65）：为无极性的聚丙烯薄膜交流电容器，具有稳定性好、耐冲击电流、过载能力强、损耗小、绝缘电阻高等优点。

图3-14 电容主要参数

3. 综述

① 英文符号：风机电容为FAN CAP，压缩机电容为COMP CAP。

② 作用：压缩机与室外风机在启动时使用。单相电机通入电源时，首先对电容充电，使电机启动绕组中的电流超前运行绕组90°，产生旋转磁场，电机便运行起来。

③ 特点：由于为无极性的电容，因此2组接线端子的作用是相同的，使用时没有正负之分。

④ 表3-2为空调器制冷量与压缩机启动电容容量的大致对应关系。

表3-2 制冷量与压缩机启动电容容量的对应关系

1P（制冷量2500W）：25μF	1.5P（制冷量3500W）：35μF
2P（制冷量5000W）：50μF	3P（制冷量7000W）：70μF

⑤ 风机转速快慢跟电容容量无关系，决定风机转速的是线圈极数，如通过增加电容容量来增加风机转速的想法是不可取的，并且容易因过热损坏风机线圈，极数与每分钟转速（r/min）对应关系见表3-3。

表3-3 风机线圈极数与转速对应关系

2极：2900 r/min	4极：1450 r/min
6极：950 r/min	8极：720 r/min

⑥ 更换风机电容、压缩机电容时要根据原电容容量和耐压值选用。耐压值一般为交流450V，容量误差应为原容量的20%以内，如相差太多，则容易损坏电机。

4. 电容接线端子

（1）室外风机电容接线端子

由于室外机通常未设主板，由室内机主板供电，因此室外风机和压缩机的引线使用接线端子连接，相对应的室外风机电容上方设有2组接线端子，每组均为2片端子。使用万用表电阻挡测量接线端子时，阻值约为0Ω，说明2片接线端子在内部是相通的。

（2）压缩机电容接线端子

压缩机电容上方设有2组接线端子，见图3-15，1组为4片，1组为2片；为4片的接线端子功能：接室外机接线端子上零线（N）、接压缩机运行绕组（R）、接室外风机线圈使用的零线（N）、接四通阀线圈使用的零线（N）；只有2片的1组只使用1片，接压缩机启动绕组（S）。

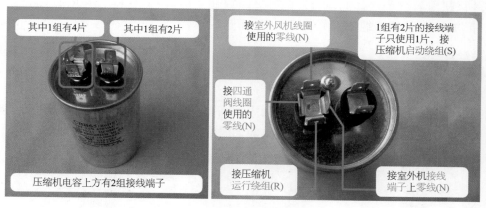

图3-15　压缩机电容接线端子功能

 说明

如果室外风机或四通阀线圈使用的零线（N），连接至室外机接线端子上的零线（N），则压缩机电容只连接2根引线，即室外机接线端子上零线（N）和压缩机运行绕组（R）。

（3）压缩机电容和室外风机电容合为一体

示例电容标有"4/25"，实物外形见图3-16，表示压缩机电容为25μF，室外风机电容为4μF。

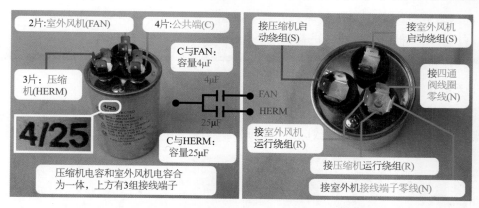

图3-16　压缩机电容和室外风机电容合为一体的电容实物外形

上方设有3组接线端子：1组为4片，标有"C"，表示为公共端；1组为3片，标有"HERM"，表示为压缩机；1组为2片，标有"FAN"，表示为室外风机。

C与HERM为压缩机电容接线端子，容量25μF，C与FAN为室外风机电容接线端子，容量4μF。

标有"C"的端子功能：接室外机接线端子零线（N）、接压缩机运行绕组（R）、接室外风机运行绕组（R）、接四通阀线圈使用的零线（N）。标有"HERM"的端子功能：接压缩机启动绕组（S）。标有"FAN"的端子功能：接室外风机启动绕组（S）。

原配此类的电容常见于LG等品牌空调器，维修时如果购买不到此类配件，可使用25μF电容和4μF电容共2个电容代换。

如果空调器原配压缩机电容使用常规的2组接线端子，损坏后所购买的配件为压缩机电容和室外风机电容合为一体的电容，则维修时只使用标有"C"和"HERM"的2组接线端子，标有"FAN"的接线端子不再使用。

5. 检查方法

（1）根据外观判断（压缩机电容）

如果电容底部发鼓，见图3-17，放在桌面（平面）上左右摇晃，则说明电容容量下降，可直接更换。正常的电容底部平坦，放在桌面上很稳。

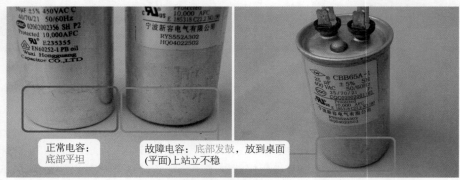

图3-17　观察法（目测底部发鼓）检测电容

 说明

　　如电容底部发鼓，肯定损坏，可直接更换；如电容底部平坦，也不能证明肯定为正常，应使用其他方法检测或进行代换。

（2）充放电法

将电容的接线端子接上2根引线，见图3-18，通入交流电源（220V）约1s对电容充电，拔出电源后短接引线两端对电容放电。根据放电声音判断故障：声音很响，电容正常；声音

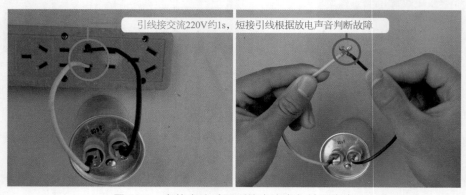

图3-18　充放电法（耳听放电声音）检测电容

微弱，容量减少；无声音，电容已无容量。

说明

使用充放电法在操作时一定要注意安全。

（3）万用表检测

由于普通万用表不带电容容量检测功能，使用电阻挡测量容易引起误判，因此选用带有电容容量检测功能的万用表或专用仪表来检测容量。

选用某品牌的VC97型万用表，最大检测容量为200μF，特点是如检测为无极性电容，使用万用表表笔就可以直接检测；而不像其他品牌或型号的部分万用表，需要将电容接上引线，再插入专用的检测孔才能检测。

检测时将万用表拨到电容挡，断开空调器电源，拔下压缩机电容的2组端子上引线，见图3-19，使用2个表笔直接测量2个端子，以电容容量为30μF为例，实测容量为30.1μF，说明被测电容正常。

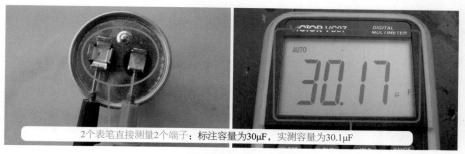

图3-19 万用表测量电容容量

6. 电容并联

在维修过程中，如果检测电容损坏，而所带配件没有相同容量的电容，可利用电容串联或并联接法，使容量与检修空调器的容量相匹配，此处以2个容量均为30μF的压缩机电容为例，说明电容并联后的容量变化关系。

见图3-20，使用2根引线，将2个电容的接线端子并联，使用万用表电容挡测量并联后的总容量约59μF（30μF + 30μF），说明电容并联后总容量为单个电容的标注容量之和，即电容

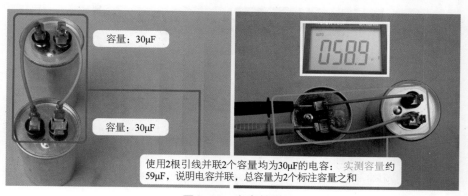

图3-20 电容并联

容量越并越大。

四、四通阀线圈

1. 安装位置

四通阀设在室外机，因此四通阀线圈也设计在室外机，见图3-21，线圈在四通阀上面套着，取下固定螺钉，可发现四通阀线圈共有2根蓝色的引线。

图3-21　安装位置和实物外形

2. 综述

① 英文符号：4V、VALVE。

② 线圈得到供电，产生的电磁力移动四通阀内部衔铁，在两端压力差的作用下，带动阀芯移动，从而改变制冷剂在制冷系统中的流向，使系统根据使用者的需要工作在制冷或制热模式。

③ 四通阀线圈不在四通阀上面套着时，不能向线圈通电；如果通电会发出很强的"嗡嗡"声，容易损坏线圈。

3. 使用万用表电阻挡测量四通阀线圈阻值

① 在室外机接线端子处测量：见图3-22右图，定频空调器接线端子上共有5根引线，1根为N零线公共端、1根接压缩机、1根接室外风机、1根接四通阀线圈、1根接地线。将万用表的1支表笔接N零线公用端，一支表笔接室外机接线端子上的蓝线（本机为3号），实测阻值约为1.4kΩ。

② 取下四通阀线圈单独测量：见图3-22左图，表笔直接测量2个接线端子，实测阻值和在室外机接线端子上测量相等，约为1.4 kΩ。

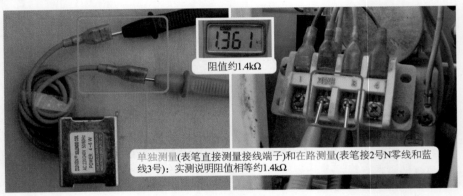

阻值约1.4kΩ

单独测量(表笔直接测量接线端子)和在路测量(表笔接2号N零线和蓝线3号)：实测说明阻值相等约1.4kΩ

图3-22　测量线圈阻值

空调维修从入门到精通——定频空调＋变频空调维修合集

4. 常见故障

四通阀线圈常见故障见表3-4。

表3-4 四通阀线圈常见故障

故障现象	故障原因	检测数据	维修措施
四通阀不能换向	线圈开路	万用表电阻挡测量线圈阻值为无穷大	更换四通阀线圈
四通阀工作几分钟后突然换向	线圈受热后阻值变为无穷大	万用表电阻挡测量线圈阻值刚开始正常，几分钟后变为无穷大	

第二节 电机

一、步进电机

1. 实物外形

示例步进电机型号为28BYJ48，见图3-23，供电电压为直流12V，共有5根引线，驱动方式为4相8拍。

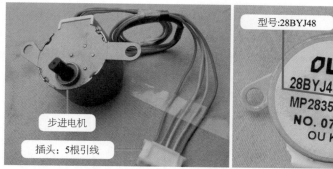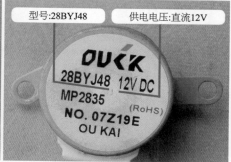

图3-23 实物外形

2. 内部构造

步进电机内部构造见图3-24，由外壳、定子（包含线圈）、转子、变速齿轮、输出接头、连接引线、插头等组成。

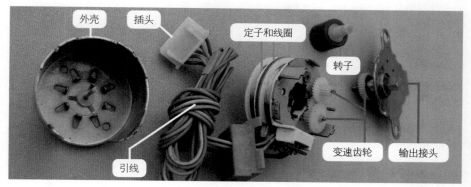

图3-24 内部构造

3. 辨别公共端引线

步进电机共有5根引线，示例电机的颜色分别为红、橙、黄、粉、蓝。其中1根为公共端，另外4根为线圈接驱动控制，更换时需要将公共端与室内机主板插座的直流12V相对应，常见辨别方法有使用万用表测量引线阻值和观察室内机主板步进电机插座。

（1）使用万用表测量引线阻值

① 测量阻值　使用万用表电阻挡，见图3-25，逐个测量引线之间阻值，共有2组阻值，187Ω和374Ω，且374Ω为187Ω的2倍。

步进电机线圈接线图

图3-25　引线阻值

 说明

　　187Ω和374Ω只是示例电机阻值，其他型号的步进电机阻值会不相同，但只要符合倍数关系即为正常。

② 找出公共端　测量5根引线，当一表笔接1根不动，另一表笔接另外4根引线，阻值均为187Ω时，那么这根引线即为公共端。

实测示例电机引线，见图3-26，红与橙、红与黄、红与粉、红与蓝的阻值均为187Ω，说明红线为公共端。

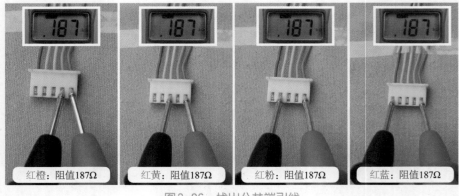

红橙：阻值187Ω　红黄：阻值187Ω　红粉：阻值187Ω　红蓝：阻值187Ω

图3-26　找出公共端引线

 说明

公共端引线通常位于插头的最外侧位置。

③ 测量线圈引线阻值　4根接驱动控制的引线之间阻值，应为公共端与4根引线阻值的2倍。见图3-27，实测蓝与粉、蓝与黄、蓝与橙、粉与黄、粉与橙、黄与橙阻值相等，均为374Ω。

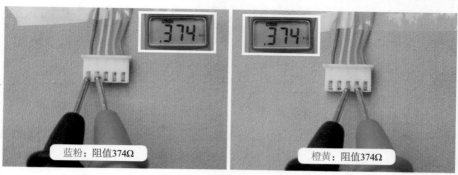

蓝粉：阻值374Ω　　　　　　　　　橙黄：阻值374Ω

图3-27　测量驱动引线阻值

（2）观察室内机主板步进电机插座

将步进电机插头插在室内机主板插座上，见图3-28，观察插座的引线连接元件。引线接直流12V，对应的引线为公共端；其余4根引线接反相驱动器，对应引线为线圈。

接直流12V的引线为公共端

接反相驱动器的引线为线圈

图3-28　根据插座引针连接部位判断引线功能

二、室外风机

1. 作用

室外风机安装在室外机左侧的固定支架上面，作用是驱动轴流风扇，制冷模式下，吸收室外自然风为冷凝器散热，因此室外风机也称为"轴流电机"。

2. 实物外形和铭牌主要参数

示例电机使用在美的KFR-51LW/DY-GC（E5）空调器中，实物外形见图3-29左图，单一风速，共有3根引线。

图3-29右图为铭牌参数含义，型号为YDK48-6H，主要参数：工作电压交流220V、频率

 说明

　　绝缘等级（CLASS）按电机所用的绝缘材料允许的极限温度划分，B级绝缘指电机采用材料的绝缘耐热温度为130℃。

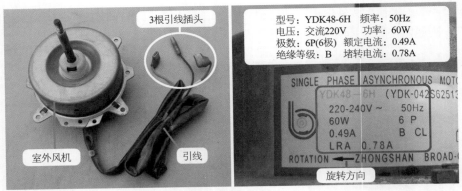

图3-29　实物外形和铭牌含义

50Hz、功率60W、6极、额定电流0.49A、B级绝缘、堵转电流（LRA）0.78A。

3. 工作原理

室外风机使用电容感应式电机，内含2个绕组：启动绕组和运行绕组，2个绕组在空间上相差90°。在启动绕组上串联了一个容量较大的电容器，当运行绕组和启动绕组通过单相交流电时，由于电容器作用使启动绕组中的电流在时间上比运行绕组的电流超前90°，先到达最大值。在时间和空间上形成两个相同的脉冲磁场，使定子与转子之间的气隙中产生了一个旋转磁场，在旋转磁场的作用下，电机转子中产生感应电流，电流与旋转磁场互相作用产生电磁场转矩，使电机旋转起来。

4. 室外风机构造

此处以海尔KFR-32GW/Z2空调器室外风机为例，电机型号KFD-50K，4极，34W。

（1）内部构造

内部构造见图3-30，室外风机由上盖、转子组件（包含轴、转子、上轴承和下轴承）、定子组件（包含定子、线圈、连接引线和插头）、下盖组成。

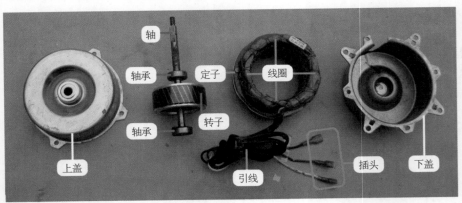

图3-30　内部构造

（2）温度保险

温度保险直接固定在线圈表面，见图3-31，保护温度为130℃，当由于某种原因（堵转或线圈短路等），引起室外风机线圈温度超过130℃，温度保险断开保护，由于串接在公共端引线，因此开路后室外风机由于停止供电而不再运行。温度保险为铁壳封装，固定在线圈表

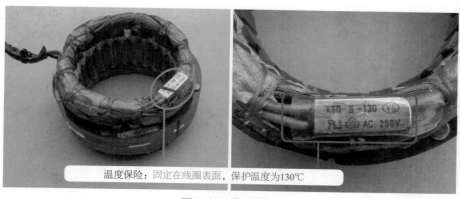

温度保险：固定在线圈表面，保护温度为130℃

图3-31　温度保险

面上时外壳设有塑料套。

（3）线圈和极数

线圈由铜线按规律编绕在定子槽里面，整个线圈分为2个绕组，见图3-32左图，位于外侧的线圈为运行绕组，位于内侧的线圈为启动绕组。

电机极数的定义：通俗的解释为，在定子的360°（即1圈）由几组线圈组成，那么此电机就为几极电机。见图3-32右图，示例电机在1圈内由4组线圈组成，那么此电机即为4极电机，无论启动绕组还是运行绕组，1圈内均由4组线圈组成。极数均为偶数，2个极（N极和S极）组成1个磁极对数。

由电机的极数可决定转速，每分钟转速n（r/min）=秒数×电源频率÷磁极对数，示例电机为4极，共2个磁极对数，理论转速为60s×50Hz÷2=1500r/min，减去阻力等因素，实际转速约1450r/min。6极电机理论转速为1000r/min，实际转速约950r/min。压缩机使用2极电机，理论转速3000r/min，实际转速约2900r/min。

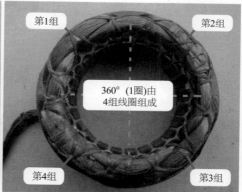

图3-32　线圈和极数

5. 线圈引线作用辨认方法

常见有三种方法，即根据室外风机引线实际所接元件、使用万用表电阻挡测量线圈引线阻值、查看电机铭牌。

（1）根据铭牌标识判断线圈引线功能

室外风机电机铭牌除了标有主要参数，还标有电机引线功能即接线方式，见图3-33。

黑线只接电源，为公共端（C）；红线接电源和电容，为运行绕组（R）；蓝线只接电容，为启动绕组（S）。

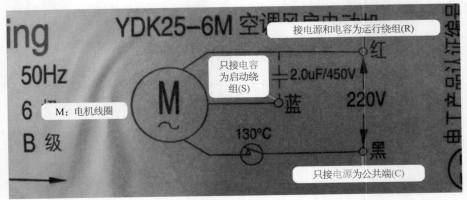

图3-33　根据铭牌标识判断线圈引线功能

（2）根据实际接线判断引线功能

见图3-34，室外风机共有3根引线：只接室外机接线端子上电源L端，引线为公共端（C）；接电容和电源N端，引线为运行绕组（R）；只接电容，引线为启动绕组（S）。

图3-34　根据实际接线判断引线功能

（3）使用万用表电阻挡测量线圈引线阻值

使用单相交流220V供电的电机，内设的运行绕组和启动绕组在实际绕制铜线时，见图3-35，由于运行绕组起主要旋转作用，使用的线径较粗，且匝数少，因此阻值小一些；而启动绕组只起启动的作用，使用的线径较细，且匝数多，因此阻值大一些。

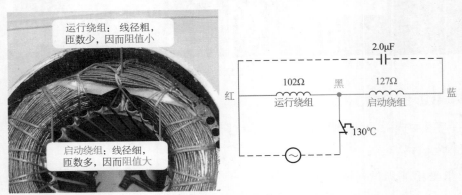

图3-35　引线线径和室外风机接线图

每个绕组共有2个接头，因此2个绕组共有4个接头，但在电机内部，将运行绕组和启动绕组的一端连接一起作为公共端，只引出1根引线，因此电机共引出3根引线。

① 测量3根引线阻值。逐个测量室外风机的3根引线阻值，会得出3次不同的结果，见图3-36，YDK48-6H电机实测阻值依次为229Ω、102Ω、127Ω，其中最大阻值229Ω为启动绕组＋运行绕组的总数，最小阻值102Ω为运行绕组阻值，127Ω为启动绕组阻值。

图3-36　室外风机线圈的3次阻值

说明

测量室外风机线圈阻值时，应当用手扶住轴流扇叶再测量，可以防止扇叶转动、电机产生感应电动势干扰万用表显示数据。

② 找出公共端。在最大的阻值229Ω中，见图3-37，表笔接的引线为启动绕组和运行绕组，空闲的一根引线为公共端（C），本机为黑线。

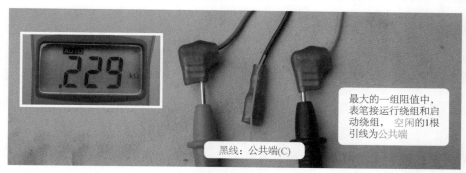

图3-37　找出公共端C

③ 找出运行绕组和启动绕组。一支表笔接公共端，另一支表笔测量另外2根引线阻值，阻值小的引线为运行绕组（R），见图3-38，本机为红线；阻值大的引线为启动绕组（S），见图3-39，本机为蓝线。

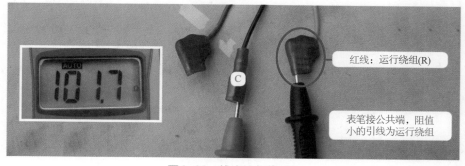

图3-38　找出运行绕组R

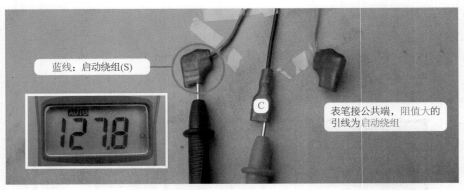

图3-39　找出启动绕组S

④ 如电机功率较小，常见在20W以下时，有些型号的电机实测运行绕组阻值大、启动绕组阻值小。

三、室内风机

 说明

本小节室内风机指挂式空调器上所使用。

1. 安装位置

室内风机安装在室内机右侧，见图1-16，室内风机旋转时驱动贯流风扇运行，从而吸入房间内空气至室内机，经蒸发器降低温度后以一定的风速和流量吹出，来降低房间温度。

2. 常用型式

室内风机常见有三种型式。

① 抽头电机：实物外形见图3-40，通常使用在早期空调器，目前很少使用，交流220V供电。

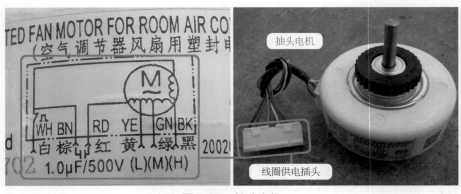

图3-40　抽头电机

② PG电机：实物外形见图3-42左图，使用在目前的全部定频空调器、交流变频空调器、直流变频空调器之中，是使用最广泛的型式，交流220V供电。

③ 直流电机：实物外形见图3-41，使用在全直流变频空调器或高档定频空调器，直流300V供电。

图3-41　直流电机

3. PG电机

（1）实物外形和主要参数

图3-42左图为PG电机实物外形，使用交流220V供电，最主要的特征是内部设有霍尔元件，在运行时输出代表转速的霍尔信号，因此共有2个插头，大插头为线圈供电，使用交流电源，作用是使PG电机运行；小插头为霍尔反馈，使用直流电源，作用是输出代表转速的霍尔信号。

图3-42右图为PG电机主要参数，示例电机由威灵生产，型号为RPG25M，使用在1P～1.5P挂式空调器。主要参数：工作电压交流220V、频率50Hz、功率15W、额定电流0.2A、4极、E级绝缘。

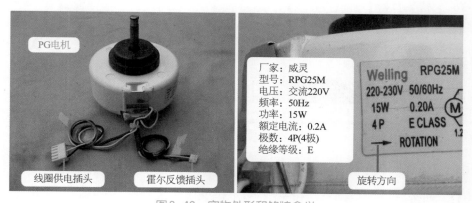

图3-42　实物外形和铭牌含义

 说明

　　绝缘等级按电机所用的绝缘材料允许的极限温度划分，E级绝缘指电机采用材料的绝缘耐热温度为120℃。

（2）内部构造

内部构造见图3-43，PG电机由定子（包含引线和线圈供电插头）、转子（包含磁环和上下

第三章　电控系统主要元件

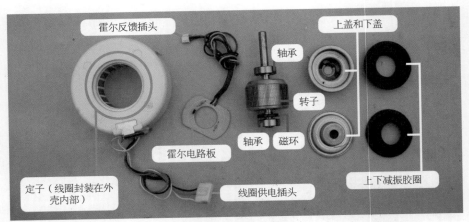

图3-43　内部构造

轴承)、霍尔电路板(包含引线和霍尔反馈插头)、上盖和下盖、上部和下部的减振胶圈组成。

PG电机一般为塑封电机,所谓"塑封"电机,是指使用高强度塑料将线圈(铜线)、定子、外壳浇注为一体,从外面看不到线圈,线圈的引线从专用豁口穿出。

(3)温度保险

由于线圈被密封在外壳内部,见图3-44,温度保险固定在电机表面,检测电机外壳的温度,保护值为110℃。当电机外壳温度超过保护值后,温度保险断开,因串接在线圈的公共端供电回路,所以PG电机也停止工作。

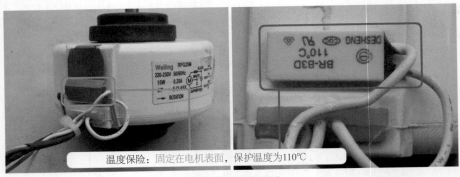

温度保险:固定在电机表面,保护温度为110℃

图3-44　温度保险

4. PG电机引线辨认方法

常见有三种方法,即根据室内机主板PG电机插座所接元件、使用万用表电阻挡测量线圈引线阻值、查看PG电机铭牌。

(1)根据主板插座引针特点判断线圈引线功能

将PG电机线圈供电插头插在室内机主板上面,见图3-45,查看插座引针所接元件:引针接晶闸管(俗称可控硅),对应引线为公共端(C);引针接电容和电源N端,对应引线为运行绕组(R);引针只接电容,对应引线为启动绕组(S)。

(2)使用万用表电阻挡测量线圈引线阻值

逐个测量PG电机的3根引线阻值,会得出3次不同的结果,见图3-46,威灵RPG25M电机实测阻值依次为569Ω、251Ω、318Ω,其中运行绕组阻值为251Ω,启动绕组阻值为318Ω,

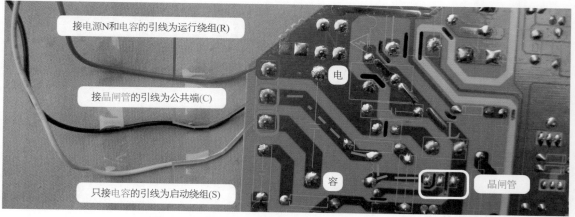

接电源N和电容的引线为运行绕组(R)

接晶闸管的引线为公共端(C)

只接电容的引线为启动绕组(S)

电

容

晶闸管

图3-45　根据主板插座引针特点判断线圈引线功能

启动绕组 + 运行绕组的阻值为569Ω。

| 阻值：569Ω | 阻值：251Ω | 阻值：318Ω |

图3-46　PG电机线圈的3次阻值

① 找出公共端。在最大的阻值569Ω中，见图3-47，表笔接的引线为启动绕组和运行绕组，空闲的一根引线为公共端（C），本机为黑线。

黑线：公共端(C)

最大的一组阻值中，表笔接运行绕组和启动绕组，空闲的一根引线为公共端

图3-47　找出公共端C

② 找出运行绕组和启动绕组。一支表笔接公共端，另一支表笔测量另外2根引线阻值，阻值小的引线为运行绕组（R），见图3-48，本机为红线；阻值大的引线为启动绕组（S），见图3-49，本机为白线。

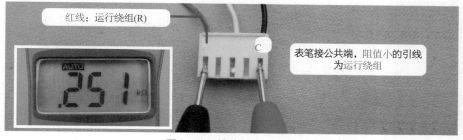

红线：运行绕组(R)

C

表笔接公共端，阻值小的引线为运行绕组

图3-48　找出运行绕组R

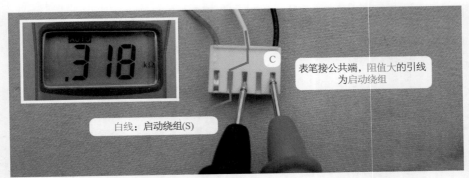

图3-49　找出启动绕组S

（3）查看电机铭牌

铭牌标有电机的各种信息，见图3-50，包括主要参数及引线颜色和作用。PG电机设有2个插头，因此设有2组引线，电机线圈使用M表示，霍尔电路板使用FG表示，各有3根引线。

电机线圈：黑色（BLACK）引线只接交流电源，为公共端（C）；红色（RED）引线接交流电源和电容，为运行绕组（R）；白色（WHITE）引线只接电容，为启动绕组（S）。

霍尔电路板：茶色（TAWNY）引线为Vcc，直流供电正极，供电电压通常为直流5V或12V；黑线为GND，直流供电公共端地；白线为Vout，霍尔信号输出。

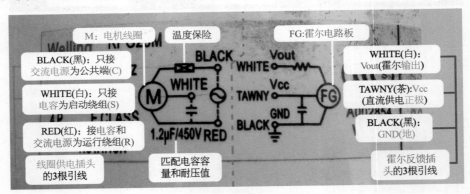

图3-50　根据铭牌标识判断线圈引线功能

四、压缩机

压缩机是制冷系统的心脏，由电机部分和压缩部分组成。电机通电后运行，带动压缩部分工作，使吸气管吸入的低温低压制冷剂气体变为高温高压气体。

常见压缩机的形式主要有活塞式、旋转式、涡旋式。活塞式主要应用在早期的三相供电的柜式空调器，目前已不再使用；涡旋式压缩机主要应用在目前的三相供电的3P或5P柜式空调器；最常见的形式为旋转式，一般只要是单相交流220V供电的空调器，压缩机均使用旋转式，因此本节介绍内容以旋转式压缩机为主。

1. 安装位置

压缩机安装在室外机右侧，见图3-51，固定在室外机底座，其中压缩机接线端子连接电控系统，吸气管和排气管连接制冷系统。

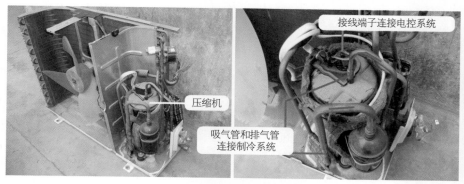

图3-51　安装位置

2. 剖解上海日立SHW33TC4-U旋转式压缩机

（1）内部构造

内部构造见图3-52，由储液瓶（包含吸气管）、上盖（包含接线端子和排气管）、定子（包含线圈）、转子（上方为转子、下方为压缩部分组件）、下盖等组成。

图3-52　内部构造

（2）内置式过载保护器安装位置

内置式过载保护器安装在接线端子附近，见图3-53，取下压缩机上盖，可看到内置过载保护器固定在上盖上面，串接在接线端子的公共端。

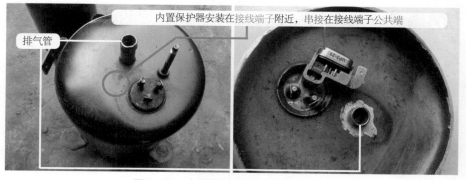

图3-53　内置式过载保护器安装位置

示例压缩机内置过载保护器型号为UP3-29，共有2个接线端子：一个接上盖接线端子公共端，一个接压缩机线圈的公共端。UP3系列内置过载保护器具有过热和过电流双重保护功能。

过热时：根据压缩机内部的温度变化，影响保护器内部温度的变化，使双金属片受热后发生弯曲变形来控制保护器的断开和闭合。

过电流时：如压缩机壳体温度不高而电流很大，保护器内部的电加热丝发热量增加，使保护器内部温度上升，最终也是通过温度的变化达到保护的目的。

（3）电机部分

电机部分包括定子和转子，见图3-54，压缩机线圈安装在定子槽里面，外圈为运行绕组，内圈为启动绕组，使用2极电机，转速约2900r/min；转子和压缩部分组件安装在一起，转子位于上方，安装时和电机定子相对应。

图3-54　定子和转子

（4）压缩部分组件

转子下方即为压缩部分组件，主要由气缸、上气缸盖和下气缸盖、刮片、滚套等部件组成，压缩机电机线圈通电时转子以约2900r/min转动，带动压缩部分组件工作，将吸气管吸入的低温低压制冷剂气体，变为高温高压的气体。由于使用特殊规格的螺钉固定，压缩部分打不开，因此不能再进一步分解。

3. 外置式过载保护器

如果压缩机引线直接插在接线端子上面，见图3-55左图，则此压缩机未使用外置过载保护器；如果设有外置过载保护器，则公共端引线经过载保护器触点至压缩机接线端子上

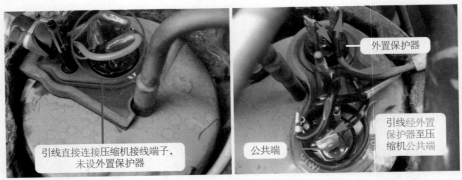

图3-55　外置式过载保护器安装位置

的公共端。

外置过载保护器安装在压缩机的上盖外面，见图3-55右图，位于接线端子附近，共有2个触点，串接在压缩机线圈的公共端回路中，主要依靠电流动作，但性能差于内置式过载保护器。

4. 压缩机线圈引线功能辨别方法

见图3-56，定子上的线圈共有3根引线，压缩机上盖的接线端子也只有3个，因此连接电控系统的引线也只有3根。

压缩机线圈共有3个接线端子，相对应压缩机引线也为3根

图3-56　线圈引线数量

（1）根据实际接线判断引线功能

见图3-57，压缩机线圈共有3根引线：只接室外机接线端子上电源L端，引线为公共端（C）；接电容和电源N端，引线为运行绕组（R）；只接电容，引线为启动绕组（S）。

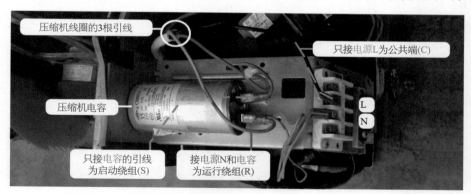

压缩机线圈的3根引线

只接电源L为公共端(C)

压缩机电容

只接电容的引线为启动绕组(S)

接电源N和电容为运行绕组(R)

图3-57　根据实际接线判断引线功能

（2）使用万用表电阻挡测量线圈端子阻值

逐个测量压缩机的3个接线端子阻值，会得出3次不同的结果，见图3-58，上海日立SHW33TC4-U压缩机在室外温度约10℃时，实测阻值依次为4.1Ω、1.9Ω、2.2Ω，其中最大阻值4.1Ω为启动绕组＋运行绕组的总数，最小阻值1.9Ω为运行绕组阻值，2.2Ω为启动绕组阻值。

 说明

判断接线端子的功能时，实测时应测量引线，而不用再打开接线盖、拔下引线插头去测量接线端子。

| 阻值: 4.1Ω | 阻值: 1.9Ω | 阻值: 2.2Ω |

图 3-58　压缩机线圈的 3 次阻值

① 找出公共端。在最大的阻值 4.1Ω 中，见图 3-59，表笔接的端子为启动绕组和运行绕组，空闲的一个端子为公共端（C）。

图 3-59　找出公共端 C

② 找出运行绕组和启动绕组。一支表笔接公共端，另一支表笔测量另外 2 个端子阻值，阻值小的端子为运行绕组（R），见图 3-60；阻值大的端子为启动绕组（S），见图 3-61。

图 3-60　找出运行绕组 R

图 3-61　找出启动绕组 S

（3）根据压缩机接线盖或垫片标识

见图3-62，压缩机接线盖或垫片（使用耐高温材料）上标有"C、R、S"字样,表示为接线端子的功能：C为公共端，R为运行绕组，S为启动绕组。

将接线盖对应接线端子，或将垫片安装在压缩机上盖的固定位置，观察接线端子：对应标有"C"的端子为公共端、对应标有"R"的端子为运行绕组、对应标有"S"的端子为启动绕组。

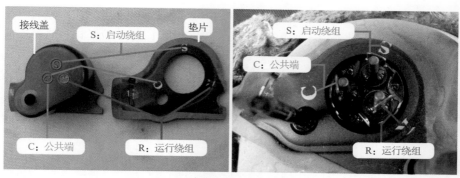

图3-62 根据接线盖标识判断引线功能

第四章
挂式空调器电控系统工作原理

本章选用典型挂式空调器型号为美的KFR-26GW/DY-B（E5），介绍电控系统组成、室内机主板方框图、单元电路详解、遥控器电路等。

注：在本章中，如非特别说明，电控系统知识内容全部选自美的KFR-26GW/DY-B（E5）挂式空调器。

第一节　典型挂式空调器电控系统

一、电控系统组成

图4-1为典型挂式空调器（美的KFR-26GW/DY-B）电控系统组成实物图，由图可知，一个完整的电控系统由主板和外围负载组成，包括主板、变压器、传感器、室内风机、显示板组件、步进电机、遥控器、接线端子等。

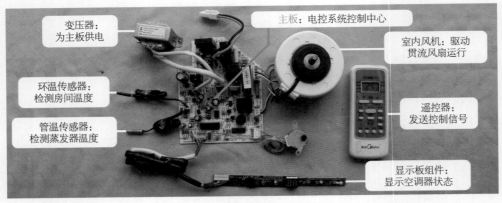

图4-1　电控系统组成实物图

二、主板方框图和电路原理图

主板是电控系统的控制中心，由许多单元电路组成，各种输入信号经主板CPU处理后通过输出电路控制负载。主板通常可分四部分电路，即电源电路、CPU三要素电路、输入电路、输出电路。

图4-2为室内机主板电路方框图，图4-4为室内机主板电路原理图，图4-3为电控系统主要元件，表4-1为主要元件编号、名称的说明。

说明

在本小节，将主板电路原理图和实物图上的元件标号统一，并一一对应，使理论和实践相结合，且读图更方便。

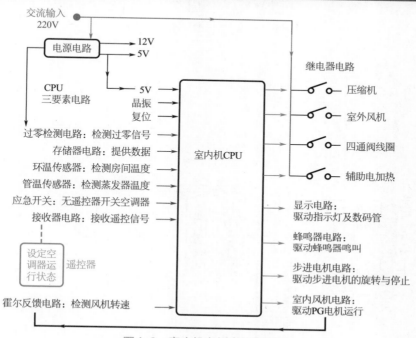

图4-2　室内机主板电路方框图

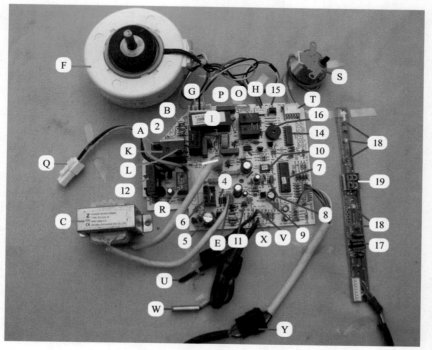

图4-3　电控系统主要元件

第四章　挂式空调器电控系统工作原理

069

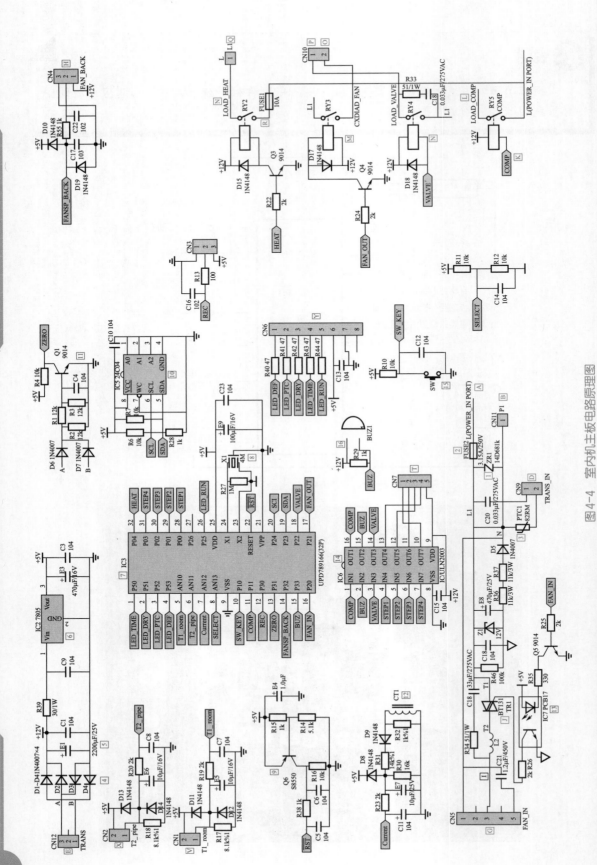

图4-4 室内机主板电路原理图

表4-1 主要元件编号、名称的说明

编号	名称	编号	名称
A	电源相线L输入	B	电源零线N输入
C	变压器：将交流220V降低至约13V	D	变压器一次绕组插座
E	变压器二次绕组插座	F	室内风机：驱动贯流风扇运行
G	室内风机线圈供电插座	H	霍尔反馈插座：检测室内风机转速
I	风机电容：在室内风机启动时使用	J	晶闸管：驱动室内风机
K	压缩机继电器：控制压缩机的运行与停止	L	压缩机接线端子
M	室外风机继电器：控制室外风机的运行与停止	N	四通阀线圈继电器：控制四通阀线圈的运行与停止
O	室外风机接线端子	P	四通阀线圈接线端子
R	辅助电加热继电器	Q	辅助电加热插头
S	步进电机：带动导风板运行	T	步进电机插座
U	环温传感器：检测房间温度	V	环温传感器插座
W	管温传感器：检测蒸发器温度	X	管温传感器插座
Y	显示板组件对插插头	1	压敏电阻：在电压过高时保护主板
2	保险管：在电流过大时保护主板	3	PTC电阻
4	整流二极管：将交流电整流成为脉动直流电	5	滤波电容：滤除直流电中的交流纹波成分
6	5V稳压块7805：输出端为稳定直流5V	7	CPU：主板的"大脑"
8	晶振：为CPU提供时钟信号	9	复位三极管
10	存储器：为CPU提供数据	11	过零检测三极管：检测过零信号
12	电流互感器	13	光耦
14	反相驱动器：反相放大后驱动继电器线圈、步进电机线圈、蜂鸣器	15	应急开关：无遥控器开关空调器
16	蜂鸣器：发声代表已接收到遥控信号	17	接收器：接收遥控器的红外线信号
18	指示灯：指示空调器的运行状态	19	数码管：显示温度和故障代码

三、单元电路作用

1. 电源电路

将交流220V电压降压、整流、滤波，成为直流12V和5V，为主板单元电路和外围负载供电。

2. CPU三要素电路

电源、时钟、复位称为三要素电路，其正常工作是CPU处理输入信号和控制输出电路的前提。

3. 输入部分信号电路

① 遥控信号（17）：对应电路为接收器电路，将遥控器发出的红外线信号处理后送至CPU。

② 环温、管温传感器（U、W）：对应电路为传感器电路，将代表温度变化的电压送至CPU。

③ 应急开关信号（15）：对应电路为应急开关电路，在没有遥控器时可以使用空调器。

④ 数据信号（10）：对应电路为存储器电路，为CPU提供运行时必要的数据信息。

⑤ 过零信号（11）：对应电路为过零检测电路，提供过零信号以便CPU控制光耦晶闸管（俗称光耦可控硅）的导通角，使PG电机能正常运行。

⑥ 霍尔反馈信号（H）：对应电路为霍尔反馈电路，作用是为CPU提供室内风机（PG电机）的实际转速。

⑦ 运行电流信号（12）：对应为电流检测电路，作用是为CPU提供压缩机运行电流的参考信号。

4. 输出部分负载电路

① 蜂鸣器（16）：对应电路为蜂鸣器电路，用来提示CPU已处理遥控器发送的信号。

② 指示灯（18）和数码管（19）：对应电路为指示灯和数码管显示电路，用来显示空调器的当前工作状态。

③ 步进电机（S）：对应电路为步进电机控制电路，调整室内风机吹风的角度，使之能够均匀送到房间的各个角落。

④ 室内风机（F）：对应电路为室内风机驱动电路，用来控制室内风机的工作与停止。制冷模式下开机后就一直工作（无论外机是否运行）；制热模式下受蒸发器温度控制，只有蒸发器温度高于一定温度后才开始运行，即使在运行中，如果蒸发器温度下降，室内风机也会停止工作。

⑤ 辅助电加热继电器（R）：对应为辅助电加热继电器驱动电路，用来控制辅助电加热的工作与停止，在制热模式下提高出风口温度。

⑥ 压缩机继电器（K）：对应电路为继电器驱动电路，用来控制压缩机的工作与停止。制冷模式下，压缩机受3min延时电路保护、蒸发器温度过低保护、过流检测电路等控制；制热模式下，受3min延时电路保护、蒸发器温度过高保护、电流检测电路等控制。

⑦ 室外风机继电器（M）：对应电路为继电器驱动电路，用来控制室外风机的工作与停止。受保护电路同压缩机。

⑧ 四通阀线圈继电器（N）：对应的电路为继电器驱动电路，用来控制四通阀线圈的工作与停止。制冷模式下无供电停止工作；制热模式下有供电开始工作，只有除霜过程中断电，其他过程一直供电。

第二节　电源电路和CPU三要素电路

一、电源电路

电源电路原理图见图4-5，实物图见图4-6，关键点电压见表4-2。电路作用是将交流220V电压降压、整流、滤波、稳压后转换为直流12V和5V为主板供电。本节主要以常见的变压器降压型式的电源电路作详细介绍。

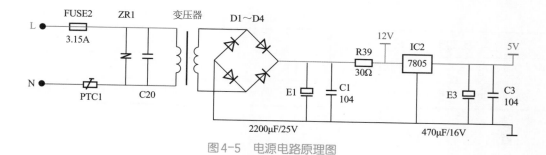

图4-5 电源电路原理图

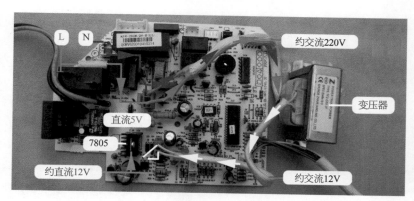

图4-6 电源电路实物图

1. 工作原理

电容C20为高频旁路电容，用以旁路电源引入的高频干扰信号；FUSE2（3.15A保险管）、ZR1（压敏电阻）组成过压保护电路，输入电压正常时，对电路没有影响；而当电压高于交流约680V，ZR1迅速击穿，将前端FUSE2保险管熔断，从而保护主板后级电路免受损坏。

交流电源L端经保险管FUSE2、N端经PTC电阻分别送至变压器一次绕组插座，这样变压器一次绕组输入电压和供电插座的交流电源相等。PTC1为正温度系数的热敏电阻，阻值随温度变化而变化，作用是保护变压器绕组。

变压器、D1～D4（整流二极管）、E1（主滤波电容）、C1组成降压、整流、滤波电路，变压器将输入电压交流220V降低至约交流12V从二次绕组输出，至由D1～D4组成的桥式整流电路，变为脉动直流电（其中含有交流成分），经E1滤波，滤除其中的交流成分，成为纯净的约12V直流电压，为主板12V负载供电。

R39为保护电阻，当负载短路引起电流过大时，其开路断开直流12V供电，从而保护变压器绕组。

IC2、E3、C3组成5V电压产生电路；IC2（7805）为5V稳压块，①脚输入端为直流12V，经7805内部电路稳压，③脚输出端输出稳定的直流5V电压，为5V负载供电。

 说明

本电路没有使用7812稳压块，因此直流12V电压实测为直流11～16V，随输入的交流220V电压变化而变化。

第四章 挂式空调器电控系统工作原理

073

表4-2 电源电路关键点电压

变压器插座		7805		
一次绕组	二次绕组	①脚输入端	②脚地	③脚输出端
约交流220V	约交流12V	约直流14V	直流0V	直流5V

2. 直流12V和5V负载

（1）**直流12V负载**

直流12V取自主滤波电容正极，见图4-7，主要负载：7805稳压块、继电器线圈、PG电机内部的霍尔反馈电路板、步进电机线圈、反相驱动器、蜂鸣器。

 说明

PG电机内部的霍尔反馈电路板一般为直流5V供电；美的空调器例外，使用直流12V供电。

供PG电机内部霍尔反馈电路板

供继电器线圈

供步进电机线圈

供反相驱动器

供蜂鸣器

供7805

12V：取自滤滤电容正极

图4-7 直流12V负载

（2）**直流5V负载**

直流5V取自7805的③脚输出端，见图4-8，主要负载：CPU、存储器、光耦、传感器电路、显示板组件上接收器、数码管、指示灯等。

3. 电路检修技巧

① 遇到主板无5V故障，使用反向检修法，排除主板无短路故障后，先检查12V电压，再检查变压器二次绕组插座电压，然后再检查变压器一次绕组插座电压，直至查到故障元件并进行更换。

② 空调器上电无反应故障，可用万用表电阻挡测量插头L、N阻值，如为无穷大，可判断为变压器一次绕组或保险管开路；如实测为变压器一次绕组的阻值，可用万用表交流电压挡测量一次绕组插座内是否有电压。

③ 更换变压器时，如无原型号备件，使用配用元件时，应注意：功率、输出电压及外形

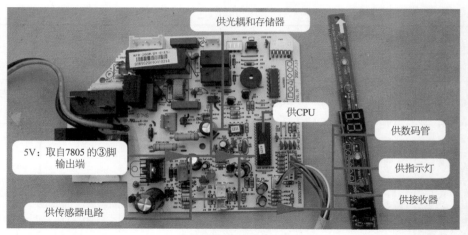

图4-8 直流5V负载

（用于固定）均应相同。如变压器绕头插头形状不一样，可用烙铁将引线直接焊在主板插座相对应的焊点上。

二、CPU三要素电路

1. CPU简介

CPU是一个大规模的集成电路，整个电控系统的控制中心，内部写入了运行程序（或工作时调取存储器中的程序）。根据引脚方向分类，常见有两种，见图4-9，即两侧引脚和四面引脚。

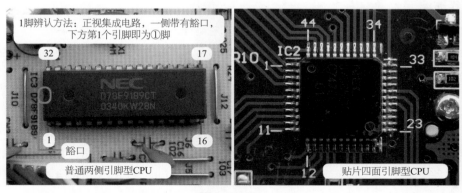

图4-9 CPU

CPU的作用是接收使用者的操作指令，结合室内环温、管温传感器等输入部分电路的信号进行运算和比较，确定空调器的运行模式（如制冷、制热、抽湿、送风），通过输出部分电路控制压缩机、室内外风机、四通阀线圈等部件，使空调器按使用者的意愿工作。

CPU是主板上体积最大、引脚最多的元器件。现在主板CPU的引脚功能都是空调器厂家结合软件来确定的，也就是说同一型号的CPU在不同空调器厂家主板上引脚作用是不一样的。

美的空调器KFR-26GW/DY-B（E5）室内机主板CPU使用NEC公司产品，型号为D78F9189CT，共有32个引脚，主要引脚功能见表4-3。

表4-3 D78F9189CT引脚功能

输入部分电路			输出部分电路		
引脚	英文代号	功能	引脚	英文代号	功能
10	SW-KEY	按键开关	1、2、3、4、26	LED、LCD	驱动指示灯和数码管
12	REC	遥控信号	28、29、30、31	STEP	步进电机
5	room	环温	15	BUZ	蜂鸣器
6	pipe	管温	16	FAN-IN	室内风机
13	ZERO	过零检测	32	HEAT	辅助电加热
14	FANSP-BACK	霍尔反馈	11	COMP	压缩机
7	Current、CT	电流	17	FAN-OUT	室外风机
8脚为机型选择，27脚为空脚，21脚接地			18	VALVE	四通阀线圈
19	SDA	数据	20	SCL	时钟	存储器电路
25	VDD	供电	23	X2	晶振	
9	VSS	地	24	X1	晶振	CPU三要素电路
			22	RST	复位	

2. 工作原理

CPU三要素电路原理图见图4-10，实物图见图4-11，关键点电压见表4-4。

电源、复位、时钟称为三要素电路，是CPU正常工作的前提，缺一不可，否则会死机引起空调器上电无反应故障。

① CPU25脚是电源供电引脚，由7805的③脚输出端直接供给。滤波电容E9、C23的作用是使5V供电更加纯净和平滑。

② 复位电路将内部程序处于初始状态。CPU22脚为复位引脚，由外围元件滤波电容E4、瓷片电容C6和C5、PNP型三极管Q6（9012）、电阻(R14、R15、R16、R38)组成低电平复位电路。初始上电时，5V电压首先对E4充电，同时对R15和R14组成的分压电路分压，当E4充电完成后，R15分得的电压约为0.8V，使得Q6充分导通，5V经Q6发射极、集电极、R38至CPU22脚，电容E4正极电压由0V逐渐上升至5V，因此CPU22脚电压、相对于电源引脚25要延时一段时间（一般为几十毫秒），将CPU内部程序清零，对各个端口进行初始化。

③ 时钟电路提供时钟频率。CPU23、24脚为时钟引脚，内部电路与外围元件X1（晶振）、电阻R27组成时钟电路，提供4MHz稳定的时钟频率，使CPU能够连续执行指令。

表4-4 CPU三要素电路关键点电压

25脚供电	9脚地	Q6：E	Q6：B	Q6：C	22脚复位	23脚晶振	24脚晶振
5V	0V	5V	4.3V	5V	5V	2.8V	2.5V

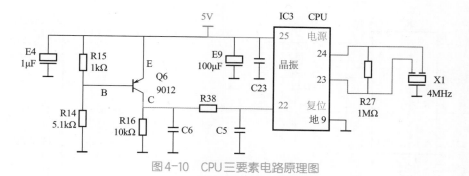

图4-10 CPU三要素电路原理图

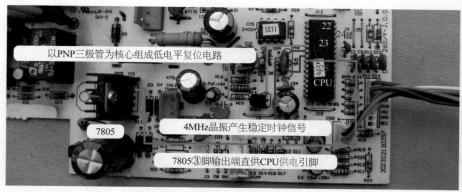

图4-11 CPU三要素电路实物图

第三节 输入部分单元电路

一、存储器电路

存储器电路原理图见图4-12，实物图见图4-13，关键点电压见表4-5，电路作用是向CPU提供工作时所需要的数据。

室内机主板使用的存储器型号为24C04，通信过程采用I²C总线方式，即IC与IC之间的双向传输总线，它有两条线，即串行时钟线（SCL）和串行数据线（SDA）。时钟线传递的时钟信号由CPU输出，存储器只能接收；数据线传送的数据是双向的，CPU可以向存储器发送信号，存储器也可以向CPU发送信号。

使用万用表直流电压挡，测量存储器24C04引脚电压，实测5脚电压为5V，6脚电压为0V，说明在测量电压时CPU并没有向存储器读取数据，也就是说CPU未向存储器发送时钟信号。

表4-5 存储器电路关键点电压

存储器24C04引脚				CPU引脚	
1、2、3、4、7脚	8脚	5脚	6脚	19脚	20脚
0V	5V	5V	0V	5V	0V

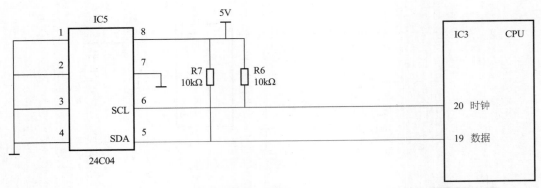

图4-12　存储器电路原理图

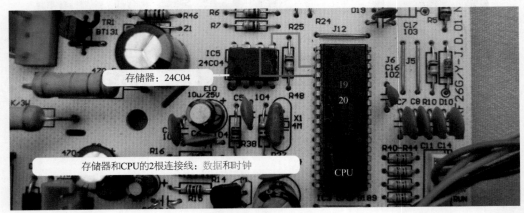

图4-13　存储器电路实物图

二、应急开关电路

应急开关电路原理图见图4-14，实物图见图4-15，按键状态与CPU引脚电压的对应关系见表4-6，电路作用是无遥控器时可以开启或关闭空调器。

1. 工作原理

强制制冷功能、强制自动功能共用一个按键，CPU10脚为应急开关按键检测引脚，正常时为高电平直流5V，应急开关按下时为低电平0V，CPU根据低电平的次数进入各种控制程序。

控制程序：按压第一次按键，空调器将进入强制自动模式，按键之前若为关机状态，按键之后将转为开机状态；按压第二次按键，将进入强制制冷状态；按压第三次按键，空调器关机。按压按键使空调器运行时，在任何状态下都可用遥控器控制，转入按遥控器设定的运行状态。

表4-6　按键状态与CPU引脚电压对应关系

按键状态	CPU10脚电压
应急开关按键未按下时	5V
应急开关按键按下时	0V

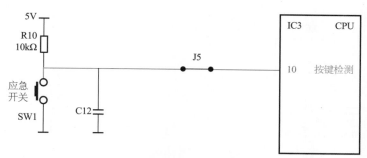

图4-14 应急开关电路原理图

图4-15 应急开关电路实物图

2. 其他品牌（如海信）空调器应急开关控制程序

按一次为开机，工作于自动模式，再按一次则关机；待机状态下按下应急开关按键超过5s，蜂鸣器响三声，进入强制制冷，运行时不考虑室内环境温度；应急运行时，如接收到遥控信号，则按遥控信号控制运行。

三、遥控接收电路

遥控接收电路原理图见图4-16，实物图见图4-17，遥控器状态与CPU引脚电压的对应关系见表4-7，电路作用是接收遥控器发送的红外线信号，处理后送至CPU引脚。

表4-7 接收器状态与CPU引脚电压对应关系

接收器状态	接收器输出端电压	CPU12脚电压
遥控器未发射信号	4.96V	4.96V
遥控器发射信号	约3V	约3V

遥控器发射含有经过编码的调制信号以38kHz为载波频率，发送至位于显示板组件上的接收器REC201，REC201将光信号转换为电信号，并进行放大、滤波、整形，经R13送至CPU12脚，CPU内部电路解码后得出遥控器的按键信息，从而对电路进行控制；CPU每接收到遥控信号后会控制蜂鸣器响一声给予提示。

接收器在接收到遥控信号时，输出端由静态电压会瞬间下降至约3V，然后再迅速上升至静态电压。遥控器发射信号时间约1s，接收器接收到遥控信号时输出端电压也有约1s的时间瞬间下降。

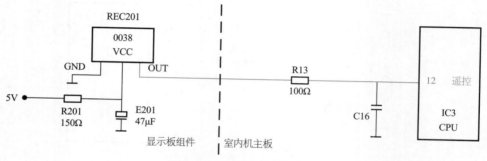

图4-16　接收器电路原理图

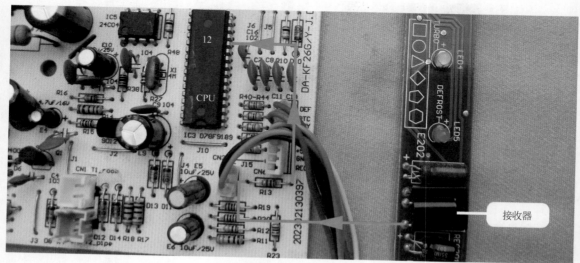

图4-17　接收器电路实物图

四、传感器电路

1. 传感器安装位置和实物外观

（1）室内环温传感器

室内环温传感器固定支架安装在室内机的进风面，见图4-18，作用是检测室内房间温度。

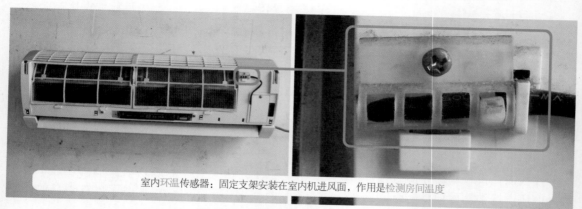

室内环温传感器：固定支架安装在室内机进风面，作用是检测房间温度

图4-18　室内环温传感器安装位置

（2）室内管温传感器

室内管温传感器检测孔焊在蒸发器的管壁上，见图4-19，作用是检测蒸发器温度。

室内管温传感器：检测孔焊在蒸发器管壁上，作用是检测蒸发器温度

图4-19　室内管温传感器安装位置

（3）实物外形

室内环温和室内管温传感器均只有2根引线，见图4-20，不同的是，室内环温传感器使用塑封探头，室内管温传感器使用铜头探头。

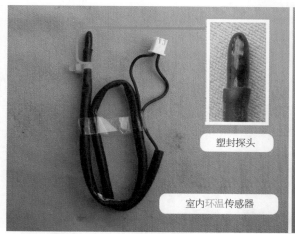

塑封探头

室内环温传感器

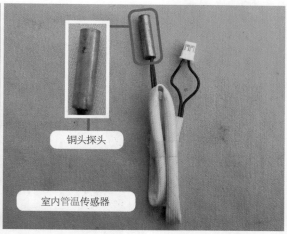

铜头探头

室内管温传感器

图4-20　2个传感器实物外形

2. 工作原理

传感器电路原理图见图4-21，实物图见图4-22。室内环温传感器向CPU提供房间温度，与遥控器设定温度相比较，控制空调器的运行与停止；室内管温传感器向CPU提供蒸发器温度，在制冷系统进入非正常状态时保护停机。

环温传感器room、下偏置电阻R17（8.1kΩ精密电阻）、二极管D11和D12、电解电容E5和瓷片电容C7、电阻R19、CPU5脚组成环温传感器电路；管温传感器pipe、下偏置电阻R18（8.1kΩ精密电阻）、二极管D13和D14、电解电容E6和瓷片电容C8、电阻R20、CPU 6脚组成管温传感器电路。

环温和管温传感器电路工作原理相同，以环温传感器为例。环温传感器（负温度系数热敏电阻）和电阻R17组成分压电路，R17两端电压即CPU 5脚电压的计算公式为：

$5 \times R_{17}/$（环温传感器阻值 $+R_{17}$）；环温传感器阻值随房间温度的变化而变化，CPU 5 脚电压也相应变化。环温传感器在不同的温度有相应的阻值，CPU 5 脚有相应的电压值，房间温度与 CPU 5 脚电压为成比例的对应关系，CPU 根据不同的电压值计算出实际房间温度。

美的空调器的环温和管温传感器均使用25℃ /10kΩ型，传感器在25℃时阻值为10kΩ，在15℃时阻值为16.1kΩ，传感器温度阻值与CPU引脚对应关系见表4-8。

表4-8　传感器温度阻值与CPU引脚对应关系

温度/ ℃	-10	0	5	15	25	30	50	60	70
阻值/ kΩ	62.2	35.2	26.8	16.1	10	8	3.4	2.3	1.6
CPU电压/ V	0.57	0.93	1.16	1.67	2.23	2.51	3.52	3.89	4.17

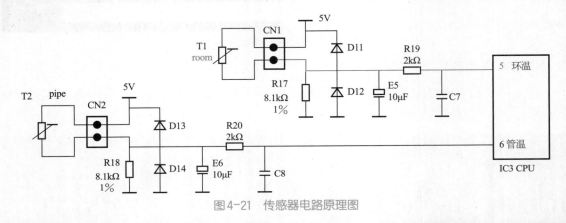

图 4-21　传感器电路原理图

图 4-22　环温传感器电路实物图

3. 测量传感器插座分压点电压

由于环温传感器和管温传感器使用型号相同，分压电阻阻值也相同，因此在同一温度下分压点电压即CPU引脚电压应相同或接近。

在房间温度约25℃时，见图4-23，使用万用表直流电压挡测量传感器电路插座电压，实测公共端电压为5V，环温传感器分压点电压约为2.2V，管温传感器分压点电压为约2.1V。

图4-23　测量传感器插座分压点电压

五、电流检测电路

1. 电流互感器

电流互感器其实也相当于一个变压器，见图4-24，一次绕组为在中间孔穿过的电源引线（通常为压缩机引线），二次绕组安装在互感器上。

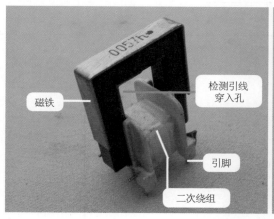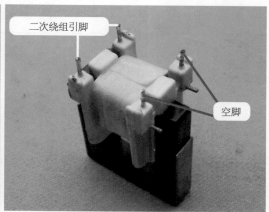

图4-24　电流互感器

2. 检测压缩机引线

美的KFR-26GW/DY-B（E5）室内机主板上，电流互感器中间孔穿入压缩机引线，见图4-25，说明CPU检测为压缩机电流；如果电流互感器中间孔穿入交流电源L输入引线，则CPU检测为整机运行电流。

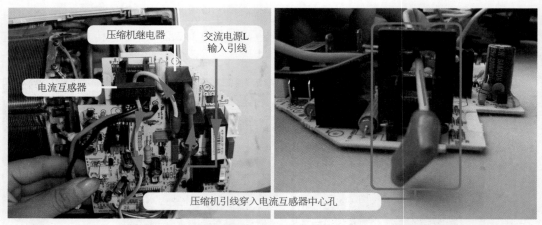

图4-25 检测压缩机引线

3. 工作原理

电流检测电路原理图见图4-26，实物图见图4-27，压缩机运行电流与CPU引脚电压的对应关系见表4-9。

当压缩机引线（相当于一次绕组）有电流通过时，在二次绕组感应出成比例的电压，经D9整流、E7滤波、R31和R30分压，经R23送至CPU的7脚（电流检测引脚）。CPU 7脚根据电压值计算出压缩机实际运行电流值，再与内置数据相比较，即可计算出压缩机工作是否正常，从而对其进行控制。

表4-9 压缩机运行电流与CPU引脚电压对应关系

压缩机运行电流/A	CT1次级交流电压（AC）/V	CPU 7脚电压（DC）/V	压缩机运行电流/A	CT1次级交流电压（AC）/V	CPU 7脚电压（DC）/V
3.5	1.1	0.63	5.5	1.78	1.14
6.8	2.2	1.5	8.5	2.75	2

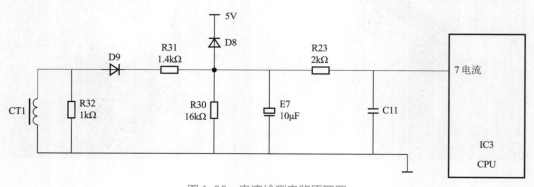

图4-26 电流检测电路原理图

4. 测量电流互感器二次绕组阻值

使用万用表电阻挡，见图4-28，测量电流互感器的二次绕组引脚阻值，实测为483Ω；如果实测为无穷大，则为绕组开路损坏。

图4-27 电流检测电路实物图

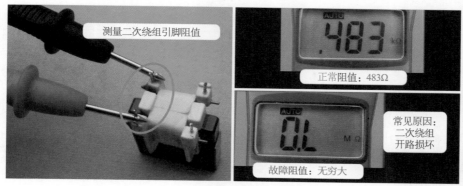

图4-28 测量电流互感器二次绕组阻值

第四节 输出部分单元电路

一、显示电路

1. 显示方式

美的KFR-26GW/DY-B（E5）空调器使用指示灯 + 数码管的方式进行显示，室内机主板和显示板组件由一束8根的引线连接。

见图4-29，显示板组件共设有5个指示灯：智能清洁、定时、运行、强劲、预热化霜；使用一个2位数码管，可显示设定温度、房间温度、故障代码等，由集成块HC164驱动5个指示灯和数码管。

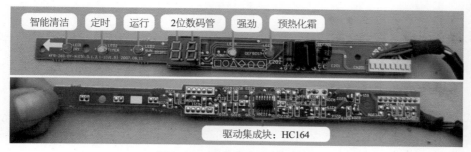

图4-29 显示板组件主要元件

2. 工作原理

（1）HC164引脚功能

HC164为8位串行移位寄存器，共有14个引脚，其中14脚为5V供电、7脚为地；1脚和2脚为数据输入（DATA），2个引脚连在一起接主板CPU 1脚；8脚为时钟输入（CLK），接主板CPU2脚；9脚为复位，实接直流5V；3、4、5、6、10、11、12、13共8个引脚为输出，接指示灯和数码管。

（2）室内机主板和显示板组件的8根连接引线功能

见表4-10。其中COM1-2和COM3为显示板组件上数码管5V供电引脚的控制引线。

表4-10　室内机主板和显示板组件的8根连接引线功能

编号	1	2	3	4	5	6	7	8
颜色	黑	白	红	灰	黑	棕	绿	蓝
功能	接收器REC	地GND	5V供电VCC	供电控制COM1-2	数据DATA	时钟CLK	供电控制COM3	空
接CPU引脚	12			26	1	2	3	4

（3）控制流程

控制流程见图4-30，主板CPU 2脚向显示板组件上IC201（HC164）发送时钟信号，CPU 1脚向HC164发送显示数据的信息，HC164处理后驱动指示灯和数码管；CPU 3脚和26脚输出信号控制数码管5V供电的接通与断开。

CPU输出显示命令，HC164放大信号后驱动指示灯和数码管

图4-30　显示屏和指示灯驱动流程

二、蜂鸣器驱动电路

蜂鸣器驱动电路原理图见图4-31，实物图见图4-32，电路作用是CPU接收到遥控信号且已处理，驱动蜂鸣器发出"嘀"声响一次予以提示。

CPU15脚是蜂鸣器控制引脚，正常时为低电平；当接收到遥控信号时引脚变为高电平，反相驱动器IC6的输入端2脚也为高电平，输出端15脚则为低电平，蜂鸣器发出预先录制的音乐。由于CPU输出高电平时间很短，万用表不容易测出电压。

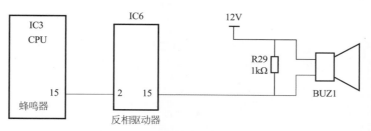

图 4-31　蜂鸣器驱动电路原理图

图 4-32　蜂鸣器驱动电路实物图

三、步进电机驱动电路

1. 作用

步进电机是一种将电脉冲转化为角位移的执行机构，通常使用在挂式空调器上面，见图 4-33，设计在室内机右侧下方的位置，固定在接水盘上，作用是驱动导风板上下转动，使室内风机吹的风到达用户需要的地方。

步进电机：固定在室内机右侧下方的接水盘上，作用是驱动导风板上下转动

图 4-33　安装位置和作用

 说明

挂式空调器左右导风板一般为手动调节，目前的柜式空调器也有使用步进电机调节上下或左右导风板。

2. 工作原理

步进电机线圈驱动方式为4相8拍,共有4组线圈,电机每转一圈需要移动8次。线圈以脉冲方式工作,每接收到一个脉冲或几个脉冲,电机转子就移动一个位置,移动距离可以很小。

步进电机驱动电路原理图见图4-34,实物图见图4-35,CPU引脚电压与步进电机状态的对应关系见表4-11。

CPU 28、29、30、31输出步进电机驱动信号,至反相驱动器IC6的输入端4、5、6、7脚,IC6将信号放大后在13、12、11、10脚反相输出,驱动步进电机线圈,步进电机按CPU控制的角度开始转动,带动导风板上下摆动,使房间内送风均匀,到达用户需要的地方。

室内机主板CPU经反相驱动器放大后将驱动脉冲加至步进电机线圈,如供电顺序为A—AB—B—BC—C—CD—D—DA—A…,电机转子按顺时针方向转动,经齿轮减速后传递到输出轴,从而带动导风板摆动;如供电顺序转换为A—AD—D—DC—C—CB—B—BA—A…,电机转子按逆时针方向转动,带动导风板朝另一个方向摆动。

表4-11 CPU引脚电压与步进电机状态对应关系

CPU:28-29-30-31	IC6:4-5-6-7	IC6:13-12-11-10	步进电机状态
1.8V	1.8V	8.6V	运行
0V	0V	12V	停止

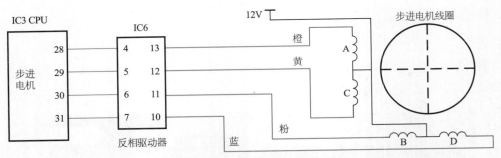

图4-34 步进电机驱动电路原理图

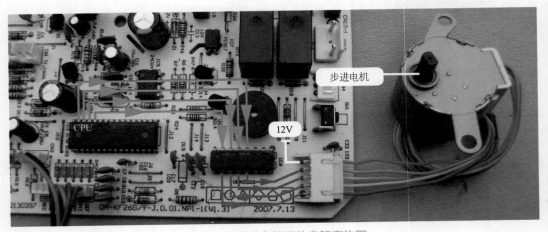

图4-35 步进电机驱动电路实物图

四、辅助电加热驱动电路

空调器使用热泵式制热系统，即吸收室外的热量转移到室内，以提高室内温度，如果室外温度低于0℃以下，空调器的制热效果将明显下降，辅助电加热就是为提高制热效果而设计的。

辅助电加热驱动电路原理图见图4-36，实物图见图4-37，CPU引脚电压与辅助电加热状态的对应关系见表4-12。

CPU32脚、电阻R21、三极管Q3、二极管D15、继电器RY2组成辅助电加热继电器驱动电路，工作原理和室外风机继电器驱动电路相同。当CPU 32脚为高电平5V时，三极管Q3导通，继电器RY2触点闭合，辅助电加热开始工作；当CPU 32脚为低电平0V时，Q3截止，RY2触点断开，辅助电加热停止工作。

表4-12　CPU引脚电压与辅助电加热状态对应关系

CPU 32脚	Q3：B	Q3：C	RY2线圈电压	触点状态	负载
5V	0.8V	0.1V	11.9V	闭合	辅助电加热工作
0V	0V	12V	0V	断开	辅助电加热停止

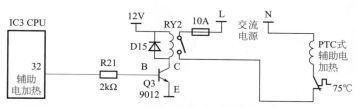

图4-36　辅助电加热驱动电路原理图

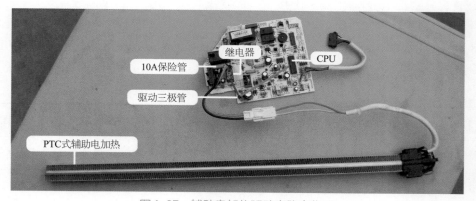

图4-37　辅助电加热驱动电路实物图

五、室外机负载驱动电路

图4-38为室外机负载驱动电路原理图，图4-39为压缩机继电器触点闭合过程，图4-40为压缩机继电器触点断开过程，CPU引脚电压与压缩机状态对应关系见表4-13，CPU引脚电压与四通阀线圈状态对应关系见表4-14，CPU引脚电压与室外风机状态对应关系见表4-15。

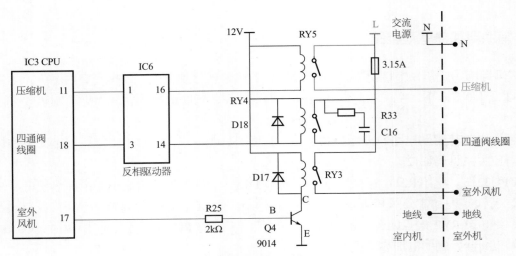

图4-38　室外机负载驱动电路原理图

室外机负载驱动电路的作用是向压缩机、室外风机、四通阀线圈提供或断开交流220V电源，使制冷系统按CPU控制程序工作。

1. 压缩机和四通阀线圈继电器驱动电路工作原理

CPU 11脚、反相驱动器IC6 1脚和16脚、继电器RY5组成压缩机继电器驱动电路；CPU18脚、IC6 3脚和14脚、二极管D18、继电器RY4、电阻R33、电容C16组成四通阀线圈继电器驱动电路。

压缩机和四通阀线圈的继电器驱动工作原理完全相同，以压缩机继电器为例。当CPU的11脚为高电平5V时，IC6的1脚输入端也为高电平5V，内部电路翻转，对应16脚输出端为低电平约0.8V，继电器RY5线圈得到约11.2V供电，产生电磁力使触点闭合，接通压缩机L端电压，压缩机开始工作；当CPU的11脚为低电平0V时，IC6的1脚也为低电平0V，内部电路不能翻转，其对应16脚输出端不能接地，RY5线圈两端电压为0V，触点断开，压缩机停止工作。

D18为继电器线圈续流二极管，电阻R33和电容C16组成消火花电路，消除继电器RY4触点闭合或断开瞬间产生的火花。

表4-13　CPU引脚电压与压缩机状态对应关系

CPU 11脚	IC6 1脚	IC6 16脚	RY5线圈电压	触点状态	负载
5V	5V	0.8	11.2V	闭合	压缩机工作
0V	0V	12V	0V	断开	压缩机停止

表4-14　CPU引脚电压与四通阀线圈状态对应关系

CPU 18脚	IC6 3脚	IC6 14脚	RY4线圈电压	触点状态	负载
5V	5V	0.8	11.2V	闭合	四通阀线圈工作
0V	0V	12V	0V	断开	四通阀线圈停止

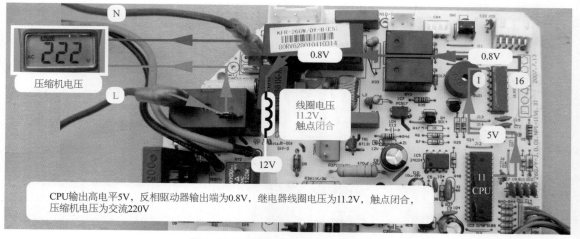

图4-39　压缩机继电器触点闭合过程

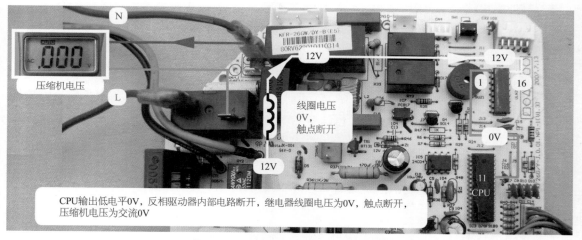

图4-40　压缩机继电器触点断开过程

2. 室外风机继电器驱动电路工作原理

见图4-41，驱动电路以NPN型三极管为核心，其作用和反相驱动器相同；由CPU 17脚、电阻R25、三极管Q4、二极管D17、继电器RY3组成。

当CPU 17脚为高电平5V时，经电阻R25降压后送至三极管Q4的基极（B），电压约0.8V，Q4集电极（C）和发射极（E）深度导通，C极电压约0.1V，继电器RY3线圈下端接地，两端电压约11.9V，产生电磁吸力使得触点闭合，接通L端电源，室外风机开始工作；当CPU 17脚为低电平0V时，Q4B极电压为0V，C极和E极截止，继电器线圈下端不能接地，即构不成回路，线圈电压为0V，触点断开，室外风机停止工作。

表4-15　CPU引脚电压与室外风机状态对应关系

CPU 17脚	Q4：B	Q4：C	RY3圈电压	触点状态	负载
5V	0.8V	0.1V	11.9V	闭合	室外风机工作
0V	0V	12V	0V	断开	室外风机停止

CPU输出连接三极管基极，驱动继电器线圈，从而控制室外风机

图4-41　室外风机驱动电路实物图

3. 室外机接线端子上接线规律

① N为公共端，由电源插头的N端直接供给室外机。

② 室内机主板控制压缩机、室外风机、四通阀线圈的方法是：在电源插头的L端分三路支线由三个继电器单独控制，因此三个负载工作时相互独立。

③ 压缩机供电不通过3.15A的保险管，所以线圈短路或卡缸引起过电流过大时不会烧坏保险管，一般表现为空气开关跳闸；而室外风机或四通阀线圈发生短路故障时则会将保险管烧断。

六、室外机电路

1. 连接引线

室外机电控系统的负载有压缩机、室外风机、四通阀线圈共3个，室外机电路将3个负载连接在一起。

室外机接线端子共有4个，分别为：1号接压缩机公共端，2号为公用零线N，3号接四通阀线圈，4号接室外风机；其中2号公用零线N通过引线分别接压缩机线圈和室外风机线圈的公共端，四通阀线圈其中的1根引线，地线直接固定在室外机电控盒的铁皮上面。

2. 工作原理

室外机电气接线图见图4-42，实物图见图4-43。

（1）制冷模式

室内机主板的压缩机和室外风机继电器触点闭合，从而接通L端供电，与电容共同作用使压缩机和室外风机启动运行，系统工作在制冷状态，此时3号四通阀线圈的引线无交流220V供电。

（2）制热模式

室内机主板的压缩机、室外风机、四通阀线圈继电器触点闭合，从而接通L端供电，为1号压缩机、3号四通阀线圈、4号室外风机提供交流220V电源，压缩机、四通阀线圈、室外风机同时工作，系统工作在制热状态。

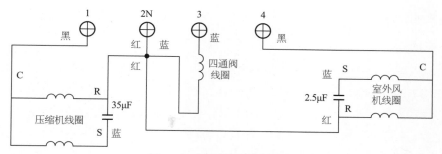

图4-42 室外机电气接线图

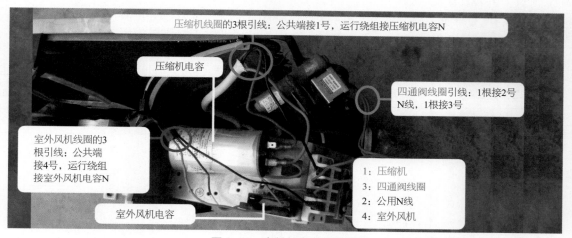

图4-43 室外机负载实物图

第五节 室内风机单元电路

目前生产的定频、交流变频、直流变频的挂式空调器室内风机，基本上全部使用PG电机，由2个输入部分的单元电路和1个输出部分的单元电路组成，本节以美的KFR-26GW/DY-B（E5）定频空调器为例，简单介绍室内风机电路。

室内机主板上电后，首先通过过零检测电路检查输入交流电源的零点位置，检查正常后，再通过PG电机驱动电路驱动电机运行；PG电机运行后，内部输出代表转速的霍尔信号，送至室内机主板的霍尔反馈电路供CPU检测实时转速，并与内部数据相比较，如有误差（即转速高于或低于正常值），通过改变晶闸管的导通角，改变PG电机工作电压，PG电机转速也随之改变。

一、过零检测电路

1. 作用

过零检测电路的作用可以理解为给CPU提供一个标准，起点是零电压，晶闸管导通角的大小就是依据这个标准。也就是说PG电机高速、中速、低速、微速均对应一个导通角，而每个导通角的导通时间是从零电压开始计算的，导通时间不一样，导通角度的大小就不一样，因此电机的转速就不一样。

2. 工作原理

过零检测电路原理图见图4-44，实物图见图4-45，关键点电压见表4-16，由CPU 13脚、二极管D6和D7、电容C4、三极管Q1、电阻R1、R2、R3、R4组成。

取样点为变压器二次绕组插座的约交流12V电压，经D6和D7全波整流、电阻R1、R2、R3分压、电容C4滤除高频成分，送至三极管Q1基极（B）。当交流电源位于正半周时，B极电压高于0.7V，Q1集电极（C）和发射极（E）导通，CPU 13脚为低电平约0.1V；当交流电源位于负半周时，B极电压低于0.7V，Q1 C极和E极截止，CPU 13脚为高电平约5V；通过三极管Q1的反复导通、截止，在CPU 13脚形成100Hz脉冲波形，CPU通过计算，检测出输入交流电源电压的零点位置。

表4-16　过零检测电路关键点电压

变压器二次绕组插座	D6和D7负极	Q1：B	Q1：C	CPU 13脚
约交流12V	直流10.2V	直流0.67V	直流0.49V	直流0.49V

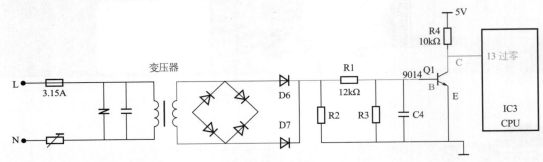

图4-44　过零检测电路原理图

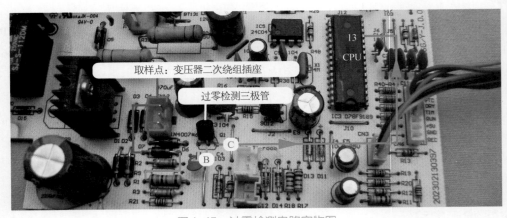

图4-45　过零检测电路实物图

二、PG电机驱动电路

PG调速塑封电机，简称PG电机，是单相异步电容运转电机，通过晶闸管调压调速的方法来调节转速。见图4-46，共有2个插头，一个为线圈供电插头，另一个为霍尔反馈插头。

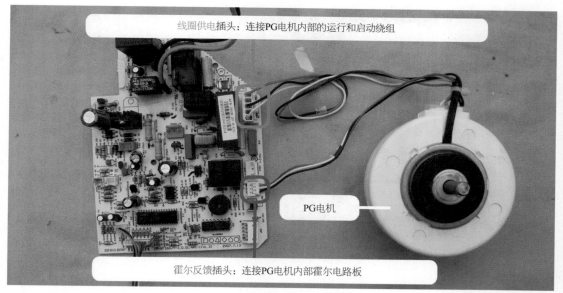

線圈供電插頭：連接PG電機內部的運行和啟動繞組

PG電機

霍爾反饋插頭：連接PG電機內部霍爾電路板

图4-46　PG电机插头和主板插座

1. 晶闸管调速原理

晶闸管调速是用改变晶闸管导通角的方法来改变电机端电压的波形，从而改变电机端电压的有效值，达到调速的目的。

当晶闸管导通角α_1=180°时，电机端电压波形为正弦波，即全导通状态；当晶闸管导通角α_1<180°时，即非全导通状态，电压有效值减小；α_1越小，导通状态越少，则电压有效值越小，所产生的磁场越小，则电机的转速越低。由以上的分析可知，采用晶闸管调速其电机转速可连续调节。

2. 工作原理

PG电机驱动电路原理图见图4-47，实物图见图4-48。

整流二极管D5、降压电阻R37和R36、滤波电容E8、12V稳压二极管Z1和R46组成降压、整流、滤波、稳压电路，在电容E8两端产生直流12V，通过光耦IC7（PC817）向双向晶闸管TR1（BT131）提供门极电压。

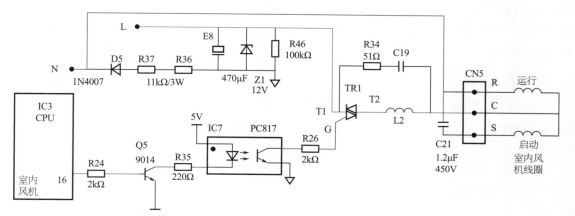

图4-47　PG电机驱动电路原理图

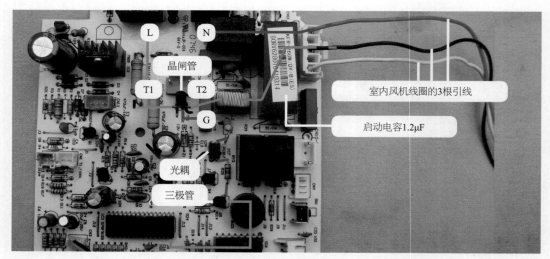

图 4-48　PG电机驱动电路实物图

 说明

　　此直流12V取自交流220V，为PG电机驱动电路专用，和室内机主板的直流12V各自相对独立，2路直流12V电压的负极也不相通。

　　CPU 16脚为室内风机控制引脚，输出的驱动信号经电阻R24送至三极管Q5基极（B），Q5放大后送至光耦IC7初级发光二极管的负极，IC7次级导通，为双向晶闸管TR1的控制极（G）提供门极电压，TR1的T1和T2导通，交流电源L端经T1→T2→扼流线圈L2送至PG电机线圈公共端，和交流电源N端构成回路，PG电机转动，带动贯流风扇运行，室内机开始吹风。

　　CPU（16）输出的驱动信号经Q5放大后，通过改变光耦IC7初级发光二极管的电压，改变次级光电三极管的导通程度，改变双向晶闸管TR1控制极（G）的门极电压大小，从而改变TR1的导通角，PG电机工作的交流电压也随之改变，运行速度也随之改变，室内机吹风量也随之改变。

　　假如CPU需要控制PG电机转速加快：CPU 16脚驱动信号电压↑、三极管Q5基极（B）电压↑、Q5集电极（C）和发射极（E）导通程度增加（相当于CE结电阻↓）、光耦IC7初级电压↑、IC7次级导通程度增加、TR1门极电压↑（相当于导通角↑）、PG电机线圈交流电压↑、PG电机转速上升。

3. 使用光耦晶闸管的PG电机驱动电路

　　海信KFR-23GW/56挂式空调器室内机主板PG电机驱动电路使用光耦晶闸管，电路原理图见图4-49，实物图见图4-50。由CPU 6脚、电阻R29、光耦晶闸管IC5、电阻R1和电容C2组成。

　　CPU的6脚输出PG电机驱动电压，经电阻R29送至光耦晶闸管IC5初级侧发光二极管负极，使得次级侧晶闸管导通，PG电机开始运行。

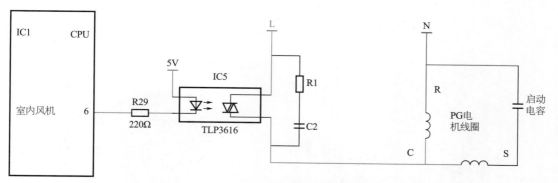

图 4-49　光耦晶闸管式 PG 电机驱动电路原理图

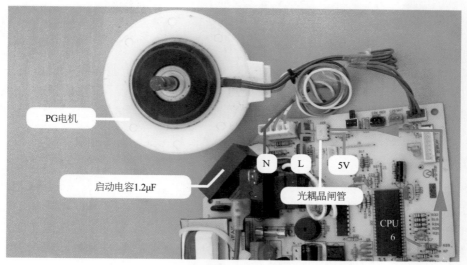

图 4-50　光耦晶闸管式 PG 电机驱动电路实物图

三、霍尔反馈电路

1. 转速检测原理

霍尔是一种基于霍尔效应的磁传感器，见图4-51，常用型号有44E、40AF等，引脚功能和作用相同，特性是可以检测磁场及其变化，应用在各种与磁场有关的场合。使用在PG电机中时，霍尔安装在内部独立的电路板（霍尔电路板）。

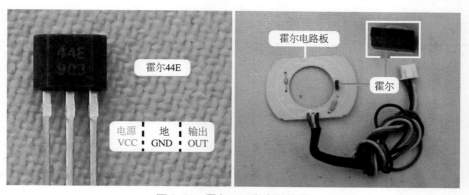

图 4-51　霍尔 44E 和安装位置

见图4-52，PG电机内部的转子上装有磁环，霍尔电路板上的霍尔与磁环在空间位置上相对应。

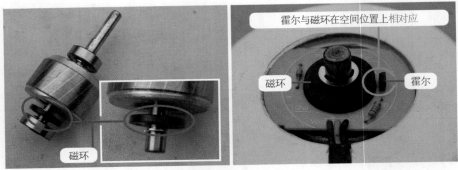

图4-52　磁环和霍尔对应关系

PG电机转子旋转时带动磁环转动，霍尔将磁环的感应信号转化为高电平或低电平的脉冲电压由输出脚输出至主板CPU；转子旋转一圈，霍尔会输出一个脉冲信号电压或几个脉冲信号电压（厂家不同，脉冲信号数量不同），CPU根据脉冲电压（即霍尔信号）计算出电机的实际转速，并与目标转速相比较，如有误差则改变光耦晶闸管的导通角，从而改变PG电机的转速，使实际转速与目标转速相对应。

2. 工作原理

霍尔反馈电路原理图见图4-53，实物图见图4-54，霍尔输出引脚电压与CPU引脚电压的对应关系见表4-17，电路作用是向CPU提供PG电机的实际转速。PG电机内部电路板通过CN4插座和室内机主板连接，共有3根引线，即供电直流12V、霍尔反馈输出、地。

PG电机开始转动时，内部电路板霍尔IC1的3脚输出代表转速的信号（即霍尔信号），经电阻R3、R7送至CPU的14脚，CPU通过霍尔数量计算出PG电机的实际转速，并与内部数据相比较，如转速高于或低于正常值即有误差，CPU（16）输出信号通过改变晶闸管的导通角，改变PG电机线圈插座的供电电压，从而改变PG电机的转速，使实际转速与目标转速相同。

待机状态下用手拨动贯流风扇时霍尔输出引脚会输出高电平或低电平，表中数值为直流12V电压实测为12V时测得，如果直流12V上升至直流15V，则各个引脚的电压也相应升高。

表4-17　霍尔输出引脚电压与CPU引脚电压对应关系

项目	IC1：1脚供电	IC1：3脚输出	CN4反馈引线	CPU：14脚霍尔
IC1输出低电平	11.4V	0V	0V	0V
IC1输出高电平	11.4V	8V	7.6V	5.6V
正常运行	11.4V	4V	3.8V（3.5～3.9V）	2.7V（2.5～3V）

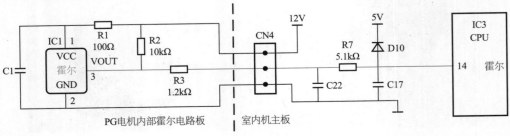

图4-53　霍尔反馈电路原理图

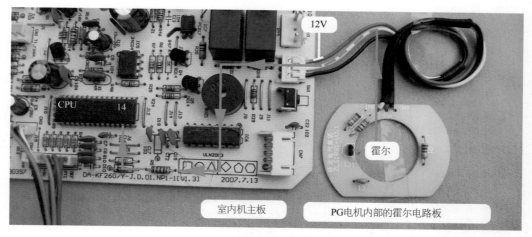

图4-54　霍尔反馈电路实物图

第六节　遥控器电路

1. 组成

遥控器是一种远控机械的装置，遥控距离≥7m，见图4-55左图，由电路板、显示屏、按键、后盖、前盖、电池盖组成，控制电路单设有一个CPU，位于电路板上面。

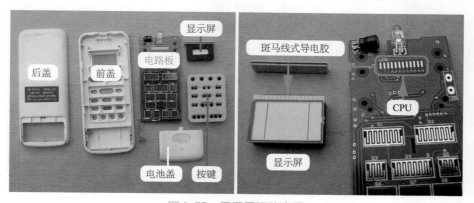

图4-55　显示屏驱动流程

2. 显示流程

电路板和LCD显示屏通过斑马线式导电胶相连，斑马线式导电胶是一种多个引线并联的导电橡胶；CPU需要控制显示屏显示时，见图4-55右图，输出的控制信号经导电胶送至显示屏，从而控制显示屏按CPU的要求显示。

3. 发射二极管驱动电路

发射二极管驱动电路原理图和实物图见图4-56。

当按压按键时，CPU通过引脚检测到相应的按键功能（如"开关"），经过指令编码器转换为相应的二进制数字编码指令（以便遥控信号被室内机主板CPU识别读出），再送至编码调制器，

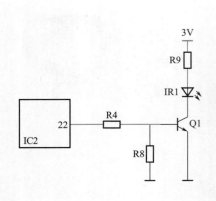 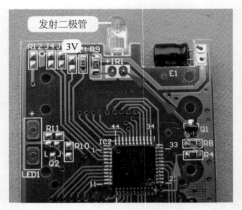

图4-56　发射二极管驱动电路原理图和实物图

将二进制的编码指令调制在38kHz的载频信号上面，形成调制信号从22脚输出，经R4送至三极管Q1的基极（B），Q1的集电极（C）和发射极（E）导通，3V电压正极经电阻R9、红外发光二极管（发射二极管）IR1、Q1到3V电压负极，IR1将调制信号发射出去，发射距离约7m。

4. 遥控器检查方法

遥控器发射的红外线信号，肉眼看不到，但手机的摄像头却可分辨出来。方法是使用手机的摄像功能，见图4-57，将遥控器发射二极管对准手机摄像头，在按压按键的同时观察手机屏幕，如果在手机屏幕上观察到发射二极管发光，则说明遥控器正常，如按压按键同时，发射二极管并不发光，则说明遥控器有故障。

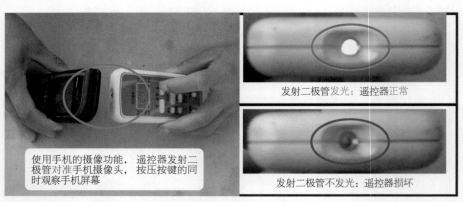

使用手机的摄像功能，遥控器发射二极管对准手机摄像头，按压按键的同时观察手机屏幕

发射二极管发光：遥控器正常

发射二极管不发光：遥控器损坏

图4-57　使用手机检查遥控器

第五章
柜式空调器电控系统工作原理

第一节　典型单相供电柜式空调器电控系统

本节以美的 KFR-51LW/DY-GA（E5）柜式空调器电控系统为基础，对柜式空调器的电控系统作简单介绍。

一、电控系统组成

电控系统主要由室内机主板、显示板、传感器、变压器、室内风机、同步电机等主要元件组成。

1. 电控盒主要部件

电控盒位于离心风扇上方，见图 5-1，设有室内机主板、变压器、室内风机电容、压缩机继电器、辅助电加热继电器（2 个）、室内外机接线端子等。

 说明

压缩机继电器和辅助电加热继电器设计位置根据机型不同而不同，大部分品牌空调器通常安装在室内机主板上面。

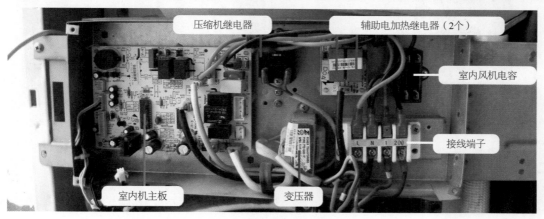

图 5-1　电控盒主要部件

101

2. 室内机主板主要元件和插座

室内机主板主要元件和插座见图5-2。

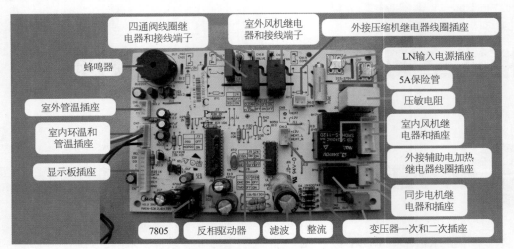

图5-2 室内机主板主要元件和插座

主要元件：CPU、晶振、反相驱动器、7805、整流二极管、滤波电容、蜂鸣器、5A保险管、压敏电阻、PTC电阻、室外风机继电器、四通阀线圈继电器、同步电机继电器、室内风机高风和低风继电器。

插座：变压器一次绕组插座、变压器二次绕组插座、显示板插座、室内环温和管温传感器插座、室外管温传感器插座、压缩机继电器线圈插座、辅助电加热继电器线圈插座、室外风机接线端子、四通阀线圈接线端子、交流电源L输入接线端子、交流电源N输入接线端子、室内风机插座、同步电机插座。

3. 显示板主要元件和插座

显示板主要元件和插座见图5-3。

主要元件：接收器、显示屏、按键、显示屏驱动芯片。

插座：只有1个，连接至室内机主板。

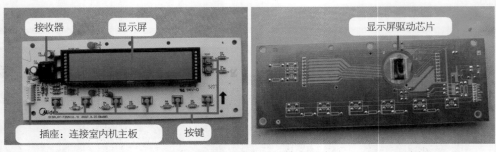

图5-3 显示板主要元件和插座

二、室内机主板方框图

柜式空调器室内机主板和挂式空调器主板一样，均由单元电路组成，图5-4为室内机主板电路方框图，主板通常可分四部分电路。

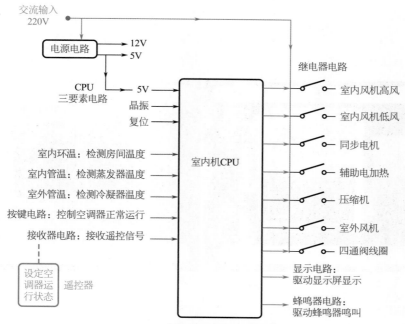

图5-4　室内机主板电路方框图

① 电源电路。

② CPU三要素电路。

③ 输入部分信号电路：包括传感器电路（室内环温、室内管温、室外管温）、按键电路、接收器电路。

④ 输出部分负载电路：包括显示电路、蜂鸣器电路、继电器电路（室内风机、同步电机、辅助电加热、压缩机、室外风机、四通阀线圈）。

 说明

　　单元电路根据空调器电控系统设计不同而不同，如部分柜式空调器室内机主板输入部分还设有电流检测电路、存储器电路等。

三、柜式空调器和挂式空调器单元电路对比

　　虽然柜式空调器和挂式空调器的室内机主板单元电路基本相同，由电源电路、CPU三要素电路、输入部分电路、输出部分电路组成，但根据空调器设计形式的特点，部分单元电路还有一些不同之处。

1. 按键电路

　　挂式空调器由于安装时挂在墙壁上，离地面较高，因此主要使用遥控器控制，按键电路通常只设1个应急开关，见图5-5左图。

　　柜式空调器就安装在地面上，可以直接触摸到，因此使用遥控器和按键双重控制，电路设有6个及以上的按键，见图5-5右图，通常只使用按键即能对空调器进行全面控制。

2. 显示方式

见图5-5，早期挂式空调器通常使用指示灯，柜式空调器通常使用显示屏，而目前的空调器（挂式和柜式）则通常使用显示屏或显示屏＋指示灯的形式。

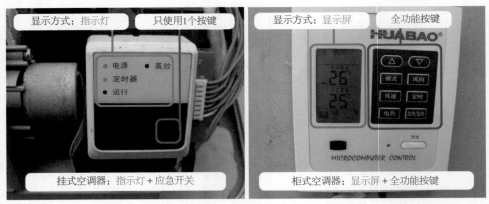

图5-5　显示方式对比

3. 室内风机

挂式空调器室内风机普遍使用PG电机，转速由晶闸管通过改变交流电压有效值来改变，因此设有过零检测电路、PG电机驱动电路、霍尔反馈电路共3个单元电路。

柜式空调器室内风机普遍使用抽头电机，见图5-6，转速由继电器通过改变电机抽头的供电来改变，因此只设有继电器电路1个单元电路，取消了过零检测电路和霍尔反馈电路2个单元电路。

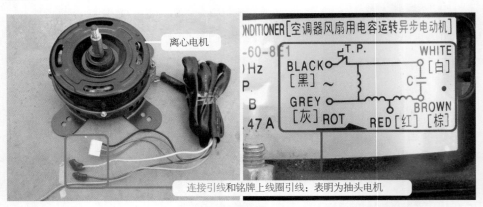

图5-6　柜式空调器室内风机为抽头电机

4. 风向调节

见图5-7左图，挂式空调器通常使用步进电机控制导风板的上下转动，左右导风板只能手动调节，步进电机为直流12V供电，由反相驱动器驱动。

柜式空调器则正好相反，见图5-7右图，使用同步电机控制导风板的左右转动，上下导风板只能手动调节，同步电机为交流220V供电，由继电器驱动。

5. 辅助电加热

挂式空调器辅助电加热功率小，约400～800W；而柜式空调器使用的辅助电加热通常功率比较大，约1200～2500W。

步进电机：直流12V供电，驱动导风板上下转动，左右导风板为手动调节

同步电机：交流220V供电，驱动导风板左右转动，上下导风板为手动调节

图5-7 风向调节对比

第二节 典型单相供电柜式空调器单元电路

本节主要以美的KFR-51LW/DY-GA（E5）柜式空调器室内机主板为基础，简单介绍柜式空调器单元电路，如无特别说明，单元电路原理图和实物图均为美的KFR-51LW/DY-GA（E5）室内机主板和显示板。

由于柜式空调器电控系统的主板单元电路和挂式空调器工作原理基本相同，因此本节只详细介绍与挂式空调器单元电路不同的地方。

一、电源电路

电源电路原理图见图5-8，实物图见图5-9。工作原理和挂式空调器相同，电路作用是为室内机主板提供直流12V和直流5V电压。

交流电源输入L端和N端分别经5A保险管和PTC电阻送至变压器一次绕组插座CN5，变压器将交流220V降至约12V后，经二次绕组插座CN2送至室内机主板上由D6～D9组成的桥式整流电路，成为脉动直流电，再经主滤波电容E7（2200μF）滤波，成为纯净的直流12V电压，为12V负载供电；其中1个支路送至IC1（7805）①脚的输入端，经内部电路稳压后，其③脚输出端输出稳定的直流5V电压为5V负载供电。R33和R32并联，作为限流电阻串接在直流12V正极供电回路。

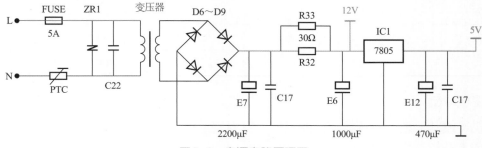

图5-8 电源电路原理图

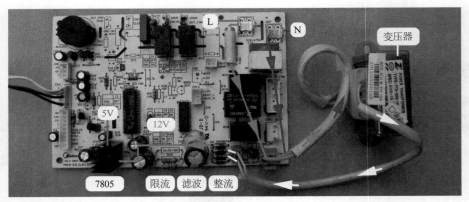

图5-9　电源电路实物图

二、CPU三要素电路

1. CPU 引脚功能

CPU型号：MC68HC908，美的厂家标示为JL8CSPE6L39J，简称"JL8"，适用于单相或三相供电的柜式空调器电控系统，共有32引脚，引脚功能见表5-1。

表5-1　JL8引脚功能

输入引脚			输出引脚		
引脚	英文代号	功能	引脚	英文代号	功能
26	SW-KEY	按键开关	25、28、29	CS、CR、DATA	显示屏
27	REC	遥控信号	16、19	BUZ	蜂鸣器
21	room	室内环温	2	STEP	同步电机
22	pipe	室内管温	6	FAN-IN-H	室内风机高风
20	outside	室外管温	8	FAN-IN-L	室内风机低风
⑭、⑮脚：机型选择			13	HEAT	辅助电加热
本机未用：㉓、㉔脚背景灯，⑫脚曲轴箱加热			9	COMP	压缩机
⑱脚：室外机保护，本机直接接地			10	FAN-OUT	室外风机
⑰、㉛脚接地，①脚空，和㉜脚通过电容接地			11	VALVE	四通阀线圈
CPU 三要素电路					
7	VDD	5V供电	4	X2	晶振
3	VSS	地	5	X1	晶振
			30	RST	复位

2. 主板背面

本机（或其他型号空调器目前的机型）室内机主板背面大量使用贴片元件，见图5-10，可降低成本并提高稳定性。

空调维修从入门到精通——定频空调＋变频空调维修合集

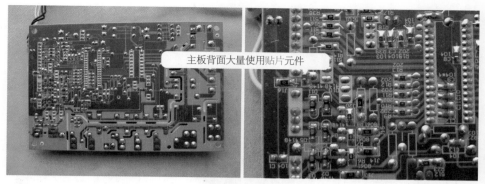

主板背面大量使用贴片元件

图5-10　主板背面

此处需要说明的是，在本节的单元电路实物图中，只显示正面的元件，如果实物图与单元电路原理图相比，缺少电阻、电容、二极管等元件，是这些元件使用贴片元件，安装在室内机主板背面。

3. 工作原理

CPU三要素电路原理图见图5-11，实物图见图5-12。工作原理和挂式空调器相同，电路作用是为CPU提供必要的工作条件。

7805③脚输出端输出的直流5V电压直供CPU⑦脚电源引脚，XT2晶振和CPU内部电路共同产生稳定的4MHz时钟信号，复位电路将CPU内部程序清零，工作原理可参见第四章第二节第二部分内容。

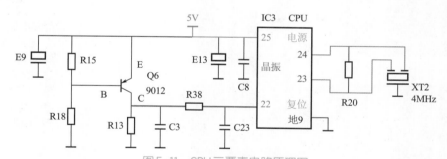

图5-11　CPU三要素电路原理图

图5-12　CPU三要素电路实物图

第五章　柜式空调器电控系统工作原理

107

三、显示电路

1. 连接引线

见图5-13，室内机主板和显示板使用1束7根的连接线连接，从右图可以看出，室内机主板插座上有2个引针未安装引线。

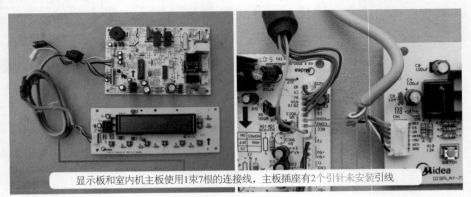

显示板和室内机主板使用1束7根的连接线，主板插座有2个引针未安装引线

图5-13 主板和显示板连接引线

2. 插座引针功能

插座引针功能见图5-14，室内机主板插座代号为CN22，共有9个引针，其中有2个为空针不起作用；显示板插座代号为CN1，共有7个引针，和CN22插座的引针一一对应，引针功能见表5-2。

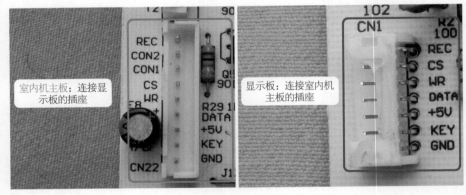

室内机主板：连接显示板的插座

显示板：连接室内机主板的插座

图5-14 插座引针功能英文代号

表5-2 插座引针功能

CN22	CN1	功能	CN22	CN1	功能
REC	REC	遥控信号，送至CPU㉗脚	WR	WR	时钟，连接CPU和驱动芯片
CON2		显示屏背景灯光控制，本机未用	DATA	DATA	数据，连接CPU和驱动芯片
CON1			5V	5V	5V，主板为显示板供电正极
CS	CS	片选，连接CPU和驱动芯片	KEY	KEY	按键信号，送至CPU㉖脚
			GND	GND	地，主板为显示板供电负极

空调维修从入门到精通——定频空调＋变频空调维修合集

3. 显示屏显示原理

（1）显示屏驱动芯片1621b

LCD显示屏使用的驱动芯片为1621b。1621b是128（32×4）点阵式存储器映射多功能LCD驱动集成电路，共有48个引脚，在本机应用时有许多为空脚，主要引脚见表5-3。

1621b的⑨脚为片选信号输入端，由CPU㉕脚控制，引脚为高电平时，数据不能读入和写出，并对串行数据接口电路复位；引脚为低电平时，室内机主板CPU和1621b之间可以传输数据和命令。

⑪脚为时钟信号输入端，由CPU㉘脚控制。⑫脚为串行数据的输入和输出，和CPU㉙脚相连，CPU输出的显示命令就是由此脚发出。

表5-3　1621b主要引脚功能

9	CS	片选，接CPU㉕	供电引脚		21、22、23、24、8、6、4、2、1、48、46、44、42、40、38、36、34、32：输出端，共18个引脚，驱动显示屏
11	WR	时钟，接CPU㉘	16、17	5V	
12	DATA	数据，接CPU㉙	13	地	

（2）显示屏控制流程

显示屏控制流程见图5-15，空调器上电时，CPU片选引脚为高电平，对1621b进行复位，显示屏字符全部显示，约2s后全灭，进入正常的待机状态；当CPU需要控制显示屏显示字符时，㉕脚片选1621b⑨脚，CPU㉘脚向1621b⑪脚发送时钟信号，将需要显示字符的命令由CPU㉙脚输出，送至1621b⑫脚，1621b处理后，驱动显示屏按CPU命令显示相应的字符。

图5-15　显示屏控制流程

四、遥控接收电路

遥控接收电路原理图见图5-16，实物图见图5-17，工作原理和挂式空调器相同，电路作用是为CPU提供遥控信号。

遥控器发射含有经过编码的调制信号以38kHz为载波频率，发送至位于显示板上的接收器REC，REC将光信号转换为电信号，并进行放大、滤波、整形，经R29送至CPU㉗脚，CPU内部电路解码后得出遥控器的按键信息，从而对电路进行控制；CPU每接收到遥控信号后会控制蜂鸣器响一声给予提示。

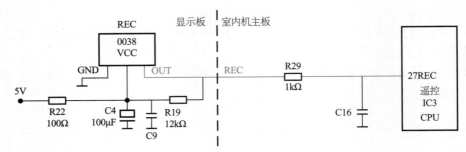

图5-16　遥控接收电路原理图

图5-17　遥控接收电路实物图

五、按键电路

1. 室内机操作面板按键

　　室内机操作面板共有8个按键，见图5-18左图，其中6个为主要功能按键，即开/关、模式、风速、上调、下调、辅助功能；2个为辅助按键，即试运行和锁定。

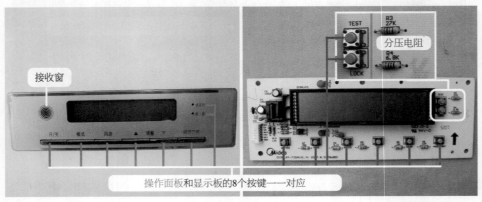

操作面板和显示板的8个按键一一对应

图5-18　显示板按键

2. 显示板按键

相对应的显示板也设有8个按键，见图5-18右图，和室内机操作面板——对应，8个按键实物外观相同。

3. 工作原理

按键电路原理图见图5-19，实物图见图5-20，按键状态与CPU引脚电压的对应关系见表5-4。

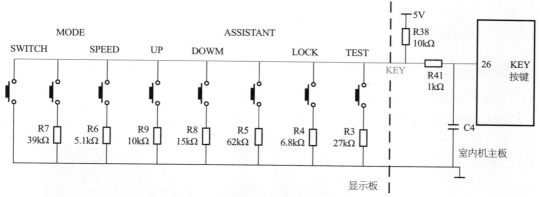

图5-19　按键电路原理图

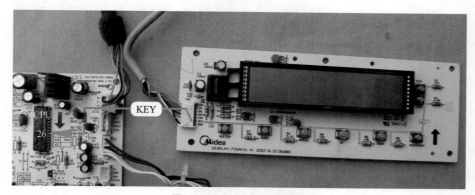

图5-20　按键电路实物图

功能按键设有8个，而CPU只有㉖脚共1个引脚检测按键，基本工作原理为分压电路，上分压电阻为R38，按键和串联电阻为下分压电阻，CPU㉖脚根据电压值判断按下按键的功能，从而对整机进行控制。

比如㉖脚电压为2.5V时，CPU通过计算，得出"上调"键被按压一次，控制显示屏的设定温度上升一度，同时与室内环温温度相比较，控制室外机负载的工作与停止。

表5-4　按键状态与CPU引脚电压对应关系

按键英文	中文名称	按下时CPU电压	按键英文	中文名称	按下时CPU电压
SWITCH	开/关	0V	DOWN	下调	3V
MODE	模式	3.96V	ASSISTANT	辅助功能	4.3V
SPEED	风速	1.7V	LOCK	锁定	2V
UP	上调	2.5V	TEST	试运行	3.6V

注：未按压任何按键，CPU㉖脚电压为直流5V。

4. 常见故障

常见故障是按键触点内阻阻值变大，按键内阻和串联电阻成为下分压电阻，按键按下时㉖脚电压改变，CPU通过电压值计算出对应的按键，出现操作控制错误的故障。

比如风速（SPEED）按键，按下按键时正常阻值为0Ω，CPU㉖脚电压为1.7V；但当空调器使用一段时间以后，按键触点接触不良，即内阻阻值变大，假如内阻阻值约为5kΩ，按压风速按键时，下分压电阻为5 kΩ（内阻阻值）+ 5.1 kΩ（串联电阻阻值），㉖脚电压约为2.5V，CPU通过计算，判断按下的按键为"上调"键，出现控制错误的故障。

六、传感器电路

1. 传感器安装位置和实物外形

（1）室内环温传感器

室内环温传感器固定在离心风扇进风口的罩圈上面，见图5-21，作用是检测室内房间温度。

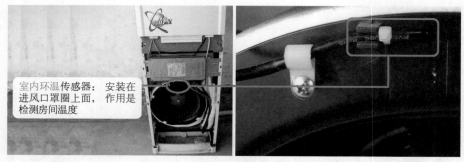

图5-21　室内环温传感器安装位置

（2）室内管温传感器

室内管温传感器检测孔焊接在蒸发器的管壁上面，见图5-22，作用是检测蒸发器温度。

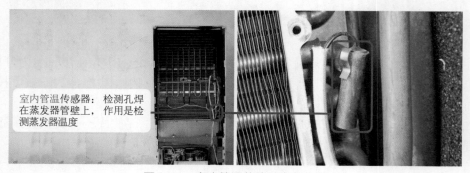

图5-22　室内管温传感器安装位置

（3）室外管温传感器

室外管温传感器检测孔焊在冷凝器管壁上面，见图5-23，作用是检测冷凝器温度。

（4）实物外形

传感器均只有2根引线，见图5-24，不同的是室内环温传感器使用塑封探头，室内管温和室外管温传感器使用铜头探头。

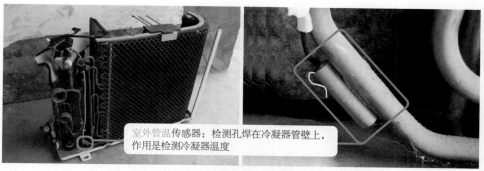

室外管温传感器：检测孔焊在冷凝器管壁上，作用是检测冷凝温度

图 5-23　室外管温传感器安装位置

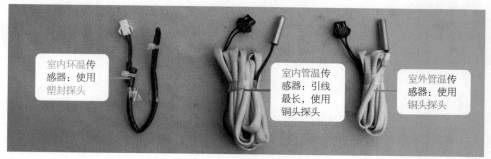

室内环温传感器：使用塑封探头

室内管温传感器：引线最长，使用铜头探头

室外管温传感器：使用铜头探头

图 5-24　3 个传感器实物外形

2. 工作原理

传感器电路原理图见图 5-25，实物图见图 5-26，工作原理和挂式空调器相同，电路作用是为 CPU 提供温度信号。

传感器为负温度系数的热敏电阻，与下偏置电阻（R7、R8、R6）组成分压电路，传感器温度变化时，阻值也随之变化，分压点电压即 CPU 引脚电压也随之改变，CPU 根据引脚（㉑、㉒、⑳）电压值计算出室内环温、室内管温、室外管温传感器的实际温度值，从而对整机电控系统进行控制。

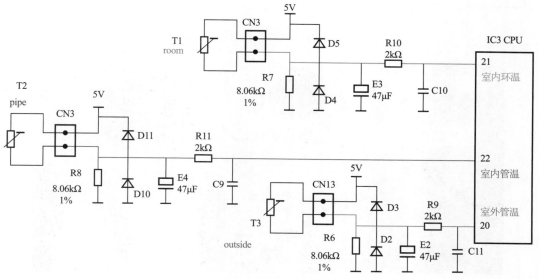

图 5-25　传感器电路原理图

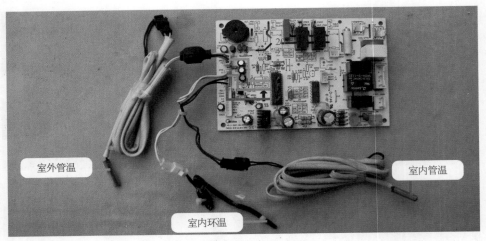

图5-26　传感器电路实物图

七、蜂鸣器驱动电路

蜂鸣器驱动电路原理图见图5-27，实物图见图5-28。电路作用主要是提示已接收遥控信号或按键信号，并且已处理。与挂式空调器的蜂鸣器单元电路不同，本机使用蜂鸣器发出的声音为和弦音，而不是单调"嘀"的一声。

CPU设有2个引脚（⑯、⑲）输出信号，经过Q3、Q2、Q1共3个三极管放大后，驱动蜂鸣器发出预先录制的声音。

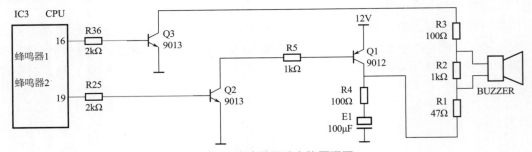

图5-27　蜂鸣器驱动电路原理图

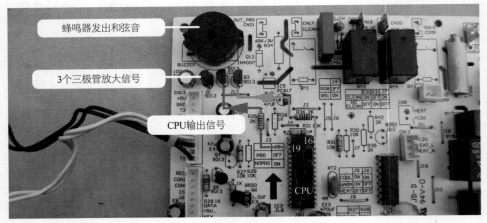

图5-28　蜂鸣器驱动电路实物图

八、同步电机驱动电路

1. 同步电机安装位置

同步电机通常使用在柜式空调器上面，安装在室内机上部的右侧，见图5-29，作用是驱动导风板左右转动，使室内风机吹出的风到达用户需要的地方。

说明

> 柜式空调器的上下导风板一般为手动调节，但目前的部分空调器改为自动调节，且通常使用步进电机驱动。

2. 同步电机实物外形

示例同步电机型号为SM014B，见图5-30，共有2根连接引线，1根地线。工作电压为交流220V、频率50Hz、功率为4W、每分钟转速约5圈（4.1/5r/min）。

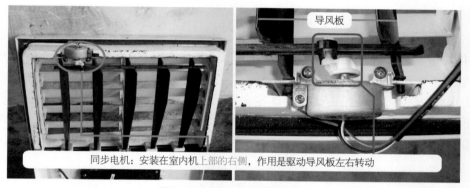

导风板

同步电机：安装在室内机上部的右侧，作用是驱动导风板左右转动

图5-29　同步电机安装位置

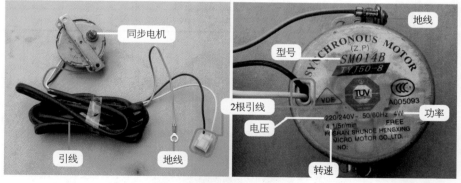

同步电机

型号　SM014B

2根引线

电压　220/240V～ 50/60Hz　4W

引线

地线

地线

功率

转速

图5-30　同步电机实物外形

3. 工作原理

同步电机驱动电路原理图见图5-31，实物图见图5-32，CPU引脚电压与同步电机状态的对应关系见表5-5。

同步电机工作电压为交流220V，由继电器提供；CPU输出信号经反相驱动器放大，驱动继电器线圈，工作原理和挂式空调器的继电器驱动电路相同，本节只简单介绍工作流程。

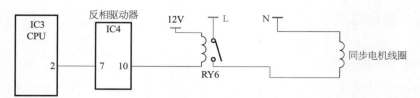

图 5-31 同步电机驱动电路原理图

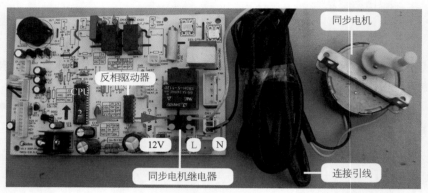

图 5-32 同步电机驱动电路实物图

CPU②脚为同步电机控制引脚,当CPU接收到信号需要控制同步电机运行时,引脚电压由低电平0V变为高电平5V,送到反相驱动器IC4的⑦脚,IC4内部电路翻转,⑩脚为低电平约0.8V,继电器RY6线圈电压约11.2V,产生电磁吸力使触点闭合,同步电机线圈接通交流电源220V,电机转子开始转动,带动左右导风板旋转;如CPU需要控制停止运行时,②脚变为低电平0V,反相驱动器停止工作,RY6线圈电压为直流0V,触点断开,同步电机因无供电也停止运行。

表5-5 CPU引脚电压与同步电机状态对应关系

CPU②脚	IC4⑦脚	IC6⑩脚	RY6线圈电压	触点状态	同步电机
5V	5V	0.8	11.2V	闭合	工作
0V	0V	12V	0V	断开	停止

4. 内部构造

同步电机内部构造见图5-33,由外壳、定子(内含线圈)、转子、变速齿轮、输出接头、上盖、连接引线及插头组成。

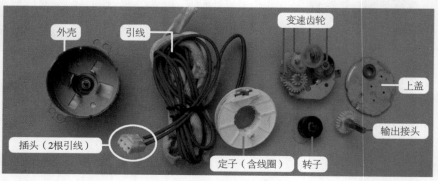

图 5-33 同步电机内部构造

空调维修从入门到精通——定频空调+变频空调维修合集

5. 测量同步电机线圈阻值

同步电机只有2根引线，使用万用表电阻挡，见图5-34，测量引线阻值，实测约为8.6kΩ。根据型号不同，阻值也不相同，某型号同步电机实测阻值约10kΩ。

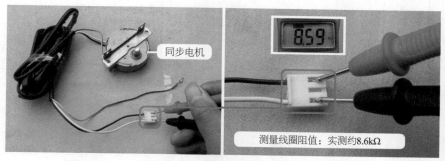

图5-34　测量同步电机线圈阻值

九、室内风机驱动电路

1. 调速原理

柜式空调器室内风机用于驱动离心风扇，通常使用抽头电机调速，本机室内风机型号为YDK60-8E，2挡风速即高速和低速，线圈同样由运行绕组R和启动绕组S组成，与单速电机线圈相比，启动绕组由S1和S2组成，S1绕组又称为中间绕组，用来调节转速。线圈引线中灰线为高速，红线为低速。

（1）高速

当交流电源L端为灰线抽头供电时，灰黑引线为运行绕组，灰棕引线为启动绕组，室内风机工作在高速状态。

（2）低速

当交流电源L端为红线抽头供电时，红黑引线为运行绕组，红棕引线为启动绕组，相当于将启动绕组中S1部分串联至运行绕组、减少启动绕组线圈的匝数，使得定子与转子气隙中形成的旋转磁势幅值降低，引起电机输出的力矩下降，因此室内风机的转速下降，工作在低速状态。

2. 工作原理

室内风机驱动电路原理图见图5-35，实物图见图5-36，CPU引脚电压与室内风机状态的对应关系见表5-6。

表5-6　CPU引脚电压与室内风机状态对应关系

CPU引脚	反相驱动器		继电器线圈	触点状态	室内风机状态
⑥脚：5V	⑥脚：5V	⑪脚：0.8V	RY5：11.2V	RY5：1-3闭合	L端为灰色抽头供电，高速运行
⑧脚：0V	⑤脚：0V	⑫脚：12V	RY7：0V	RY7：断开	
⑥脚：0V	⑥脚：0V	⑪脚：12V	RY5：0V	RY5：1-4闭合	L端为红色抽头供电，低速运行
⑧脚：5V	⑤脚：5V	⑫脚：0.8V	RY7：11.2V	RY7：闭合	
⑥脚：0V	⑥脚：0V	⑪脚：12V	RY5：0V	RY5：1-3断开	抽头无L端供电，停止运行
⑧脚：0V	⑤脚：0V	⑫脚：12V	RY7：0V	RY7：断开	

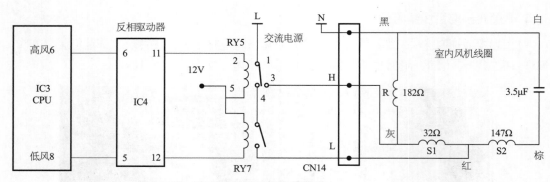

图 5-35 室内风机驱动电路原理图

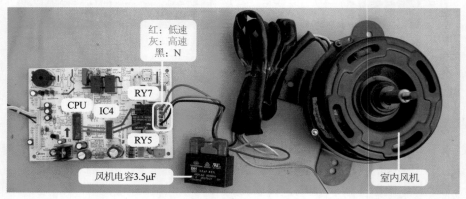

图 5-36 室内风机驱动电路实物图

由于室内风机只有2挡转速，相对应的室内机主板设有2个继电器，CPU的室内风机控制引脚设有2个。

当CPU需要控制室内风机高速运行时，⑥脚变为高电平5V（此时⑧脚电压为0V），送至反相驱动器IC4的⑥脚，IC4的⑪脚为低电平约0.8V，继电器RY5线圈电压约为直流11.2V，产生电磁吸力使常开触点（1-3）闭合，电源L端为灰线抽头供电，室内风机工作在高速状态。

当CPU需要控制室内风机低速运行时，⑧脚变为高电平5V（此时⑥脚电压为0V），经反相驱动器放大后，使得继电器RY7触点闭合，电源L端经RY5常闭触点（1-4）、RY7触点为红线抽头供电，室内风机工作在低速状态。

如果CPU⑥脚和⑧脚电压同时为0V，室内风机停止运行；RY5继电器设有常开和常闭触点，可防止CPU在控制风速转换的瞬间同时为高速和低速抽头供电。

十、辅助电加热驱动电路

电路作用是在冬季制热模式，控制电加热器的工作与停止，从而提高制热效果。由于电加热器功率比较大，因此使用2个继电器，并且单独设1个小板，位于电控盒上面。

1. N端继电器

2个继电器触点分别控制交流电源L端和N端，其中N端继电器线圈和压缩机继电器线圈并联，也就是说，无论是制冷模式还是制热模式，只在CPU控制压缩机工作，N端继电器也开始工作，但由于L端继电器未工作，辅助电加热同样处于停止状态。

N端继电器线圈与压缩机继电器线圈并联，使辅助电加热工作在压缩机运行之后，并且可在制热防过载保护中关闭压缩机，同时关闭辅助电加热，相比之下多了一道保护功能。

2. 工作原理

辅助电加热驱动电路原理图见图5-37，实物图见图5-38，CPU引脚电压与辅助电加热状态对应关系见表5-7。

空调器工作在制热模式，压缩机、室外风机、四通阀线圈首先工作，系统工作在制热状态，同时N端继电器触点闭合，接通N端电源。

当CPU接收到遥控器"辅助电加热开启"的信号或其他原因，需要控制辅助加热开启时，⑬脚变为高电平5V，送到反相驱动器IC4的①输入端，其对应输出端⑯脚为低电平约0.8V，L端继电器线圈电压约为直流11.2V，产生电磁吸力使触点闭合，接通L端电压，经可恢复温度开关、一次性温度保险、电加热器与N端电源组成回路，辅助电加热开始工作；当CPU需要控制辅助电加热停止工作时，⑬脚变为低电平0V，使得L端继电器触点断开，辅助电加热停止工作；在某种特定情况如"制热防过载保护"，CPU控制压缩机停机时，辅助电加热也同时停止工作。

表5-7　CPU引脚电压与辅助电加热状态对应关系

CPU	反相驱动器		继电器线圈电压	触点状态	辅助电加热状态
⑬脚：5V	①脚：5V	⑯脚：0.8V	L端：11.2V	闭合	开启
⑨脚：5V	④脚：5V	⑬脚：0.8V	N端：11.2V	闭合	
⑬脚：5V	①脚：5V	⑯脚：0.8V	L端：11.2V	闭合	关闭
⑨脚：0V	④脚：0V	⑬脚：12V	N端：0V	断开	
⑬脚：0V	①脚：0V	⑯脚：12V	L端：0V	断开	关闭
⑨脚：5V	④脚：5V	⑬脚：0.8V	N端：11.2V	闭合	

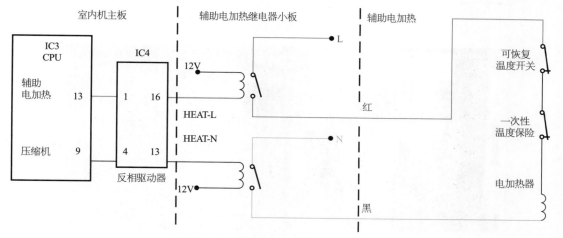

图5-37　辅助电加热驱动电路原理图

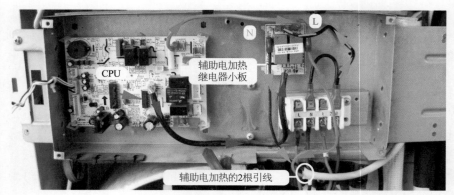

图 5-38　辅助电加热驱动电路实物图

十一、室外机负载驱动电路

室外机负载为压缩机、室外风机、四通阀线圈，室内机主板设有3路相同的继电器电路用于单独控制，压缩机由于功率较大因而运行电流也比较大，相对应的继电器未安装在室内机主板上面，而是固定在电控盒内。

室外机负载驱动电路原理图见图5-39，实物图见图5-40，CPU引脚电压与室外机负载状态的对应关系见表5-8。

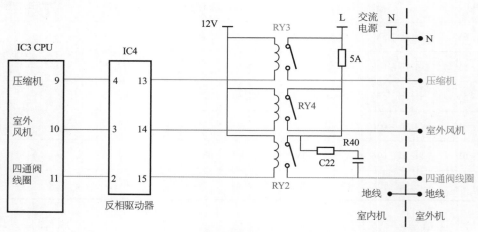

图 5-39　室外机负载驱动电路原理图

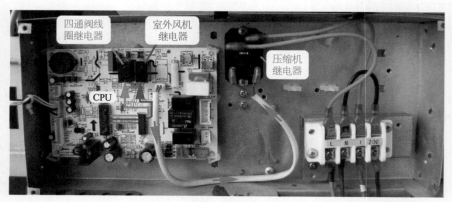

图 5-40　室外机负载驱动电路实物图

3路继电器工作原理相同，以压缩机继电器为例。当CPU⑨脚电压为高电平5V时，至反相驱动器IC4的④脚输入端，其对应输出端⑬脚为低电平约0.8V，继电器RY3线圈电压约为直流11.2V，产生电磁吸力使触点闭合，压缩机开始工作；当CPU需要控制压缩机停机时，其⑨脚变为低电平0V，使得继电器RY3触点断开，压缩机因无交流电源而停机。

表5-8　CPU引脚电压与室外机负载状态对应关系

CPU引脚	反相驱动器		继电器线圈电压	触点状态	负载状态
⑨脚：5V	④脚：5V	⑬脚：0.8V	RY3：11.2V	闭合	压缩机运行
⑨脚：0V	④脚：0V	⑬脚：0V	RY3：0V	断开	压缩机停止
⑩脚：5V	③脚：5V	⑭脚：0.8V	RY4：11.2V	闭合	室外风机运行
⑩脚：0V	③脚：0V	⑭脚：0V	RY4：0V	断开	室外风机停止
⑪脚：5V	②脚：5V	⑮脚：0.8V	RY2：11.2V	闭合	四通阀线圈开启
⑪脚：0V	②脚：0V	⑮脚：0V	RY2：0V	断开	四通阀线圈关闭

第三节　三相供电柜式空调器电控系统

　　常见三相供电柜式空调器制冷量为7000W（3P）或12000W（5P），其电控系统室内机单元电路和单相供电的柜式空调器基本相同，见图5-41。本节示例机型主板选用美的KFR-71LW/SDY-S3三相供电的柜式空调器，对比机型选用美的KFR-51LW/DY-GA（EA）单相供电的柜式空调器。

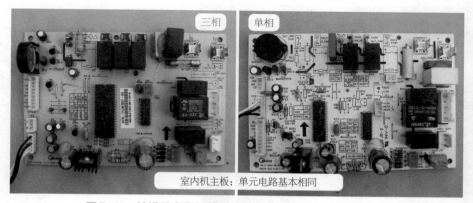

图5-41　单相供电和三相供电柜式空调器室内机主板对比

一、三相和单相供电柜式空调器区别

　　使用三相供电的柜式空调器，和使用单相供电的柜式空调器相比，虽然单元电路基本相同，但也具有独自的特点，对比区别如下。

1. 室外机

（1）压缩机启动方式（见图5-42）

目前三相柜式空调器通常使用涡旋式压缩机，早期使用活塞式压缩机，均为直接启动运行。单相供电空调器通常使用旋转式压缩机，由电容启动运行。

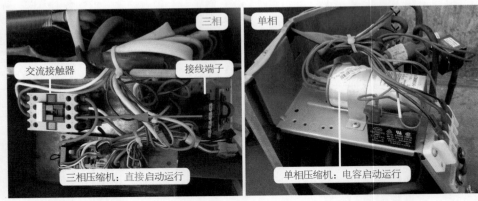

图5-42　启动方式对比

（2）交流接触器（见图5-43）

三相空调器相线共有3根，直供压缩机线圈，因此使用三触点式交流接触器。

单相空调器交流电源共使用2根引线，且在实际应用时零线N直接连接压缩机运行绕组，只控制相线L的接通与断开，通常使用双极式交流接触器（只有2组触点）。

 说明

图5-43右图为美的KFR-72LW/DY-F（E4）柜式空调器室外机电控系统。通常制冷量为5000W的空调器室外机不设交流接触器。

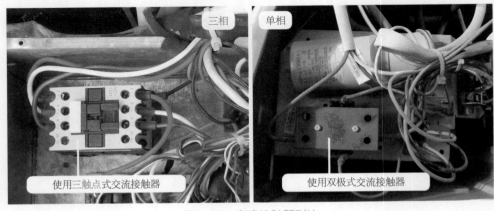

图5-43　交流接触器对比

（3）电路板（见图5-44）

由于使用涡旋式压缩机的三相供电相序不能有误，因此室外机必定设有电路板，最简单的电路板也得具有相序检测功能。

单相空调器室外机则通常未设计电路板，只有压缩机电容和室外风机电容。

单相

单相空调器室外机通常不设电路板

图5-44　室外机电路板对比

2. 室内机主板

（1）室外机电路板接口电路（见图5-45）

由于三相柜式空调器的室外机设有电路板，通常在室内机主板也设有室外机电路板的接口电路。

单相空调器由于没有设计室外机主板，因此未设计接口电路。

说明

如果室外机电路板只具有相序检测功能，则室内机主板不用再设计接口电路。

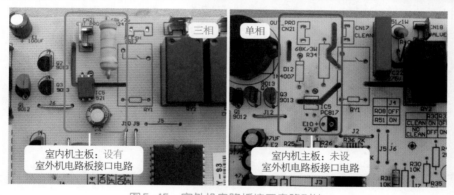

图5-45　室外机电路板接口电路对比

（2）压缩机继电器（见图5-46）

三相柜式空调器压缩机由于功率大，使用交流接触器供电，室内机主板的压缩机继电器只是为交流接触器的线圈供电，因此外观和室外风机使用的继电器相同。

单相空调器压缩机相对功率小，通常使用继电器触点直接供电，因此压缩机继电器比室外风机使用的继电器体积要大一些。

说明

3P单相柜式空调器，压缩机供电也使用交流接触器。

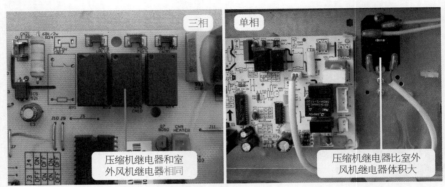

图 5-46　室内机主板上压缩机继电器对比

二、压缩机驱动电路

1. 压缩机控制器件

在室外机负载电路中，三相柜式空调器和单相柜式空调器基本相同，室内机主板为整机电控系统的控制中心，由室内机主板CPU控制继电器，经室内外机连接线控制室外风机和四通阀线圈；而压缩机由于功率较大，使用交流接触器（简称交接）控制压缩机的运行与停止，室内机主板的压缩机继电器只控制交流接触器线圈。通常室外机电路板只有检测相序等功能，整机的控制中心还在室内机主板CPU。

2. 工作原理

压缩机驱动电路原理图见图5-47，实物图见图5-48，CPU引脚电压与压缩机状态的对应关系见表5-9。

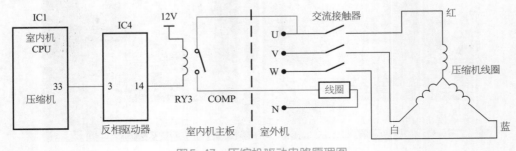

图5-47　压缩机驱动电路原理图

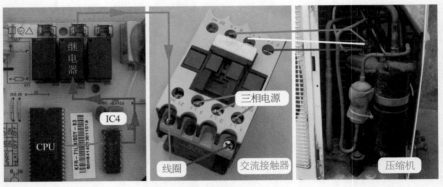

图5-48　压缩机驱动电路实物图

CPU㉝脚为压缩机控制引脚。当CPU需要控制压缩机运行时，㉝脚为高电平5V，反相驱动器IC4的③脚输入端为高电平5V，内部电路翻转，输出端⑭脚接地，电压约为0.8V，继电器RY3线圈电压约为11.2V，产生电磁吸力使触点闭合，U端电压经RY3触点至交流接触器线圈，与N构成回路，线圈电压为交流220V，产生电磁吸力使三端触点闭合，三相电源U-V-W的交流380V电压经交流接触器触点至压缩机线圈，压缩机运行，制冷系统开始工作。

当CPU需要控制压缩机停止运行时，㉝脚变为0V，反相驱动器③脚、⑭脚未工作，继电器RY3线圈电压也为0V，触点断开，交流接触器线圈电压变为交流0V，其三端触点也断开，压缩机线圈电压为交流0V，压缩机因无供电而停止运行。

CPU控制压缩机流程：CPU→反相驱动器→继电器→交流接触器→压缩机。

表5-9   CPU引脚电压与压缩机状态对应关系

CPU	反相驱动器IC4		继电器RY3		交流接触器		压缩机	
㉝脚	③脚	⑭脚	线圈电压	触点	线圈电压	触点	线圈电压	状态
DC-5V	DC-5V	DC-0.8V	DC-11.2V	闭合	AC-220V	闭合	AC-380V	运行
DC-0V	DC-0V	DC-12V	DC-0V	断开	AC-0V	断开	AC-0V	停止

第四节　相序保护电路

一、适用范围

部分3P和5P柜式空调器使用三相电源供电，对应压缩机有活塞式和涡旋式两种，实物外形见图5-49。

活塞式压缩机

目前三相供电空调器，均使用涡旋式压缩机

图5-49　活塞式和涡旋式压缩机

活塞式压缩机由于体积大、能效比低、振动大、高低压阀之间容易窜气等缺点，逐渐减少使用，多见于早期的空调器。因电机运行方向对制冷系统没有影响，使用活塞式压缩机的三相供电空调器室外机电控系统不需要设计相序保护电路。

涡旋式压缩机由于振动小、效率高、体积小、可靠性高等优点，使用在目前全部5P及部分3P的三相供电空调器。但由于涡旋式压缩机不能反转运行，其运行方向要与电源相位一致，因此使用涡旋式压缩机的空调器，均设有相序保护电路，所使用的电路板通常称为相序板。

二、相序板工作原理

1. 实物外形

相序板见图5-50和图5-51，作用是在三相电源相序与压缩机供电相序不一致或缺相时断开控制电路，从而对压缩机进行保护。

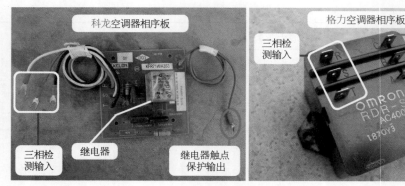

图5-50　科龙和格力空调器相序板

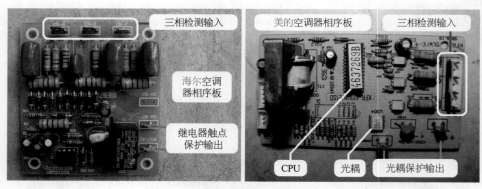

图5-51　海尔和美的空调器相序板

相序保护电路有2种控制方式，即使用继电器触点和使用微处理器（CPU）控制光耦次级。输出端子一般串接在交流接触器的线圈供电回路或保护回路中，当遇到相序不对或缺相时，继电器触点断开（或光耦次级断开），交流接触器的线圈供电随之被断开，使得主触点断开，断开压缩机的供电，从而保护压缩机。

2. 工作原理

（1）继电器方式

科龙KFR-120LW/FG柜式空调器室外机相序板电路原理图见图5-52，电路由3个电阻、3个电容、1个继电器组成。当三相供电相序与压缩机工作相序一致时，继电器线圈两端电压为交流220V，线圈中有电流通过，产生吸力使触点导通；当三相供电相序与压缩机工作相序不一致或缺相时，继电器线圈两端电压低于交流220V较多，线圈通过的电流所产生的吸力很小，因而触点是断开的。

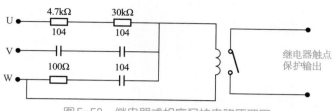

图5-52　继电器式相序保护电路原理图

（2）微处理器（CPU）方式

美的KFR-120LW/K2SDY柜式空调室外机相序板相序检测电路简图见图5-53，电路由光耦、微处理器（CPU）、电阻等元件组成。

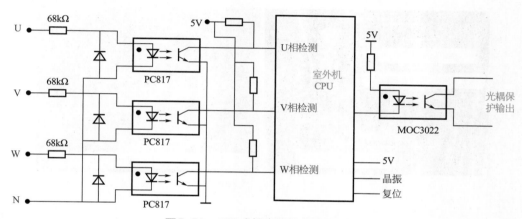

图5-53　CPU式相序保护电路原理图

三相供电U、V、W经光耦（PC817）分别输送到CPU的3个检测引脚，由CPU进行分析和判断，当检测三相供电相序与内置程序相同（即符合压缩机运行条件）时，控制光耦（MOC3022）次级侧导通，相当于继电器触点闭合；当检测三相供电相序与内置程序不同时，控制光耦（MOC3022）次级截止，相当于继电器触点断开。

3. 各品牌空调器出现相序保护时故障现象

三相供电相序与压缩机供电相序不同时，电控系统会报出相应的故障代码或出现压缩机不运行的故障，根据空调器设计不同所出现的故障现象也不相同，以下是几种常见品牌的空调器相序保护串接形式。

① 海信、海尔、格力空调器　相序保护电路大多串接在压缩机交流接触器线圈供电回路中，所以相序错误时室外风机运行，压缩机不运行，空调器不制冷，室内机不报故障代码。

② 美的空调器　相序保护串接室外机保护回路中，所以相序错误时室外风机与压缩机均不运行，室内机报故障代码为"室外机保护"。

③ 科龙空调器　早期柜式空调器相序保护电路串接在室内机供电回路中，所以相序错误时室内机主板无供电，上电后室内机无反应。

由此可见，同为相序保护，由于厂家设计不同，表现的故障现象差别也很大，实际检修时要根据空调器电控系统设计原理，检查故障根源。

三、判断三相供电相序

三相供电电压正常，为判断三相供电相序是否正确时，可使用螺丝刀头等物品按压交流接触器上强制按钮，强制为压缩机供电，根据压缩机运行声音、吸气管和排气管温度、系统压力来综合判断。

1. 相序错误

三相供电相序错误时，压缩机由于反转运行，因此并不做功，见图5-54，主要表现如下。
① 压缩机运行声音沉闷。
② 手摸压缩机吸气管不凉、排气管不热，温度接近常温即无任何变化。
③ 压力表指针轻微抖动，但并不下降，维持在平衡压力（即静态压力不变化）。

手摸吸气管不凉

压缩机运行声音沉闷

手摸排气管不热

压力抖动并不下降，维持平衡压力

图5-54　相序错误时故障现象

 说明

涡旋式压缩机反转运行时，容易击穿内部阀片（窜气故障）造成压缩机损坏，在反转运行时，测试时间应尽可能缩短。

2. 相序正常

由于供电正常，压缩机正常做功（运行），见图5-55，主要表现如下。
① 压缩机运行声音清脆。
② 压缩机吸气管和排气管温度迅速变化，手摸吸气管很凉、排气管烫手。

手摸吸气管很凉

压缩机运行声音清脆

手摸排气管烫手

压力迅速下降至正常值0.45MPa

图5-55　相序正常时现象

③ 系统压力由静态压力迅速下降至正常值约0.45MPa。

3. 相序错误时排除方法

相序错误排除方法见图5-56，在室外机三相供电端子处任意对调2根相线的位置即可排除故障。此种故障常见于新装空调器、移机过程中安装空调器、用户装修调整供电相线时出现。

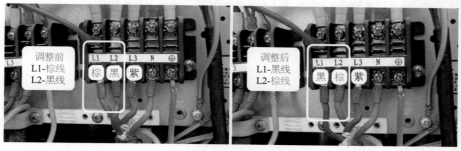

图5-56　调整电源相序

4. 相序保护电路板的代换

在使用过程中，如果相序板出现故障，需要更换而无原厂配件时，可以使用通用相序保护装置来代换，实物外形和接线图见图5-57，同样可以起到保护涡旋压缩机的作用。

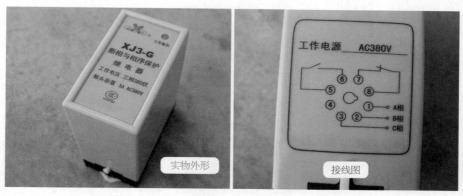

图5-57　通用相序保护装置实物外形和接线图

代换步骤。

① 观察室外机的电路板，如果只是相序保护功能，则可以拆下；如果带有其他单元电路（如电流检测），则应当保留原电路板，将相序电路的对应引线拆下。

② 将拆下的A（或U）、B（或V）、C（或W）三相引线按顺序接入①、②、③号线，将常开触点⑤和⑥接上引线，串接在交流接触器线圈的供电回路中。

③ 上电试机，如果交流接触器能吸合使压缩机运行，说明三相供电相序与通用相序保护装置检测相同；如果开机后交流接触器不能吸合，断电对调保护装置上①、②引线位置即可排除故障。

 注意

　　不能对调室外机接线端子相线位置，因为此时只是原机相序板损坏，三相供电相序符合压缩机运行要求。

第六章
主板插座功能和代换通用板

第一节　主板故障判断方法

　　空调器发生室外机不运行或室内风机不运行等电控故障，测量主板没有输出相对应的交流电压，此时若对检修主板的方法或原理不是很熟悉时，那么在实际检修中只要对外围元件（室内风机、环温和管温传感器、变压器、插座电源）判断准确，就可以直接更换主板。

一、按故障代码判断

　　见图6-1，主板通过指示灯或显示屏报出故障代码，根据代码内容判断主板故障部位，本方法适用于大多数机型。

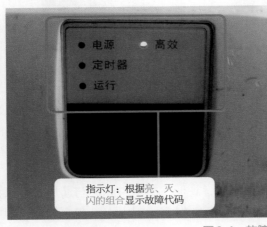

指示灯：根据亮、灭、闪的组合显示故障代码

显示屏：直接显示故障代码

图6-1　故障代码显示方式

1. 环温或管温传感器故障

检查环温、管温传感器阻值正常，插座没有接触不良时可更换主板试机。

2. 瞬时停电

拔下电源插头等3min再重新通上电源试机，如果恢复正常则为电源插座接触不良，如果仍报故障代码可更换主板试机。

3. E²PROM（存储器）故障

拔下电源插头等3min再重新通上电源试机，如果恢复正常则为主板误报代码，如果仍报原故障代码则直接更换E²PROM或主板。

4. 霍尔反馈故障

关机但不拔下电源插头即处于待机状态时，使用万用表直流电压挡测量PG电机霍尔反馈端电压，如果正常且插座接触良好，可更换主板试机。

5. 蒸发器防冻结（制冷防结冰）或蒸发器防过热（制热防过载）

如室内风机运行正常，检查管温传感器阻值正常且插座接触良好，可更换主板试机。

6. 压缩机过电流或无电流

拔下电源插头等3min再重新通上电源试机，如果恢复正常则为主板误报代码；如果仍报原故障代码，检查压缩机电流在正常范围值以内，可直接更换主板。

7. 缺氟保护（系统能力不足保护）

如果制冷系统工作正常，检查管温传感器阻值正常且插座接触良好，可更换主板试机。

二、按故障现象判断

1. 上电无反应故障

检查插座交流220V电源、变压器、保险管等正常，且主板上直流12V和5V电压也正常，可更换主板试机。

2. 不接收遥控信号故障

检查遥控器和接收器正常，且接收器输出的电压已送到CPU相关引脚，在排除外界干扰后（如日光灯、红外线等），更换主板试机。

3. 制冷模式，室内风机不运行

用手拨动贯流风扇旋转正常，测量室内风机线圈阻值正常，但室内风机插座无交流电源，可更换主板试机。

4. 制热模式，室内风机不运行

调到"制冷模式"试机，室内风机运行，测量管温传感器阻值正常且手摸蒸发器表面温度较高，可更换主板试机。

5. 制冷模式，室内风机运行，压缩机和室外风机不运行

检查遥控器设置正确，室内机接线端子处未向压缩机与室外风机供电，测量环温与管温传感器阻值正常，可更换主板试机。

6. 制冷模式，运行一段时间停止向室外机供电

检查遥控器设置正确，PG电机霍尔反馈正常，系统制冷正常，环温和管温传感器阻值正常，可更换主板试机。

第二节 主板插座功能辨别方法

从前面知识可知，一个完整的空调器电控系统由主板、输入电路外围元件、输出电路负载构成。外围元件和负载都是通过插头或引线与主板连接，因此能够准确判断出主板上插座或引线的功能，这是维修人员的基本功。本节以美的KFR-26GW/DY-B（E5）的室内机主板为例，对主板插座设计特点进行简要分析。

一、主板电路设计特点

① 主板根据工作电压不同，设计为两个区域：交流220V为强电区域，直流5V和12V为弱电区域，图6-2、图6-3为主板强电-弱电区域分布的正面视图和背面视图。

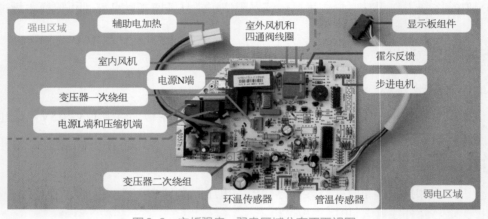

图6-2　主板强电-弱电区域分布正面视图

图6-3　主板强电-弱电区域分布背面视图

② 强电区域插座设计特点：大2针插座与压敏电阻并联的接变压器一次绕组，最大的3针插座接室内风机，压缩机继电器上方端子（如下方焊点接保险管）的接L端供电，另1个端子接压缩机引线，另外2个继电器的接线端子接室外风机和四通阀线圈引线。

③ 弱电区域插座设计特点：小2针插座（在整流二极管附近）的接变压器二次绕组，2针插座接传感器，3针插座接室内风机霍尔反馈，5针插座接步进电机，多针插座接显示板组件。

④ 通过指示灯可以了解空调器的运行状态，通过接收器则可以改变空调器的运行状态，两者都是CPU与外界通信的窗口，因此通常将指示灯和接收器、应急开关等单独位于一块电路板上，称为显示板组件（也可称显示电路板）。

⑤ 应急开关是在没有遥控器的情况下能够使用空调器，通常有两种设计方法：一是直接焊在主板上；二是与指示灯、接收器一起设计在显示板组件上面。

⑥ 空调器工作电源交流220V供电L端是通过压缩机继电器上的接线端子输入，而N端则是直接输入。

⑦ 室外机负载（压缩机、室外风机、四通阀线圈）均为交流220V供电，3个负载共用N端，由电源插头通过室内机接线端子和室内外机连接线直接供给；每个负载的L端供电则是主板通过控制继电器触点闭合或断开完成。

二、主板插座设计特点

1. 主板交流220V供电和压缩机引线端子

电源L端引线位于压缩机继电器的端子上，见图6-4，端子下方焊点与保险管连接，压缩机引线端子下方焊点为空。

图6-4　压缩机继电器接线端子

见图6-5，电源N端引线则是电源插头直接供给，主板上标有"N"标记。

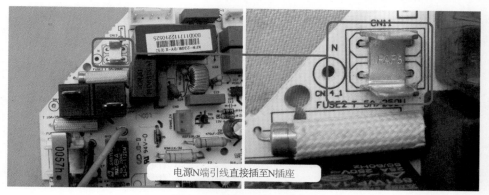

图6-5　电源N端接线端子

2. 变压器一次绕组插座

设计特点见图6-6，2针插座位于强电区域，一针连接保险管（即电源L端），一针连接电源N端。

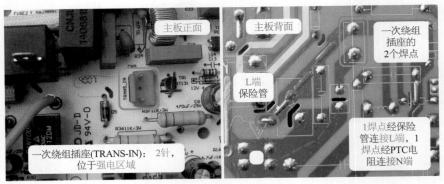

图6-6 变压器一次绕组插座

3. 变压器二次绕组插座

设计特点见图6-7，2针插座位于弱电区域，也就是和4个整流二极管（或硅桥）最近的插座，2针均连接整流二极管（或硅桥）。

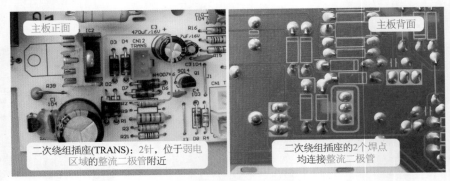

图6-7 变压器二次绕组插座

4. 传感器插座

设计特点见图6-8，环温和管温传感器2个插座均为2针，位于主板弱电区域，2个插座的其中1针连在一起接直流5V或地，而另外1针接分压电阻送至CPU引脚。

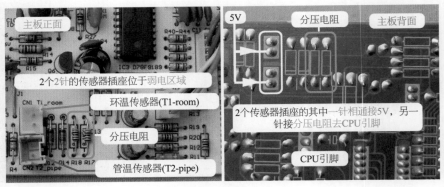

图6-8 传感器插座

5.步进电机插座

设计特点见图6-9，5针插座位于弱电区域，其中1针接直流12V电压，另外4针接反相驱动器。

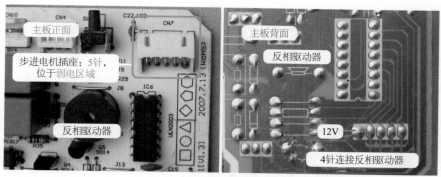

图6-9 步进电机插座

6.显示板组件（接收器、指示灯）插座

设计特点见图6-10，引线数量根据机型不同而不同，位于弱电区域；插座设计特点是除直流电源地和5V两个引针外，其余多数引针全部与CPU引脚相连。

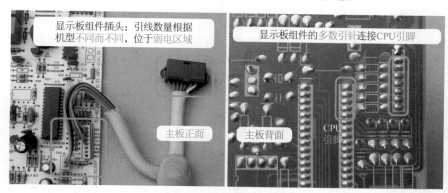

图6-10 显示板组件插座

7.霍尔反馈插座

设计特点见图6-11，3针插座位于弱电区域，一针接直流12V电压，一针接地，一针为反馈，通过电阻接CPU引脚。

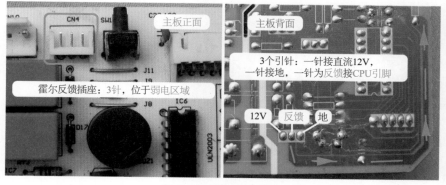

图6-11 霍尔反馈插座

8. 室内风机（PG电机）插座

设计特点见图6-12，3针插座位于强电区域：一针接晶闸管，一针接电容，另外一针接电源N端和电容。

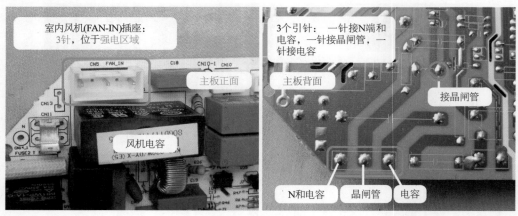

图6-12　PG电机插座

9. 室外风机和四通阀线圈接线端子

设计特点见图6-13（本机使用插座），位于强电区域，接线端子与继电器触点相连。

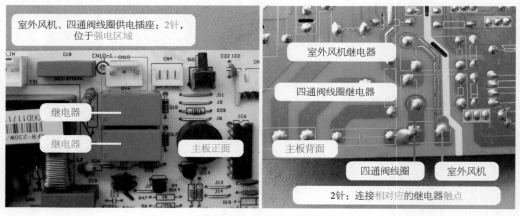

图6-13　室外风机和四通阀线圈接线端子

 说明

　　室外风机和四通阀线圈引线一端连接继电器触点（继电器型号相同），另一端接在室内机接线端子上，如果主板没有特别注明，区分比较困难，可以通过室内机外壳上电气接线图上标识判断。

10. 辅助电加热插头

设计特点见图6-14，2根引线位于强电区域，一根为黑线接电源N端，一根为红线通过继电器触点和保险管接电源L端。

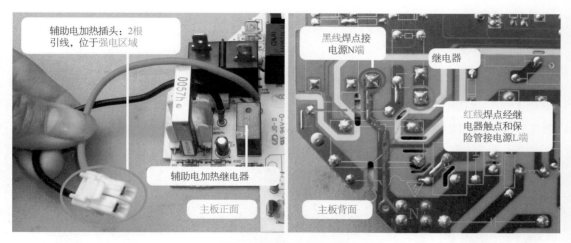

图 6-14　辅助电加热插头

第三节　代换挂式空调器通用板

目前挂式空调器室内风机绝大部分使用 PG 电机，工作电压为交流 90 ～ 180V，如果主板损坏且配不到原装主板或修复不好，最好用的方法是代换通用板。

目前挂式空调器的通用板按室内风机驱动方式分为两种：一种是使用继电器，对应安装在早期室内风机使用抽头电机的空调器；另外一种是使用光耦 + 晶闸管，对应安装在目前室内风机使用 PG 电机的空调器，这也是本节着重介绍的内容。

一、故障空调器简单介绍

本节以格力 KFR-23GW/（23570）Aa-3 挂式空调器为基础，是目前最常见的电控系统设计型式，见图 6-15。

室内风机使用 PG 电机，室内机主板为整机电控系统的控制中心；室外机未设电路板，电控系统只有简单的室外风机电容和压缩机电容；室内机和室外机的电控系统使用 5 芯连接线。

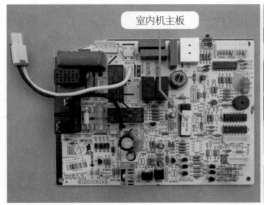

图 6-15　格力 KFR-23GW/（23570）Aa-3 空调器室内机主板和室外机电控系统

137

二、通用板设计特点

1. 实物外形

图6-16左图为某品牌的通用板套件，由通用板、变压器、遥控器、接线插等组成，设有环温和管温两个传感器，显示板组件设有接收器、应急开关按键、指示灯。从图6-16右图可以看出，室内风机驱动电路主要由光耦和晶闸管组成。通用板设计特点如下。

图6-16 驱动PG电机的挂式空调器通用板

① 外观小巧，基本上都能装在代换空调器的电控盒内。
② 室内风机驱动电路由光耦+晶闸管组成，和原机相同。
③ 自带遥控器、变压器、接线插，方便代换。
④ 自带环温和管温传感器且直接焊在通用板上面，无需担心插头插反。
⑤ 步进电机插座为6根引针，两端均为直流12V。
⑥ 通用板上使用汉字标明接线端子作用，使代换过程更为简单。

2. 接线端子功能

通用板的主要接线端子见图6-17：共设有电源相线L输入、电源零线N输入、变压器、室内风机、压缩机、四通阀线圈、室外风机、步进电机。另外显示板组件和传感器的引线均直接焊在通用板上，自带的室内风机电容容量为1μF。

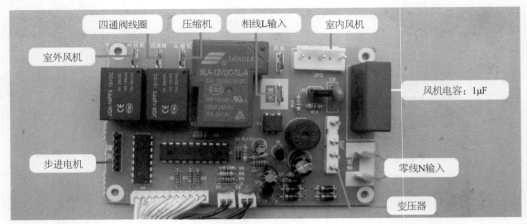

图6-17 通用板接线端子

三、代换步骤

1. 拆除原机电控系统和保留引线

见图6-18，拆除原机主板、变压器、环温和管温传感器，保留显示板组件。

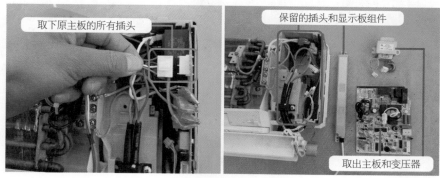

图6-18　拆除原机主板

2. 安装电源输入引线

见图6-19，将电源L输入棕线插头插在通用板标有"火线"的端子，将电源N输入蓝线插头插在标有"零线"的端子。

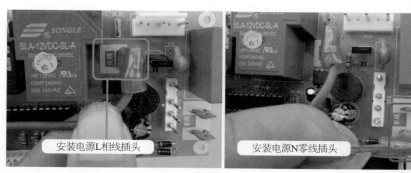

图6-19　安装电源输入引线

3. 安装变压器

通用板配备的变压器只有一个插头，见图6-20，即将一次绕组和二次绕组的引线固定在一个插头上面，为防止安装错误，在插头和通用板上均设有空挡标识，安装错误时安装不进去。

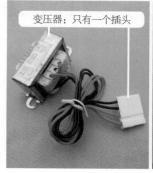

图6-20　变压器和插头标识

将配备的变压器固定在原变压器位置，见图6-21，并拧紧固定螺钉，再将插头插在通用板的变压器插座。

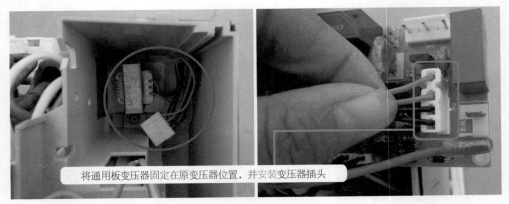

将通用板变压器固定在原变压器位置，并安装变压器插头

图6-21 安装变压器插头

4. 安装室内风机（PG电机）插头

（1）线圈供电插头引线与插座引针功能不对应

见图6-22左图，PG电机线圈供电插头的引线顺序从左到右：1号棕线为运行绕组R，2号白线为公共端C，3号红线为启动绕组S。而通用板室内风机插座的引针顺序从左到右：1号为公共端C、2号为运行绕组R、3号为启动绕组S。从对比可以发现，PG电机线圈供电插头的引线和通用板室内风机插座的引针功能不对应，应调整PG电机线圈供电插头的引线顺序。

线圈供电插头中引线取出方法：见图6-22右图，使用万用表表笔尖向下按压引线挡针，同时向外拉引线即可取下。

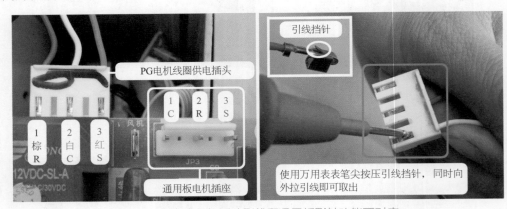

PG电机线圈供电插头

引线挡针

通用板电机插座

使用万用表表笔尖按压引线挡针，同时向外拉引线即可取出

图6-22 室内风机插头引线和通用板引针功能不对应

（2）调整引线顺序并安装插头

将引线拉出后，再将引线按通用板插座的引针功能对应安装，见图6-23，使调整后的插头引线和插座引针功能相对应，再将插头安装至通用板插座。

（3）霍尔反馈插头

室内风机还有一个霍尔反馈插头，见图6-24，作用是输出代表转速的霍尔信号，但通用板未设霍尔反馈插座，因此将霍尔反馈插头舍弃不用。

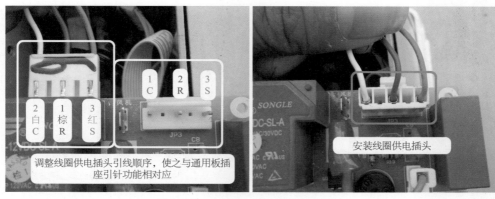

图 6-23 安装 PG 电机线圈供电插头

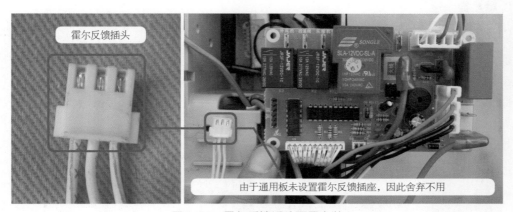

图 6-24 霍尔反馈插头不用安装

5. 安装室外机负载引线

连接室外机负载共有 2 束 5 根引线,较粗的一束有 3 根引线,其中的黄/绿色为地线,直接固定在地线端子;较细的一束有 2 根引线。

见图 6-25,3 束引线中的蓝线为 N 端零线,插头插在通用板标有 "零线" 的端子;黑线接压缩机,插头插在通用板标有 "压缩机" 的端子。

见图 6-26,2 束引线中的紫线接四通阀线圈,插头插在通用板标有 "四通阀" 的端子;棕线接室外风机,插头插在通用板标有 "外风机" 的端子。

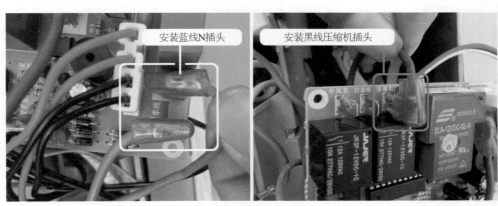

图 6-25 安装 N 零线和压缩机引线插头

安装紫线四通阀
线圈插头

安装橙线室
外风机插头

图6-26 安装四通阀线圈和室外风机引线插头

6.焊接显示板组件引线

（1）显示板组件实物外形

通用板配备的显示板组件为组合式设计，见图6-27左图，装有接收器、应急开关按键、3个指示灯，每个器件组成的小板均可以掰断单独安装。

原机显示板组件为一体化设计，见图6-27右图，装有接收器、6个指示灯（其中一个为双色显示）、2位数码显示屏。因数码显示屏需对应的电路驱动，所以通用板代换后无法使用。

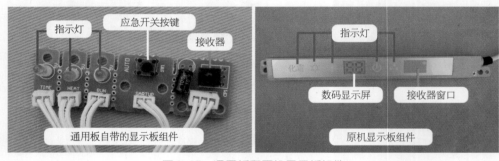

指示灯　　应急开关按键　　　接收器

通用板自带的显示板组件

指示灯

数码显示屏　　接收器窗口

原机显示板组件

图6-27 通用板和原机显示板组件

（2）常用安装方法

常用有两种安装方法：一是使用通用板所配备的接收器、应急开关、指示灯，将其放到合适的位置即可；二是使用原机配备的显示板组件，方法是将通用板配备显示板组件的引线剪下，按作用焊在原机配备的显示板组件或连接引线。

第一种方法比较简单，但由于需要对接收器重新开孔影响美观（或指示灯无法安装而不能查看）。安装时将接收器小板掰断，再将接收器对应固定在室内机的接收窗位置；安装指示灯时，将小板掰断，安装在室内机指示灯显示孔的对应位置，由于无法固定或只能简单固定，在安装室内机外壳时接收器或指示灯小板可能会移动，造成试机时接收器接收不到遥控器的信号，或看不清指示灯显示的状态。

第二种方法比较复杂，但对空调器整机美观没有影响，且指示灯也能正常显示。本节着重介绍第二种方法，安装步骤如下所述。

（3）焊接接收器引线

取下显示板组件外壳，查看连接引线插座，可见有2组插头，即DISP1和DISP2，其中DISP1连接接收器和供电公共端等，DISP2连接显示屏和指示灯。

见图6-28左图标识，可知DISP1插座上白线为地（GND）、黄线为5V电源（5V）、棕线为接收器信号输出（REC）、红线为显示屏和指示灯的供电公共端（COM），根据DISP1插座上的引线功能标识可辨别出另一端插头引线功能。

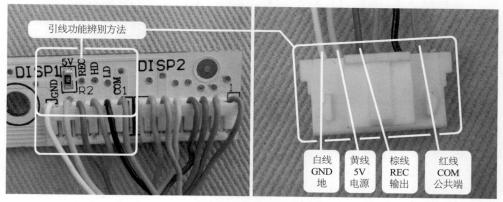

掰断接收器的小板，见图6-29左图，分辨出引线的功能后剪断3根连接线。

将通用板接收器的3根引线，按对应功能并联焊接在原机显示板组件插头上接收器的3根引线，见图6-29右图，即白线（GND）、黄线（5V）、棕线（REC），试机正常后再使用防水胶布包扎焊点。

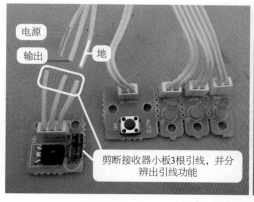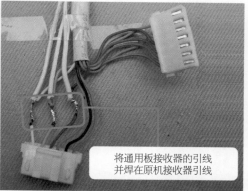

（4）焊接指示灯引线

原机显示板组件设有6个指示灯，并将正极连接一起为公共端，连接DISP1插座中COM为供电控制，指示灯负极接CPU驱动。通用板的显示板组件设有3个指示灯（运行、制热、定时），其负极连接在一起为公共端，连接直流电源地，正极接CPU驱动。公共端功能不同，如单独控制原机显示板组件的3个指示灯，则需要划断正极引线，但考虑到制热和定时指示灯实际意义不大，因此本例只使用原机显示板组件中的一个运行指示灯。

见图6-30左图，原机显示板组件DISP1引线插头中红线COM为正极公共端即供电控制，DISP2引线插头中灰线接运行指示灯的负极。

见图6-30中图，找到通用板运行指示灯引线，分辨出引线功能后剪断。

见图6-30右图，将通用板运行指示灯引线，按对应功能并联焊接在原机显示板组件插头上运行指示灯引线：驱动引线接红线COM（指示灯正极）、地线接灰线（指示灯负极）。

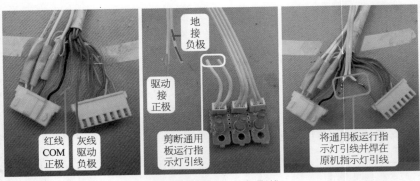

图6-30　焊接指示灯引线

（5）应急开关按键

由于原机的应急开关按键设计在主板上面，通用板配备的应急开关按键无法安装，考虑到此功能一般很少使用，所以将应急开关按键的小板直接放至室内机电控盒的空闲位置。

（6）焊接完成

至此，更改显示板组件的步骤完成。见图6-31，原机显示板组件的插头不再使用，通用板配备的接收器和指示灯也不再使用。将空调器通上电源，接收器应能接收遥控器发射的信号，开机后指示灯应能点亮。

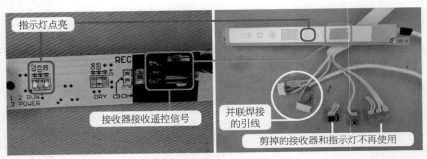

图6-31　焊接完成

7. 安装环温和管温传感器探头

环温和管温传感器插头直接焊在通用板上面无需安装，只需将探头放至原位置即可。见图6-32，原环温传感器探头安装室内机外壳上面，安装室内机外壳后才能放置探头；将管温传感器探头放至蒸发器的检测孔内。

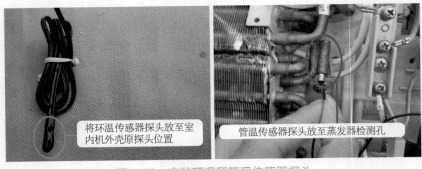

图6-32　安装环温和管温传感器探头

8. 安装步进电机插头

因步机电机引线较短,所以将步进电机插头放到最后一个安装步骤。

(1)步进电机插头和通用板步进电机插座

见图6-33左图,步进电机插头共有5根引线:1号红线为公共端,2号橙线、3号黄线、4号粉线、5号蓝线共4根均为驱动引线。

通用板步进电机插座设有6个引针,见图6-33右图,其中左右2侧的引针直接相连均为直流12V,中间的4个引针为驱动。

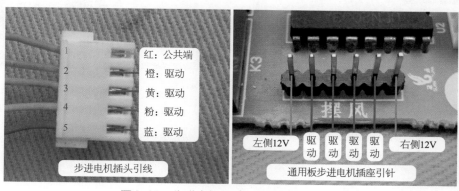

图6-33　步进电机插头和通用板引针功能

(2)安装插头

将步进电机插头插在通用板标有"摆风"的插座,见图6-34,通用板通上电源后,导风板应当自动复位即处于关闭状态。

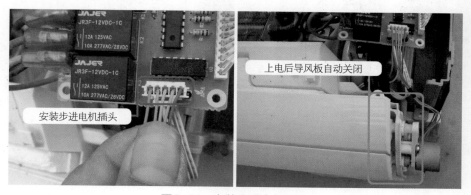

图6-34　安装步进电机插头

 说明

一定要将1号公共端红线对应安装在直流12V引针。

(3)步进电机正反旋转方向转换方法

见图6-35左图,安装步进电机插头,公共端接右侧直流12V引针(左侧空闲),驱动顺序为5-4-3-2,假如上电试机导风板复位时为自动打开、开机后为自动关闭,说明步进电机为反方向运行。

此时应当反插插头，见图6-35右图，使公共端接左侧直流12V引针（右侧空闲），即调整4根驱动引线的首尾顺序，驱动顺序改为2-3-4-5，通用板再次上电导风板复位时就会自动关闭，开机后为自动打开。

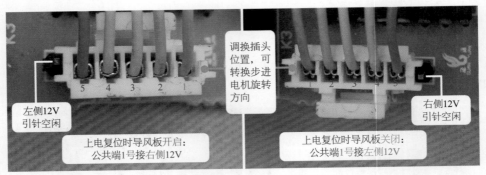

图6-35　导风板运行方向调整方法

9. 辅助电加热插头

因通用板未设计辅助电加热电路，所以辅助电加热插头空闲不用，相当于取消了辅助电加热功能，此为本例选用通用板的一个弊端。

10. 代换完成

至此，通用板所有插座和接线端子均全部连接完成，见图6-36，顺好引线后将通用板安装至电控盒内，再次上电试机，空调器即可使用。

图6-36　通用板代换完成

第四节　代换柜式空调器通用板

本节介绍通用板的设计特点，并以华宝KFR-50LW／K2D1柜式空调器电控系统为基础，介绍通用板代换柜式空调器主板的步骤。

一、故障空调器简单介绍

华宝KFR-50LW／K2D1为早期柜式空调器，室内机电控系统见图6-37，设有室内机主板和显示板，室外机没有设电路板，只有室外管温传感器通过引线送到室内机显示板处理，室内机需要改动的负载有室内风机和同步电机，及向室外机负载的供电引线。

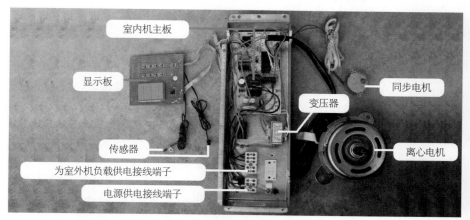

图6-37 华宝KFR-50LW/K2D1柜式空调器室内机电控系统

 说明

　　本节将显示板及电控盒从室内机上取了下来，是为了图片清晰及可以更直观地介绍代换步骤，实际操作时在室内机上即可完成。

二、通用板设计特点

　　通用板实物外形及插头功能作用见图6-38，特点如下。

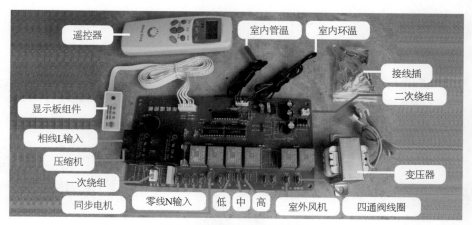

图6-38 柜式空调器通用板

① 自带变压器、遥控器、接线插，方便代换。
② 自带环温、管温传感器且直接焊在通用板上面，无需担心插头插反。
③ 通用板上使用汉字标明接线端子的作用，使代换过程更为简单。
④ 此类通用板采用指示灯指示空调器运行状态，也有一些通用板使用LCD显示屏显示空调器的运行状态，两种通用板安装方法相同。

⑤ 电源零线N为主板供电，同时还有5个接线端子与N相通，为室内风机、同步电机、辅助电加热提供电源零线，室外机负载的零线由电源输入端子直接供给。

三、代换步骤

1. 拆除原机电控系统

拆除原机主板、显示板、变压器，保留风机电容，并记录室内风机插头引线作用。电控盒内需要剩余的主要引线见图6-39左图，有电源供电N零线、电源供电L相线、压缩机引线。

2. 固定通用板

通用板和原机主板宽度相同，但通用板比原机主板长，因此将通用板右侧的固定孔安装至电控盒的卡子上面，见图6-39右图，左侧部分使用绝缘物品（比如通用板包装盒）垫在下面，可防止背面与外壳短路。

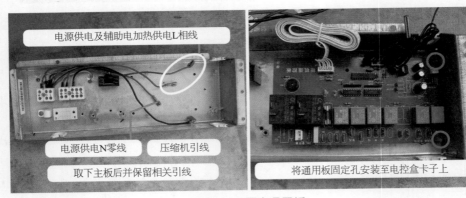

图6-39　固定通用板

3. 安装电源供电输入引线

见图6-40，将电源L相线（棕线）插在压缩机继电器端子（端子和保险管相通），电源N零线（蓝线）插在通用板标有"N"的端子。

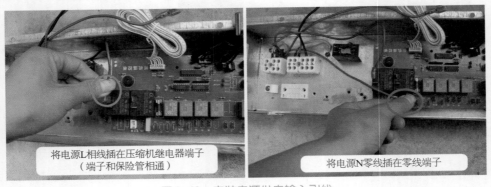

图6-40　安装电源供电输入引线

4. 安装变压器插头

通用板配备的变压器共有2个插头，即一次绕组和二次绕组，见图6-41，首先将其固定在原变压器位置，再将一次绕组（大插头）插在通用板强电区域标有"变压器"的插座，二次绕组（小插头）插在弱电区域整流二极管附近的插座。

通电后用遥控器开机，应能听到蜂鸣器和继电器触点工作的声音；如果上电试机时遥控器开机通用板没有反应，一般为电源供电L相线没有插对位置（插在了向压缩机输出电压的端子上）。

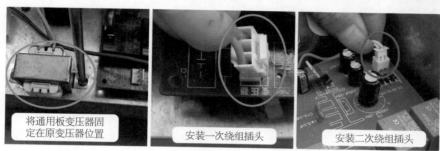

将通用板变压器固定在原变压器位置 | 安装一次绕组插头 | 安装二次绕组插头

图6-41　安装一次绕组和二次绕组插头

5. 安装室内风机引线

柜式空调器室内风机使用离心式抽头电机，见图6-42左图，3挡风速，共有7根引线：黄/绿色为地线、黄线为低风抽头、绿线为中风抽头、黑线为高风抽头、白线为公共端、2根红线接电容。由于原机主板供电使用插头，与通用板接线端子不匹配，因此应剪掉插头，并将引线制成接线插。

见图6-42右图，将公共端白线插在通用板标有"N"的端子。

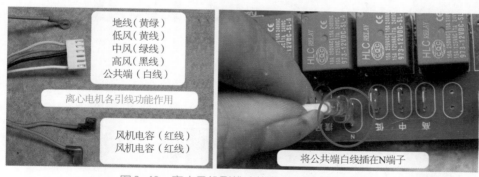

地线（黄绿）
低风（黄线）
中风（绿线）
高风（黑线）
公共端（白线）

离心电机各引线功能作用

风机电容（红线）
风机电容（红线）

将公共端白线插在N端子

图6-42　室内风机引线功能和安装公共端引线

见图6-43，将低风黄线插在通用板标有"低"的端子，将中风绿线插在通用板标有"中"的端子。

将低风黄线插在低端子 | 将中风绿线插在中端子

图6-43　安装低风和中风引线

见图6-44，将高风黑线插在通用板标有"高"的端子，再将2根电容引线插在室内风机电容的两侧引脚。

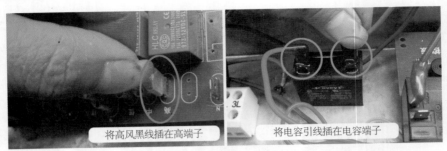

将高风黑线插在高端子　　　　　将电容引线插在电容端子

图6-44　安装高风引线和电容引线

6. 安装同步电机引线

（1）同步电机引线

见图6-45，由于原机主板同步电机供电使用插座，相对应同步电机使用插头，与通用板接线端子不匹配，因此将插头改为通用板适用的接线插。

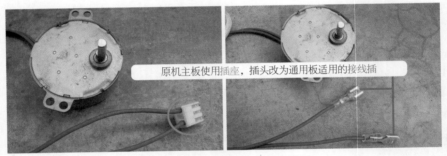

原机主板使用插座，插头改为通用板适用的接线插

图6-45　将引线插头改为接线插

（2）安装引线

同步电机供电为交流220V，共有2根引线，使用时不分极性，见图6-46，将其中一根引线插在通用板和"N"相通的端子，另外一根引线插在标有"摆风"的端子。

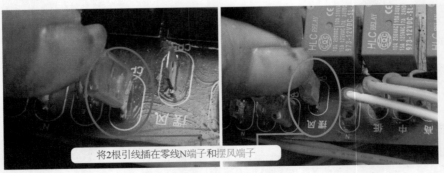

将2根引线插在零线N端子和摆风端子

图6-46　安装同步电机引线

7. 安装室外机负载引线

由于室外风机和四通阀线圈引线直接焊在原机主板上面，因此需要另外再找2根引线，见图6-47左图，并将其中一端制成接线插，作为室外风机和四通阀线圈的引线。

见图6-47右图，将压缩机引线安装在压缩机继电器端子（端子和保险管不通）。

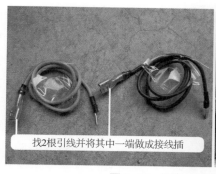

找2根引线并将其中一端做成接线插   安装压缩机引线

图6-47　制作接线插和安装压缩机引线

　　见图6-48左图，将准备好的其中一根引线一端插在通用板标有"四通阀"的端子，另一端固定在室内外机的接线端子上，作为四通阀线圈的连接线。

　　见图6-48右图，将另外一根引线一端插在通用板标有"外风机"的端子，另一端固定在室内外机的接线端子上，作为室外风机的连接线。

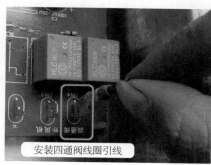

安装四通阀线圈引线   安装室外风机引线

图6-48　安装四通阀线圈和室外风机引线

8. 显示板组件

　　连接有两种方法，一种将显示板组件直接固定在室内机面板上，另一种是不用通用板配备的显示板组件，使用原机显示板，通过更改引线的方式可以达到同样的目的，且不影响空调器的美观。

（1）直接固定显示板组件

　　图6-49为显示板组件外观及很长的连接引线，显示板组件包括指示灯（3个，分别为电源、运行、定时）、遥控信号接收窗口、应急开关按键，将显示板组件安装在室内机面板合适的位置上即可。

显示板组件插头   显示板组件实物外观

图6-49　显示板组件

（2）更改引线使用原机显示板

考虑到将显示板组件直接安装在室内机面板上会影响空调器的美观，而原机显示板上设有按键、接收器、指示灯，因此本例实际操作时不使用通用板配备的显示板组件，而是将引线接至原机显示板相关元件的引脚上，利用原机显示板的元件，达到控制通用板的目的，步骤如下。

① 拆开显示板组件，根据实际接线画出接线图　接线图见图6-50，可以看出，1号线为直流5V供电，为接收器和指示灯供电；2号线为直流电源地；3～5号线为3个指示灯的控制引脚（引线接在通用板上的CPU相关引脚）；6号线所起的作用既是将遥控信号传至通用板CPU，又是将按键信号传至通用板CPU，所以此线有两个功能。

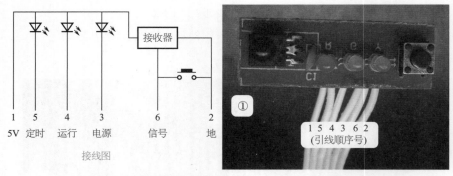

图6-50　拆下显示板组件检查引线并画出电路原理图

② 焊接接收器引线　见图6-51左图，将1号线（5V）、2号线（地）、6号线（信号输出）按功能将引线直接焊至接收器的3个引脚，将3号线直接焊至指示灯的负极引脚上，4号线和5号线保留不用。

③ 焊接指示灯正极供电引线　见图6-51右图，用一根较细的引线一端接在1号线（5V），另一端接在指示灯的正极为其供电。

④ 焊接按键引线　见图6-52左图，用一根较细的引线一端接在2号线（直流电源地），另一端接在原机显示板的"电源开关"按键的一个引脚上；按键的另一个引脚再用一根较细的引线接在6号线上。

⑤ 焊接完成　至此，显示板引线已全部焊接完毕，见图6-52右图，通电使用遥控器试机，通用板应能接收遥控信号，指示灯点亮，按压原显示板的"电源开关"按键应能开机和关机。

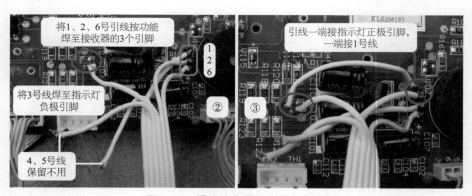

图6-51　焊接接收器和指示灯引线

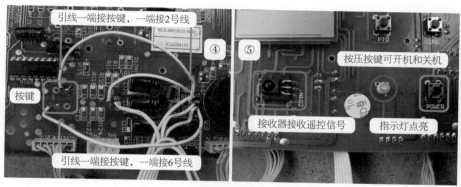

图6-52　焊接按键引线和焊接完成

> ### 🔧 说明
>
> 　　由于原机接收器工作电压5V由显示板直接供给，也就是说接收器的工作电压5V是供电电压一个分支，与供电电压并联，因此在焊接引线前，要将接收器、指示灯、按键开关3个元件在显示板上的铜箔划断，防止通用板引线为接收器提供5V电压，同时也为原机显示板CPU和相关弱信号处理电路供电。

9. 安装环温和管温传感器探头

　　配备的环温和管温传感器引线直接焊在通用板上面，因此不用安装插头，只需要安装探头。见图6-53，原机的环温传感器探头安装在离心风扇外部罩圈上面，将配备的环温传感器探头也安装在原位置，管温传感器探头插在位于蒸发器的检测孔内。

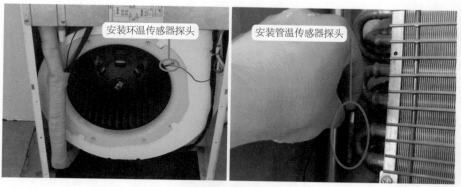

图6-53　安装环温和管温传感器探头

　　至此，代换柜式空调器通用板的工作已全部完成。

第七章
空调器电控系统常见故障维修实例

第一节　室内机电控系统故障

一、变压器损坏，整机不工作

故障说明：美的KFR-26GW/DY-B（E5）空调器，上电后整机无反应，导风板不能自动关闭。

1. 用手扳动导风板至中间位置后试机

由于室内机主板CPU上电后首先对整机进行复位，比较明显的一点为导风板自动关闭，可以利用这一点来判断直流12V、5V电压是否正常。

用手将导风板扳到中间位置，见图7-1，再将空调器通上电源，导风板不动、蜂鸣器不响，初步判断室内机主板无直流12V和5V或CPU三要素电路工作不正常。

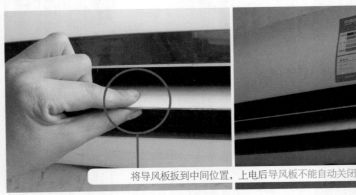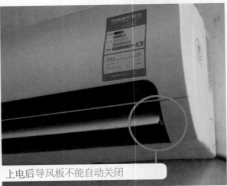

将导风板扳到中间位置，上电后导风板不能自动关闭

图7-1　将导风板扳到中间位置后上电导风板不能自动关闭

2. 测量插座电压和插头阻值

使用万用表交流电压挡，见图7-2左图，测量电源插座电压，实测为交流220V，说明供电正常。

由于变压器一次绕组并联在交流220V输入端，因此测量电源插头L与N阻值，相当于测量变压器一次绕组阻值，使用万用表电阻挡，见图7-2右图，实测阻值为无穷大，说明一次绕组回路有开路故障，应重点检查保险管和一次绕组阻值。

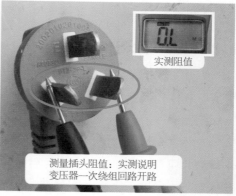

图7-2　测量插座电压和插头阻值

3. 测量保险管和一次绕组阻值

取下室内机外壳，依旧使用万用表电阻挡，见图7-3，首先测量保险管阻值，实测为 0Ω ，说明保险管正常。测量变压器一次绕组阻值时，正常约 $250\sim600\Omega$ ，而实测为无穷大，判断变压器一次绕组开路损坏。

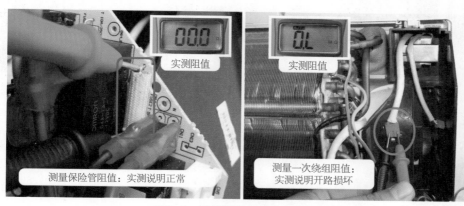

图7-3　测量保险管和变压器阻值

维修措施：见图7-4，更换变压器。更换后使用万用表电阻挡测量电源插头 L 与 N 阻值约为 470Ω ，空调器上电后导风板立即运行并自动关闭。

图7-4　更换变压器后测量插头阻值

二、接收器损坏，不接收遥控信号

故障说明：海信KFR-2601GW/BP挂式交流变频空调器，将电源插头插入电源，导风板自动关闭，使用遥控器开机时，室内机没有反应。

1.按压应急开关试机和检查遥控器

见图7-5左图，按压显示板组件上应急开关按键，导风板自动打开，室内风机运行，制冷正常，判断故障为遥控器损坏或接收器损坏。

打开手机的摄像功能，见图7-5右图，并将遥控器发射头对准手机的摄像头，按压遥控器开关按键，在手机屏幕上能观察到遥控器发射头发出的白光，说明遥控器正常，判断接收器电路有故障。

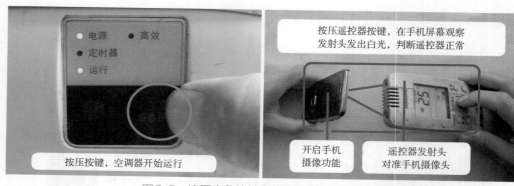

图7-5　按压应急按键和使用手机检测遥控器

2.测量接收器电压

使用万用表直流电压挡，见图7-6左图，黑表笔接地（GND），红表笔接电源引脚（V_{CC}），测量供电电压，正常电压为直流5V，实测为直流5V，说明供电电压正常。

见图7-6右图，红表笔接输出端引脚（OUT），测量输出电压，在静态即不接收遥控信号时电压应接近供电5V，而实测电压为直流3V，初步判断接收器出现故障。

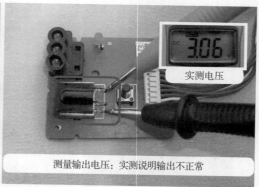

图7-6　测量接收器供电电压和输出电压

3.动态测量接收器输出端电压

见图7-7，按压遥控器开关按键，动态测量接收器输出端电压，接收器接收信号同时应有电压下降过程，而实测电压不变一直恒定为直流3V，确定接收器损坏。

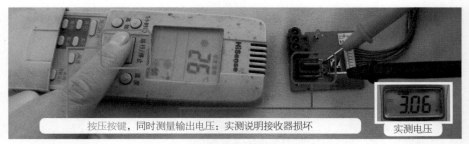

图 7-7　按压按键时测量接收器输出电压

维修措施：见图 7-8，本机接收器型号为 0038，更换接收器后按压遥控器"开关"按键，室内机主板蜂鸣器响一声后，导风板打开，室内风机运行，制冷正常，不接收遥控信号故障排除。

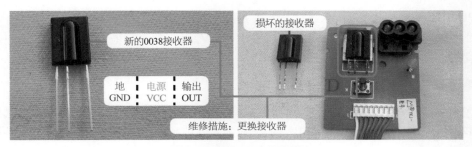

图 7-8　更换 0038 接收器

三、应急开关漏电，不定时开关机

故障说明：美的 KFR-23GW/DY-X（E5）空调器，将电源插头插入电源插座，一段时间以后，在不使用遥控器的情况下，蜂鸣器响一声，空调器自动启动，见图 7-9，显示板组件上显示设定温度为 24℃，室内风机运行；约 30s 后蜂鸣器响一声，显示板组件显示窗熄灭，空调器自动关机，室内风机处于"干燥"功能继续运行，但 30s 后，蜂鸣器再次响一声，显示窗显示为 24℃，空调器又处于开机状态。如果不拔下空调器的电源插头，将反复地进行开机和关机操作指令，同时空调器不制冷。

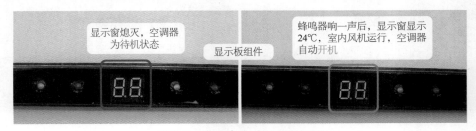

图 7-9　显示窗自动显示和熄灭

1. 测量 CPU ⑩ 脚电压

空调器开关机有两种控制程序：一是使用遥控器控制，二是主板应急开关电路。本例维修时取下遥控器的电池，遥控器不再发送信号，空调器仍然自动开关机，排除遥控器引起的故障，应检查应急开关电路。

使用万用表直流电压挡，见图 7-10，黑表笔接地（实接应急开关按键外壳铁皮），红表

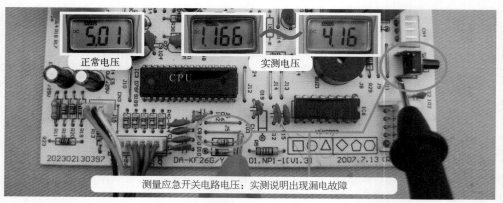

正常电压　　　　　　　　　　　实测电压

测量应急开关电路电压：实测说明出现漏电故障

图7-10　测量CPU按键引脚电压

笔接CPU引脚（实接短路环J5，相当于接⑩脚），测量电压，正常待机状态即按键SW1未按下时，CPU⑩脚电压为5V，实测电压在1～4V之间跳动变化，说明应急开关电路出现漏电故障。

2. 取下电容和应急开关按键试机

应急开关电路比较简单，外围元器件只有电阻R10、电容C12、应急开关按键SW1共3个。R10为供电电阻，不会引起漏电故障，只有C12或SW1漏电损坏，才能引起电压跳动变化的故障。

见图7-11左图，取下电容C12，测量CPU⑩脚电压仍在1～4V之间跳动变化，一段时间以后空调器仍然自动开机和关机。

装上电容C12，再将SW1取下，黑表笔接反相驱动器2003的⑧脚地，红表笔仍接短路环J5，见图7-11右图，测量CPU⑩脚电压为稳定的5V，不再跳动变化，同时空调器不再自动开机和关机，初步判断故障由应急开关按键SW1漏电引起。

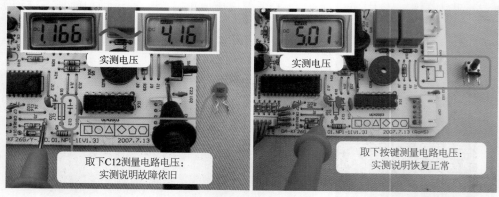

实测电压

取下C12测量电路电压：
实测说明故障依旧

实测电压

取下按键测量电路电压：
实测说明恢复正常

图7-11　取下电容及按键

3. 检测应急开关

使用万用表电阻挡，见图7-12，测量应急开关按键阻值，表笔接两个引脚，在按键未按下时，正常阻值应为无穷大，实测阻值在100kΩ上下浮动变化，确定按键漏电损坏。

维修措施： 见图7-13左图，更换按键开关SW1。如果暂时没有按键更换，可直接取下按键，见图7-13右图，这样对电路没有影响，使用遥控器完全可以操作空调器的运行，只是少了应急开关的功能，待有配件了再安装。

图 7-12　测量应急开关按键阻值

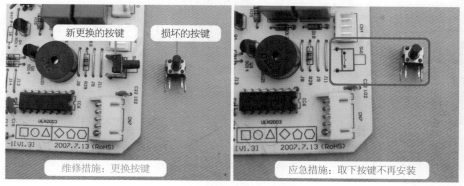

图 7-13　更换按键和取下按键

四、管温传感器损坏，室外机不工作

故障说明：海信 KFR-25GW 空调器，遥控开机后室内风机运行，但压缩机和室外风机均不运行，显示板组件上的"运行"指示灯也不亮。在室内机接线端子上测量压缩机与室外风机供电电压为交流 0V，说明室内机主板未输出供电。根据开机后"运行"指示灯不亮，说明输入部分电路出现故障，CPU 检测后未向继电器电路输出控制电压，因此应检查传感器电路。电路原理图参见图 4-42。

1. 测量环温和管温传感器插座分压点电压

使用万用表直流电压挡，见图 7-14，将黑表笔接地（本例实接复位集成块 34064 地脚），红表笔接插座分压点，测量电压（此时房间温度约 25℃），两个插座的电压值均应接近 2.5V，测量环温传感器分压点电压约 2.5V，管温传感器分压点电压为 4.1V，实测说明环温传感器电路正常，应重点检查管温传感器电路。

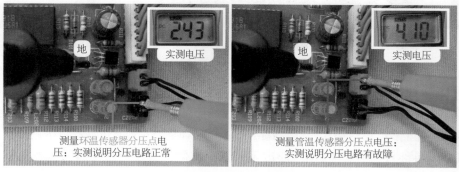

图 7-14　测量环温和管温传感器插座分压点电压

2. 测量管温传感器阻值

见图7-15，断电并将管温传感器从蒸发器检测孔抽出（防止蒸发器温度影响测量结果），等待一定时间使传感器表面温度接近房间温度，再使用万用表电阻挡测量插头两端，正常阻值应接近5kΩ，实测阻值约为1kΩ，说明管温传感器阻值变小损坏。

图7-15　测量管温传感器阻值

 说明

本例空调器传感器使用型号为25℃/5kΩ。

维修措施： 见图7-16，更换管温传感器，更换后上电测量管温传感器分压点电压为直流2.5V，与环温传感器的分压点电压值相同，遥控开机后，显示板组件上的"电源""运行"指示灯点亮，室外风机和压缩机运行，空调器制冷正常。

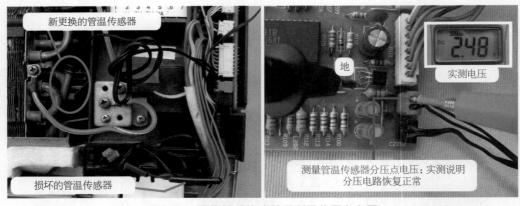

图7-16　更换管温传感器后测量分压点电压

应急措施： 在夏季维修时，如果暂时没有配件更换，而用户又十分着急使用，见图7-17，可以将环温与管温传感器插头互换，并将环温传感器探头插在蒸发器内部，管温传感器探头放在检测温度的支架上。开机后空调器能应急制冷，但没有温度自动控制功能（即空调器不停机一直运行），应告知用户待房间温度下降到一定值，再使用遥控器关机或拔下空调器电源插头。

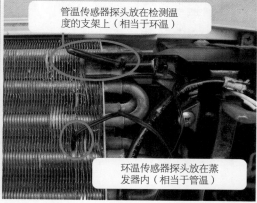

管温传感器探头放在检测温度的支架上（相当于环温）

对调环温与管温传感器插头

环温传感器探头放在蒸发器内（相当于管温）

图7-17　调换环温与管温传感器插头

第二节　室外机电控系统故障

一、电容损坏，压缩机不运行

故障说明：海信KFR-25GW空调器，开机后不制冷，室外风机运行但压缩机不运行。图7-18为室外机电气接线图。

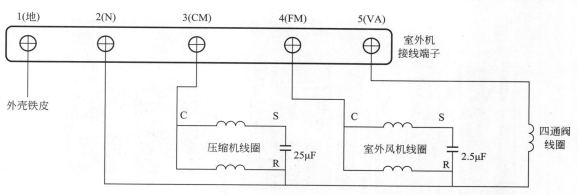

图7-18　室外机电气接线图

1. 测量压缩机电压和线圈阻值

制冷开机，使用万用表交流电压挡，见图7-19左图，在室外机接线端子上测量2N（电源零线）与3CM（压缩机供电）端子电压，正常值为交流220V左右，实测电压为220V，说明室内机主板已输出供电。

断开空调器电源，使用万用表电阻挡，见图7-19右图，测量2N与3CM端子阻值（相当于测量压缩机公共端与运行绕组），正常值约为3Ω，实测结果为无穷大，说明压缩机线圈回路有断路故障。

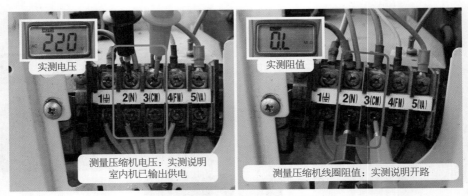

实测电压

测量压缩机电压：实测说明
室内机已输出供电

实测阻值

测量压缩机线圈阻值：实测说明开路

图7-19　测量压缩机电压和线圈阻值

2. 为压缩机降温

询问用户空调器已开启一段时间，用手摸压缩机相对应的外壳温度很高，大致判断压缩机内部过载保护器触点断开。

取下室外机外壳，见图7-20，手摸压缩机外壳烫手，确定内部过载保护器由于温度过高触点断开保护，将毛巾放在压缩机上部，使用凉水降温，同时测量2N和3CM端子的阻值，当由无穷大变为正常阻值时，说明内部过载保护器触点已闭合。

> 🌀 **说明**
>
> 内部过载保护器串接在压缩机线圈公共端，位于上部顶壳，用凉水为压缩机降温时，将毛巾放在顶部可使过载保护器触点迅速闭合。

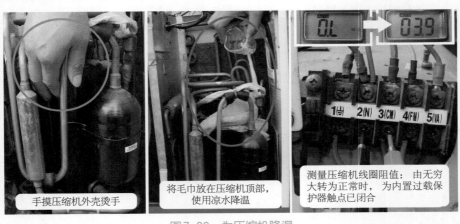

手摸压缩机外壳烫手

将毛巾放在压缩机顶部，
使用凉水降温

测量压缩机线圈阻值：由无穷
大转为正常时，为内置过载保
护器触点已闭合

图7-20　为压缩机降温

3. 压缩机启动不起来

测量2N与3CM端子阻值正常后上电开机，见图7-21左图，压缩机发出约30s"嗡嗡"的声音，停止约20s再次发出"嗡嗡"的声音。

在压缩机启动时使用万用表交流电压挡，见图7-21中图，测量2N与3CM端子电压，由交流220V（未发出声音时的电压，即静态）下降到199V（压缩机发出"嗡嗡"声时的电压，即动态），说明供电正常。

同时使用万用表电流挡，见图7-21右图，在压缩机启动时测量压缩机电流约20A，综合判断压缩机启动不起来。

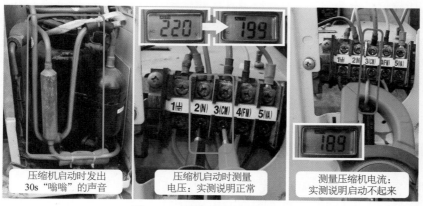

图7-21　测量启动电压和电流

4. 检查压缩机电容

在供电电压正常的前提下，压缩机启动不起来最常见的原因是电容无容量损坏，见图7-22，取下电容使用2根引线接在2个端子上，并通上交流220V充电约1s，拔出后短接2个引线端子，电容正常时会发出很大的响声，并冒出火花，本例在短接引线端子时既没有响声，也没有火花，判断电容无容量损坏。

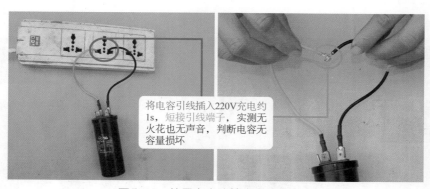

图7-22　使用充电法检查压缩机电容

维修措施：见图7-23，更换压缩机电容，更换后上电开机，压缩机运行，空调器开始制冷，再次测量压缩机电流为4.4A，故障排除。

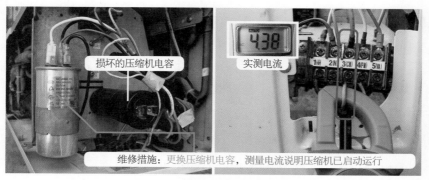

图7-23　更换压缩机电容后电流正常

维修总结：

① 压缩机电容损坏在不制冷故障中占到很大比例，通常发生在使用2～3年以后。

② 如果用户报修为不制冷故障，应告知用户不要开启空调器，因为假如故障原因为压缩机电容损坏或系统缺氟故障，均会导致压缩机温度过高造成内置过载保护器触点断开保护，在检修时还要为压缩机降温，增加维修的时间。

③ 在实际检修中，如果故障为压缩机启动不起来并发出"嗡嗡"的响声，一般不用测量直接更换压缩机电容即可排除故障；新更换电容容量误差在原电容容量的20%以内也可正常使用。

二、压缩机卡缸，空调器不制冷

故障说明：美的KFR-26GW/I1Y空调器，遥控开机后不制冷，检查室外风机运行，但压缩机启动不起来，发出断断续续的"嗡嗡"声。

1. 测量压缩机工作电压和电流

使用万用表交流电压挡，见图7-24左图，黑表笔接2N端子（电源零线）、红表笔接1号端子（压缩机引线）测量电压，在没有声音时（即静态）电压为交流222V，发出"嗡嗡"声时电压下降至交流199V，说明电源供电正常。

再使用万用表交流电流挡，见图7-24右图，钳头夹住1号端子引线测量压缩机电流，正常约为4A，实测发出"嗡嗡"时电流接近20A，没有声音时电流为0A，说明不制冷故障是由于压缩机启动不起来，应检查压缩机电容是否正常。

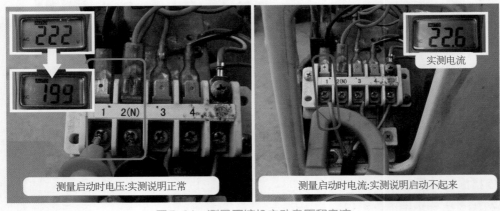

测量启动时电压：实测说明正常　　　　测量启动时电流：实测说明启动不起来

图7-24　测量压缩机启动电压和电流

2. 代换压缩机电容

取下压缩机电容，见图7-25，在2个端子上接上引线并用交流220V充电约1s，拔出引线短接2个端子，正常时有很响的声音，实际短接时也有很响的声音，说明压缩机电容正常，试使用一个正常同容量的电容代换，上电试机压缩机仍启动不起来，判断压缩机线圈故障或卡缸（即内部机械部分锈在一起）损坏。

3. 测量线圈阻值

断开空调器电源，使用万用表电阻挡，见图7-26，表笔接运行绕组（R、红线、位于电容上的多数端子）和公共端（C、黑线、位于室外机接线端子的1号端子），实测阻值为

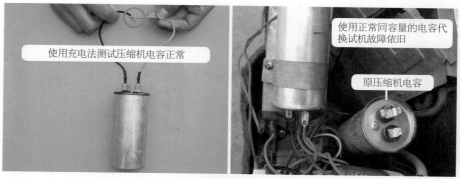

使用充电法测试压缩机电容正常

使用正常同容量的电容代换试机故障依旧

原压缩机电容

图7-25　使用充电法测量压缩机电容并代换试机

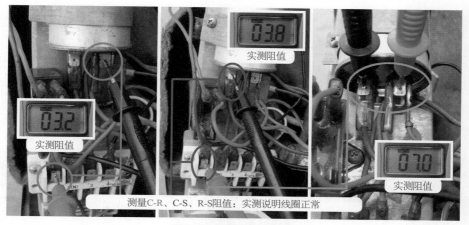

实测阻值

实测阻值

实测阻值

实测阻值

测量C-R、C-S、R-S阻值：实测说明线圈正常

图7-26　测量线圈阻值

3.2Ω；表笔接公共端和启动绕组（S、蓝线、位于电容上的少数端子），实测阻值为3.8Ω；表笔接运行绕组和启动绕组，实测阻值为7Ω；根据阻值结果RS（7Ω）=CR（3.2Ω）+CS（3.8Ω），判断压缩机线圈阻值正常，说明压缩机卡缸损坏。

　　维修措施：更换压缩机。

　　维修总结：

　　① 压缩机未启动时电压在正常范围以内（交流220V±10%即交流198～242V），但压缩机启动时电压会下降到交流160V左右，这是电源电压低引起的启动不起来的故障。

　　② 压缩机启动绕组开路或引线与接线端子接触不良，也会发生压缩机启动不起来的故障。

　　③ 压缩机电容无容量或容量减小，这是由启动力矩减小引起的压缩机启动不起来的故障。

　　④ 因此检修压缩机启动不起来故障时，测量启动时的工作电压、线圈阻值、电容全部正常后，才能判断为压缩机卡缸损坏。

三、压缩机线圈对地短路，通电空气开关跳闸

　　故障说明：海信KFR-25GW空调器，通电后空气开关跳闸。

1. 通电后空气开关跳闸

　　见图7-27，将空调器电源插头插在插座上后，空气开关随即跳闸断开，说明空调器电控系统有短路故障。

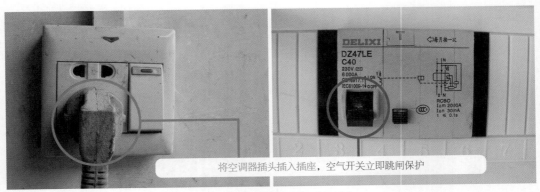

将空调器插头插入插座，空气开关立即跳闸保护

图7-27　通电后空气开关跳闸

2. 测量电源插头N与地阻值

使用万用表电阻挡，见图7-28左图，2个表笔分别接电源插头N与地端子测量阻值，正常应为无穷大，实测阻值约100Ω，确定空调器存在短路故障。

为区分故障点在室内机还是在室外机，见图7-28中图和右图，将室外机接线端子上引线全部取下，并保持互不相连，再次测量电源插头N与地端子阻值已为无穷大，说明室内机和连接线阻值正常，故障点在室外机。

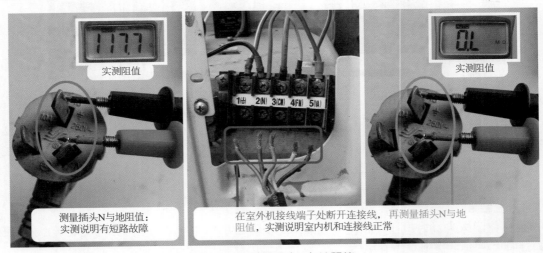

测量插头N与地阻值：实测说明有短路故障

在室外机接线端子处断开连接线，再测量插头N与地阻值，实测说明室内机和连接线正常

图7-28　测量插头N与地阻值

3. 测量室外机接线端子上N与地阻值

使用万用表电阻挡，见图7-29左图，黑表笔接地（实接室外机外壳固定螺钉）、红表笔接室外机接线端子上2N端子测量阻值，正常应为无穷大，实测结果约100Ω，确定室外机存在短路故障。

由于室外机电控系统负载有压缩机、室外风机、四通阀线圈，而压缩机最容易发生短路故障，因此拔下压缩机的3根引线，见图7-29中图和右图，再次测量2N端子与地阻值已为无穷大，说明室外风机和四通阀线圈正常，故障点在压缩机。

4. 测量压缩机接线端子对地阻值

使用万用表电阻挡，见图7-30（a），黑表笔接地（实接固定板铁壳）、红表笔接压缩机引线测量对地阻值，正常应为无穷大，实测约100Ω，说明压缩机线圈对地短路。

空调维修从入门到精通——定频空调 + 变频空调维修合集

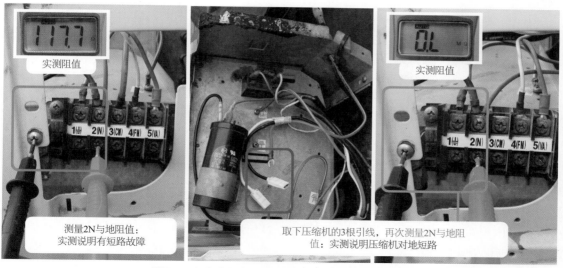

实测阻值

实测阻值

测量2N与地阻值：
实测说明有短路故障

取下压缩机的3根引线，再次测量2N与地阻
值：实测说明压缩机对地短路

图7-29　在室外机接线端子上测量N端与地阻值

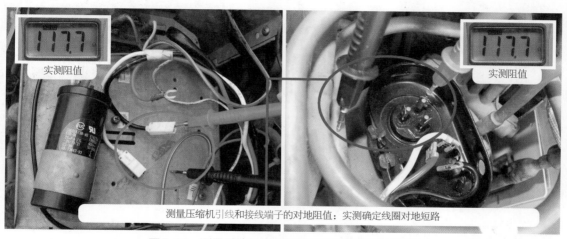

实测阻值

实测阻值

测量压缩机引线和接线端子的对地阻值：实测确定线圈对地短路

图7-30　测量压缩机线圈引线和接线端子对地阻值

　　为准确判断，取下压缩机接线盖和连接线，使用万用表电阻挡，见图7-30右图，表笔分别接室外机铜管（相当于接地）和接线端子，直接测量压缩机接线端子对地阻值仍约为100Ω，确定压缩机线圈对地短路损坏。

　　维修措施：更换压缩机。

　　维修总结：

　　① 本例压缩机线圈对地短路，上电后空气开关跳闸在维修中占到一定的比例，多见于目前生产的空调器，而早期生产的空调器压缩机一般很少损坏。

　　② 线圈对地短路阻值部分空调器接近0Ω，部分空调器则为200kΩ左右，阻值差距较大，但都会引起通电后空气开关跳闸的故障。

　　③ 空气开关如果带有漏电保护功能，则表现为空调器通电后，空气开关立即跳闸；如果空气开关不带漏电保护功能，则通常表现为空调器开机后空气开关跳闸。

　　④ 需要测量空调器的绝缘电阻时，应使用万用表电阻挡测量电源插头N端（电源零线）与地端阻值，不能测量L端（电源相线）与地端，原因是电源零线直接为室内机和室外机的

电气元件供电，而电源相线则通过继电器触点（或光耦晶闸管）供电。

四、连接线接错，室外风机不运行

故障说明：某型号挂式空调器，开机后不制冷，到室外机查看，压缩机运行，但室外风机不运行。

1. 测量室外风机电压

使用万用表交流电压挡，见图7-31左图，在室外机接线端子上黑表笔接2N端子、红表笔接4号端子（FM代表室外风机）测量室外风机电压，正常值为电源电压约交流220V，实测为0V，说明室外风机未运行是由于没有供电所致。

到室内机接线端子上测量室外风机供电（N与FM端子），见图7-31右图，实测为交流220V，说明室内机主板已输出供电，应检查连接线是否断路或接错。

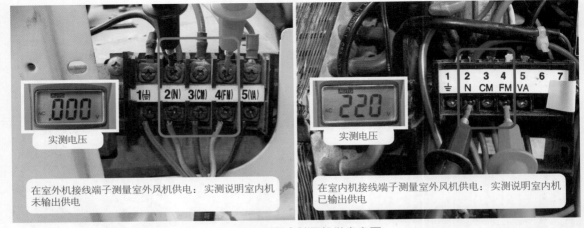

图7-31　测量室外风机供电电压

2. 测量室外风机线圈阻值和电压

断开空调器电源，见图7-32左图，使用万用表电阻挡（表笔接N和FM端子），在室内机接线端子上测量室外风机线圈阻值（相当于测量公共端和运行绕组），正常约200Ω，实测约

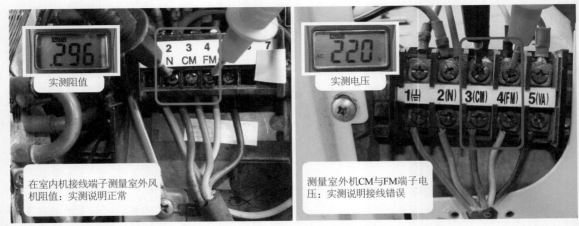

图7-32　测量室外风机线圈阻值和电压

300Ω，说明室外风机线圈阻值正常，且室内外机连接线没有断路故障。

由于连接线正常且室内机主板已输出供电，重新上电开机，在室外机接线端子上红表笔接FM端子，黑表笔接其他端子测量电压，见图7-32右图，当测量到CM（压缩机）端子时为正常电压交流220V，大致判断室内外机连接线接线错误。

3.检查室内机和室外机接线端子连接线接线顺序

断开空调器电源，查看室内机和室外机接线端子上连接线接线顺序，见图7-33，室内机顺序：1地为黄绿线、2N为蓝线、3CM为棕线、4FM为白线、5VA为黑线。室外机顺序：1地为黄绿线、2N为棕线、3CM为蓝线、4FM为白线、5VA为黑线，查看结果说明室内机和室外机接线端子上2N和3CM端子连接线接反。

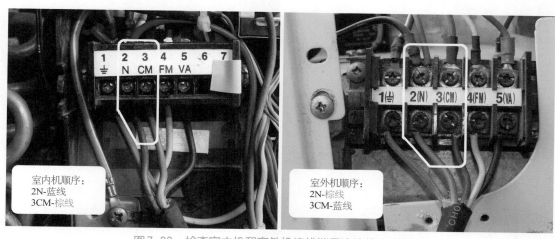

图7-33 检查室内机和室外机接线端子连接线接线顺序

维修措施：见图7-34，在室外机接线端子对调2号与3号引线位置，使之与室内机相对应，再次通电开机后测量2N与4FM端子电压为交流220V，室外风机运行，故障排除。

图7-34 对调室外机接线端子2号和3号引线位置

维修总结：本例由于室外机2N与3CM端子连接线接反，3CM端子变为电源零线、2N端子变为压缩机供电，因此压缩机供电不受影响能正常运行，而4FM端子（室外风机供电）与

2N端子不能形成回路，电压为交流0V，室外风机因无供电而不能运行。

五、交流接触器线圈开路，压缩机不工作

故障说明：美的KFR-71LW/SDY-S3柜式空调器，见图7-35，开机后显示屏显示正常，但空调器不制冷，到室外机检查，室外风机运行但压缩机不运行。

图7-35　室外风机运行但压缩机不运行

1. 查看交流接触器和按压强制按钮

压缩机供电由交流接触器提供，首先查看室外机电控盒内的交流接触器，见图7-36，发现未吸合，使用螺丝刀顶住强制按钮使触点闭合，压缩机开始运行，手摸压缩机吸气管变凉、排气管变热，说明空调器不制冷故障为交流接触器触点未吸合引起的。

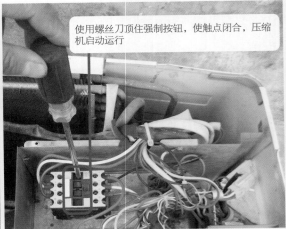

图7-36　查看交流接触器和按压强制按钮

2. 测量交流接触器线圈电压和阻值

使用万用表交流电压挡，见图7-37，测量交流接触器线圈电压为交流220V，说明室内机主板已输出压缩机运行的控制电压；断开空调器电源，使用万用表电阻挡，测量交流接触器线圈阻值为无穷大，初步判断线圈开路损坏。

实物图在测量线圈阻值时，为使图片清晰，取下了交流接触器的输入侧引线，实际测量时不用取下引线。

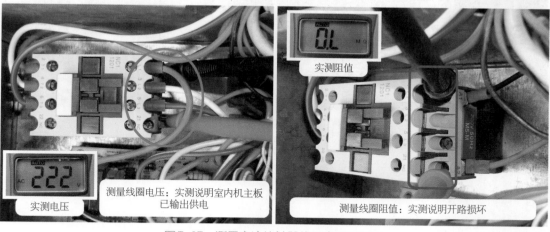

测量线圈电压：实测说明室内机主板已输出供电

实测电压

实测阻值

测量线圈阻值：实测说明开路损坏

图7-37　测量交流接触器线圈电压和阻值

3. 取下交流接触器和测量线圈阻值

　　取下交流接触器，使用万用表电阻挡测量线圈的接线端子，见图7-38，阻值仍为无穷大，而正常阻值约500Ω，从而确定故障为交流接触器线圈开路损坏。

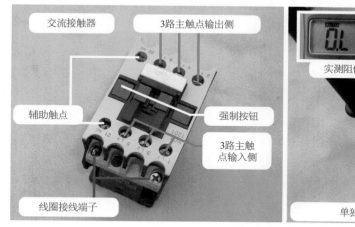

交流接触器

3路主触点输出侧

辅助触点

强制按钮

3路主触点输入侧

线圈接线端子

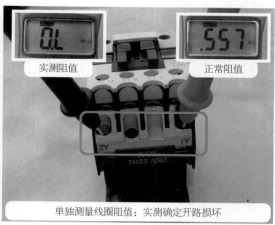

实测阻值

正常阻值

单独测量线圈阻值：实测确定开路损坏

图7-38　取下交流接触器和测量线圈阻值

　　维修措施：见图7-39，更换交流接触器，开机后交流接触器触点吸合，压缩机得电运行，空调器制冷恢复正常。

　　交流接触器的线圈电压有交流380V和交流220V两种，更换时应选用相同型号，否则容易损坏线圈使之开路损坏。

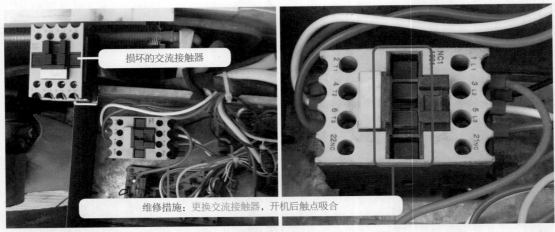

损坏的交流接触器

维修措施：更换交流接触器，开机后触点吸合

图7-39 更换交流接触器

第二篇

变频空调器
维修

第八章
变频空调器维修基础

　　本节选用格力空调器定频和变频的两款机型，比较两类空调器硬件之间的相同点和不同点，使读者对变频空调器有初步的了解。

　　定频空调器选用具有典型特点的机型KFR-23GW/（23570）Aa-3，变频空调器选用KFR-32GW/（32556）FNDe-3，是一款普通的直流变频空调器。

一、室内机

1. 外观

　　室内机外观见图8-1，两类空调器的进风格栅、进风口、出风口、导风板、显示板组件设计形状或作用基本相同，部分部件甚至可以通用。

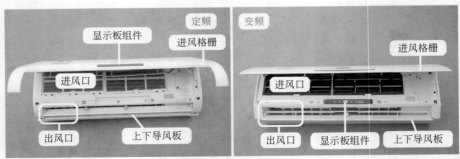

图8-1　室内机外观

2. 主要部件设计位置

　　主要部件设计位置见图8-2，两类空调器的主要部件设计位置基本相同，包括蒸发器、电控盒、接水盘、步进电机、导风板、贯流风扇、室内风机等。

3. 制冷系统部件

　　室内机制冷系统部件见图8-3，两类空调器中设计相同，只有蒸发器。

4. 通风系统

　　室内机通风系统见图8-4，两类空调器通风系统使用相同形式的贯流风扇，均由带有霍尔反馈功能的PG电机驱动，贯流风扇和PG电机在两类空调器中可以相互通用。

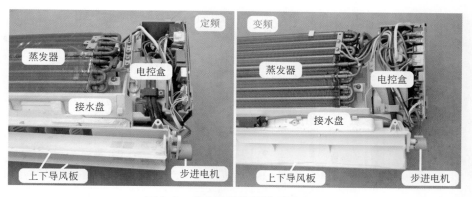

图8-2　室内机主要部件设计位置

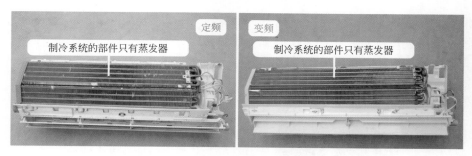

图8-3　室内机制冷系统部件

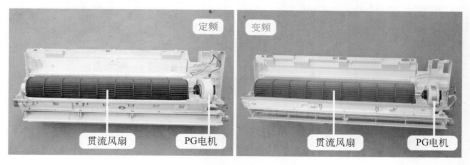

图8-4　室内机通风系统

5. 辅助系统

接水盘和导风板在两类空调器的设计位置和作用相同。

6. 电控系统

两类空调器的室内机主板，在控制原理方面最大的区别在于，定频空调器的室内机主板是整个电控系统的控制中心，对空调器整机进行控制，室外机不再设置电路板；变频空调器的室内机主板只是电控系统的一部分，工作时处理输入的信号，处理后传送至室外机主板，才能对空调器整机进行控制，也就是说室内机主板和室外机主板一起才能构成一套完整的电控系统。

① 室内机主板　由于两类空调器的室内机主板单元电路相似，在硬件方面有许多相同的地方。见图8-5，其中不同之处在于定频空调器室内机主板使用3个继电器为室外机压缩机、室外风机、四通阀线圈供电；变频空调器的室内机主板只使用1个继电器为室外机供电，并增加通信电路和室外机主板传递信息。

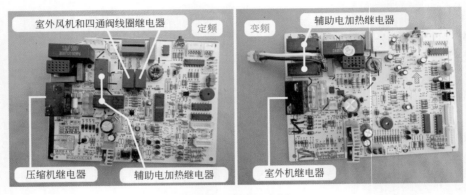

图8-5　室内机主板

② 接线端子　从两类空调器接线端子上也能看出控制原理的区别，见图8-6，定频空调器的室内机和室外机连接线端子上共有5根引线，分别是零线、压缩机引线、四通阀线圈引线、室外风机引线、地线；而变频空调器则只有4根引线，分别是零线、通信线、相线、地线。

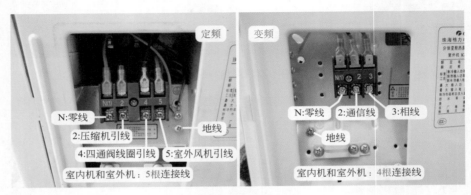

图8-6　室外机接线端子

二、室外机

1. 外观

室外机外观见图8-7，从外观上看，两类空调器进风口、出风口、管道接口、接线端子等部件的位置和形状基本相同，没有明显的区别。

图8-7　室外机外观

2. 主要部件设计位置

主要部件设计位置见图8-8，室外机的主要部件如冷凝器、室外风扇（轴流风扇）、室外风机（轴流电机）、压缩机、毛细管、四通阀、电控盒的设计位置也基本相同。

图8-8　室外机主要部件设计位置

3. 制冷系统

在制冷系统方面，两类空调器中的冷凝器、毛细管、四通阀、单向阀和辅助毛细管等部件，设计的位置和工作原理基本相同，有些部件可以通用，见图8-9。

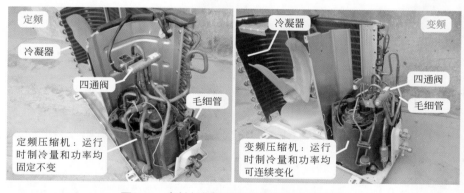

图8-9　室外机制冷系统主要部件安装位置

两类空调器最大的区别在于压缩机，其设计位置和作用相同，但工作原理（或称为工作方式）不同，定频空调器供电为市电交流220V，由室内机主板提供，转速、制冷量、耗电量均为额定值，而变频空调器压缩机的供电由模块提供，运行时转速、制冷量、耗电量均可连续变化。

4. 节流方式

节流方式见图8-10，定频空调器通常使用毛细管作为节流方式，交流变频空调器和直流变频空调器也通常使用毛细管作为节流方式，只有部分全直流变频空调器或高档空调器使用电子膨胀阀。

5. 通风系统

通风系统见图8-11，两类空调器的室外机通风系统部件为室外风机和室外风扇，工作原理和外观基本相同，室外风机均使用交流220V供电，不同的地方是，定频空调器由室内机主板供电，变频空调器由室外机主板供电。

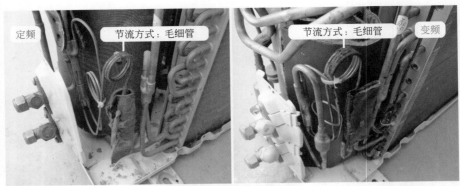

图8-10　室外机节流方式

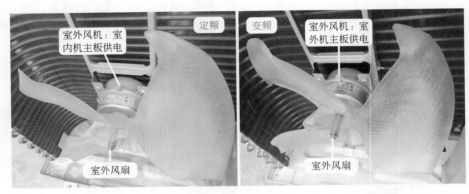

图8-11　室外机通风系统

6. 四通阀

两类空调器的制冷/制热模式转换部件均为四通阀，见图8-12，工作原理和设计位置相同，四通阀在两类空调器中也可以通用，四通阀线圈供电均为交流220V，不同的地方是，定频空调器由室内机主板供电，变频空调器由室外机主板供电。

图8-12　室外机四通阀

7. 电控系统

两类空调器硬件方面最大的区别是室外机电控系统，区别如下。

① 室外机主板和模块　见图8-13，定频空调器室外机未设置电控系统，只有压缩机电容和室外风机电容，而变频空调器则设计有复杂的电控系统，主要部件是室外机主板和模块等。

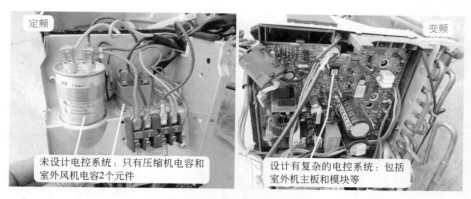

图8-13　室外机电控系统

② 压缩机工作方式　压缩机工作方式见图8-14。

图8-14　压缩机工作方式

定频空调器压缩机由电容直接启动运行，工作电压为交流220V、频率50Hz、转速约2900r/min。

变频空调器压缩机由模块供电，工作电压为交流30 ～ 220V、频率15 ～ 120Hz、转速1500 ～ 9000r/min。

③ 电磁干扰保护　电磁干扰保护见图8-15。

变频空调器由于模块等部件工作在开关状态，使得电路中电流谐波成分增加，降低功率因数，因此增加滤波电感等部件，定频空调器则不需要设计此类部件。

图8-15　电磁干扰保护

④ 温度检测　温度检测见图8-16。

变频空调器为了对压缩机运行时进行最好的控制，设计了室外环温传感器、室外管温传感器、压缩机排气传感器，定频空调器一般没有设计此类器件（只有部分机型设置有室外管温传感器）。

图8-16　温度检测

三、硬件区别

1. 通风系统

室内机均使用贯流式通风系统，室外机均使用轴流式通风系统，两类空调器相同。

2. 制冷系统

均由压缩机、冷凝器、毛细管、蒸发器四大部件组成。区别是压缩机工作原理不同。

3. 主要部件设计位置

两类空调器基本相同。

4. 电控系统

两类空调器电控系统工作原理不同，硬件方面室内机有相同之处，最主要的区别是室外机电控系统。

5. 压缩机

压缩机是定频空调器和变频空调器最根本的区别，变频空调器的室外机电控系统就是为控制变频压缩机而设计。

也可以简单地理解为，将定频空调器的压缩机换成变频压缩机，并配备与之配套的电控系统（方法是增加室外机电控系统，更换室内机主板部分元件），那么这台定频空调器就可以改称为变频空调器。

一、变频空调器节电原理和工作原理

1. 节电原理

最普通的交流变频空调器和典型的定频空调器相比，只是压缩机的运行方式不同，定频空调器压缩机供电由市电直接提供，电压为交流220V，频率为50Hz，理论转速为3000r/min，运行时由于阻力等原因，实际转速约为2900r/min，因此制冷量也是固定不变的。

变频空调器压缩机的供电由模块提供，模块输出的模拟三相交流电，频率可以在15～120Hz之间变化，电压可以在30～220V之间变化，因而压缩机转速可以在1500～9000r/min的范围内运行。

压缩机转速升高时，制冷量随之加大，制冷效果加快，制冷模式下房间温度迅速下降，相对应此时空调器耗电量也随之上升；当房间内温度下降到设定温度附近时，电控系统控制压缩机转速降低，制冷量下降，维持房间温度，相对应的此时耗电量也随之下降，从而达到节电的目的。

2. 工作原理

图8-17为变频空调器工作原理方框图，图8-18为变频空调器工作原理实物图。

室内机主板CPU接收遥控器发送的设定模式和设定温度的信号，与室内环温传感器温度相比较，如达到开机条件，控制室内机主控继电器触点闭合，向室外机供电；室内机主板CPU同时根据室内管温传感器温度信号，结合内置的运行程序计算出压缩机的目标运行频

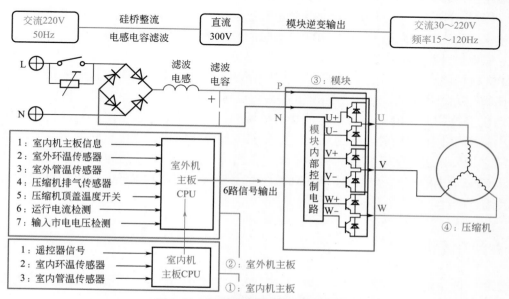

图8-17　变频空调器工作原理方框图

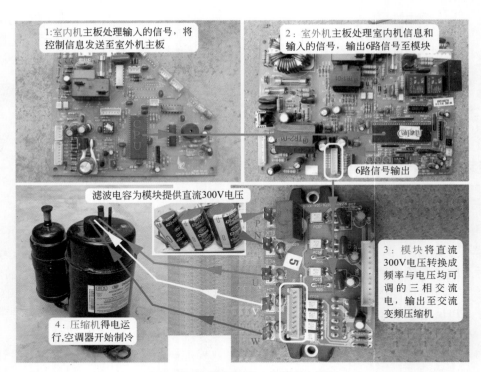

图8-18 变频空调器工作原理实物图

率，通过通信电路传送至室外机主板CPU，室外机主板CPU再根据室外环温传感器、室外管温传感器、压缩机排气传感器、市电电压等信号，综合室内机主板CPU传送的信息，得出压缩机的实际运行频率，输出控制信号至IPM模块。

IPM模块是将直流300V转换为频率和电压均可调的三相变频装置，内含6个大功率IGBT开关管，构成三相上下桥式驱动电路，室外机主板CPU输出的控制信号使每只IGBT导通180°，且同一桥臂的两只IGBT一只导通时，另一只必须关断，否则会造成直流300V直接短路。且相邻两相的IGBT导通相位差为120°，在任意360°内都有三只IGBT开关管导通以接通三相负载。在IGBT导通与截止的过程中，输出的三相模拟交流电中带有可以变化的频率，且在一个周期内，如IGBT导通时间长而截止时间短，则输出的三相交流电的电压相对应就会升高，从而达到频率和电压均可调的目的。

IPM模块输出的三相模拟交流电，加在压缩机的三相感应电机上，压缩机运行，系统工作在制冷或制热模式。如果室内温度与设定温度的差值较大，室内机主板CPU处理后送至室外机主板CPU，输出控制信号使IPM模块内部的IGBT导通时间长而截止时间短，从而输出频率和电压均相对较高的三相模拟交流电加至压缩机，压缩机转速加快，单位制冷量也随之加大，达到快速制冷的目的；反之，当房间温度与设定温度的差值变小时，室外机主板CPU输出的控制信号，使得IPM模块输出较低的频率和电压，压缩机转速变慢，降低制冷量。

二、变频空调器分类

变频空调器根据压缩机工作原理和室内风机、室外风机的供电状况可分为3种类型，即交流变频空调器、直流变频空调器、全直流变频空调器。

空调维修从入门到精通——定频空调+变频空调维修合集

1. 交流变频空调器

交流变频空调器见图8-19，是最早的变频空调器，也是目前市场上拥有量最大的类型，现在已经进入维修期或淘汰期。

室内风机和室外风机与普通定频空调器上相同，均为交流异步电机，由市电交流220V直接启动运行。只是压缩机转速可以变化，供电为IPM模块提供的模拟三相交流电。

制冷剂通常使用和普通定频空调器相同的R22，一般使用常见的毛细管作节流部件。

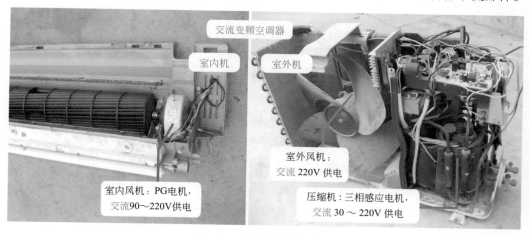

图8-19　交流变频空调器

2. 直流变频空调器

把普通直流电机由永磁铁组成的定子变为转子，将普通直流电机需要换向器和电刷提供电源的线圈绕组（转子）变成定子，这样省掉普通直流电机所必需的电刷，称为无刷直流电机。

使用无刷直流电机作为压缩机的空调器称为直流变频空调器，其在交流变频空调器基础上发展而来，整机的控制原理和交流变频空调器基本相同，只是在室外机电路板上增加了位置检测电路。

直流变频空调器见图8-20，室内风机和室外风机与普通定频空调器上相同，均为交流异步电机，由市电交流220V直接启动运行。

制冷剂早期机型使用R22，目前生产的机型多使用新型环保制冷剂R410A，节流部件同样使用常见且价格低廉但性能稳定的毛细管。

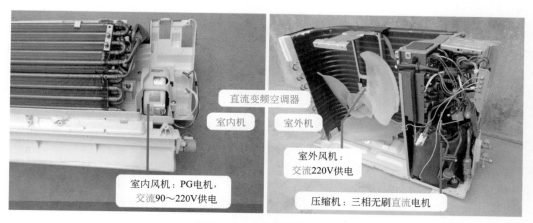

图8-20　直流变频空调器

第八章　变频空调器维修基础

3. 全直流变频空调器

全直流变频空调器见图8-21，目前属于高档空调器，在直流变频空调器基础上发展而来，与之相比最主要的区别是，室内风机和室外风机均使用直流无刷电机，供电为直流300V电压，而不是交流220V，同时压缩机也使用无刷直流电机。

制冷剂通常使用新型环保的R410A，节流部件也大多使用毛细管，只有少数品牌的机型使用电子膨胀阀，或采用电子膨胀阀和毛细管相结合的方式。

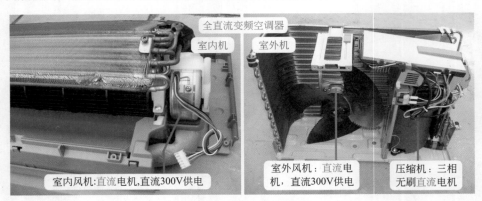

图8-21　全直流变频空调器

三、交流变频空调器和直流变频空调器异同

1. 相同之处

① 制冷系统　定频空调器、交流变频空调器、直流变频空调器的工作原理和实物基本相同，区别是压缩机工作原理和内部结构不同。

② 电控系统　交流变频空调器和直流变频空调器的控制原理、单元电路、硬件实物基本相同，区别是室外机主控CPU对模块的控制原理不同（即脉冲宽度调制方式PWM或脉冲幅度调制方式PAM不同），但控制程序内置在室外机CPU或存储器之中，实物看不到。

③ 模块输出电压（此处指万用表实测电压）　交流变频空调器IPM模块输出频率和电压均可调的模拟三相交流电，频率和电压越高，压缩机转速就越快。直流变频空调器的IPM模块同样输出频率和电压均可调的模拟三相交流电，频率和电压越高，压缩机转速就越快。

2. 整机不同之处

① 压缩机　交流变频空调器使用三相感应式电机，直流变频空调器使用无刷直流电机，两者的内部结构不同。

② 位置检测电路　直流变频空调器设有位置检测电路，交流变频空调器则没有。

3. 交流变频空调器和直流变频空调器模块不同之处

在实际应用中，同一个型号的模块既能驱动交流变频空调器的压缩机，也能驱动直流变频空调器的压缩机，所不同的是由模块组成的控制电路板不同。驱动交流变频压缩机的模块板通过改动程序（即修改CPU或存储器的内部数据），即可驱动直流变频压缩机。模块板硬件方面有以下几种区别。

① 模块板增加位置检测电路　仙童FSBB15CH60模块，在海信KFR-28GW/39MBP交流变频空调器中，见图8-22，驱动交流变频压缩机。

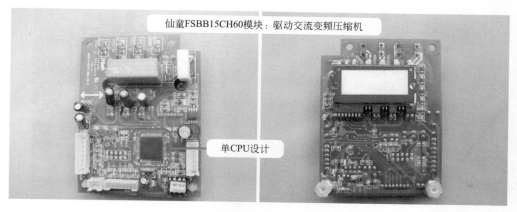

图8-22 海信KFR-28GW/39MBP模块板

海信**KFR-33GW/25MZBP**直流变频空调器中，见图8-23，基板上增加位置检测电路，驱动直流变频压缩机。

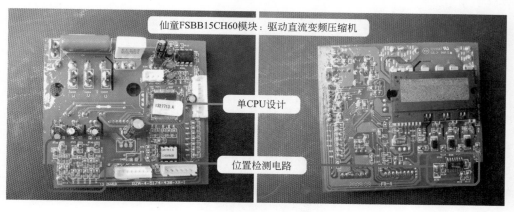

图8-23 海信KFR-33GW/25MZBP模块板

② 模块板双CPU控制电路 三洋**STK621-031（041）**模块，在海信**KFR-26GW/18BP**交流变频空调器中，见图8-24，驱动交流变频压缩机。

海信**KFR-32GW/27ZBP**中，见图8-25，模块板使用双CPU设计，其中一个CPU的作用是和室内机通信，采集温度信号，并驱动继电器等，另外一个CPU专门控制模块，驱动直流变频压缩机。

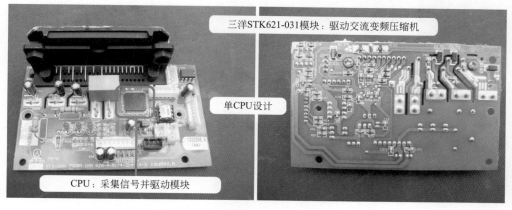

图8-24 海信KFR-26GW/18BP模块板

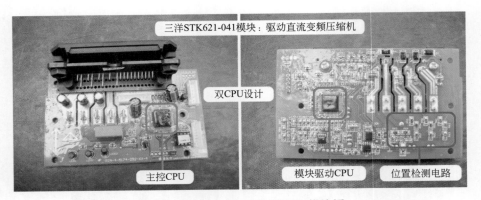

图 8-25 海信KFR-32GW/27ZBP模块板

③ 双主板双CPU设计电路　目前常用的一种设计型式设有室外机主板和模块板，见图8-26、图8-27，每块电路板上面均设计有CPU，室外机主板为主控CPU，作用是采集信号和驱动继电器等，模块板为模块驱动CPU，专门用于驱动变频模块和PFC模块。

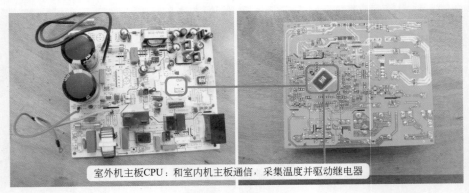

图 8-26　室外机主板

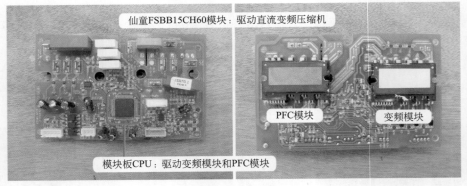

图 8-27　模块板

第九章
变频空调器专用元器件检测与维修

变频空调器在室外机增加电控系统用于驱动变频压缩机，因此许多元器件在定频空调器上没有使用，通常工作在电流较大的电路中，比较容易损坏。将专用元器件集结为一章，对其作用、实物外形、测量方法等作简单说明。

第一节　主要元器件

一、直流电机

1. 作用

直流电机应用在全直流变频空调器的室内风机和室外风机，安装位置见图9-1，作用与安装位置和普通定频空调器室内机的PG电机、室外机的轴流电机相同。

室内直流电机带动室内风扇（贯流风扇）运行，制冷时将蒸发器产生的冷量输送到室内。

室外直流电机带动室外风扇（轴流风扇）运行，制冷时将冷凝器产生的热量排放到室外，吸入自然空气为冷凝器降温。

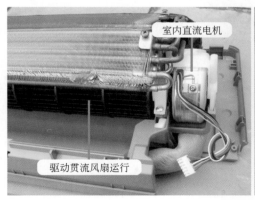

图9-1　室内和室外直流电机安装位置

2. 实物外形和内部结构

直流电机和交流电机的最主要的区别有两点，一是直流电机供电电压为直流300V，二是转子为永磁铁，直流电机也称为无刷直流电机。

由于室内直流电机和室外直流电机的内部结构基本相同，本小节以室内风机使用的直流电机为例，介绍内部结构等知识。

（1）实物外形和组成

见图9-2左图，示例电机为松下公司生产，型号为ARW40N8P30MS，8极（转速约750r/min），功率为30W，供电为直流280～340V。

见图9-2右图，直流电机由上盖、转子（含上轴承、下轴承）、定子（内含线圈和下盖）、控制电路板（主板）组成。

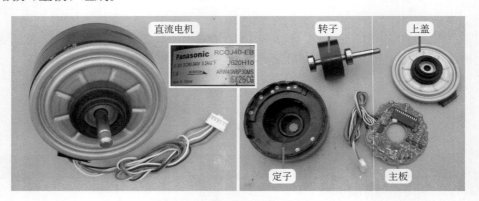

图9-2　实物外形和内部结构

（2）转子组件

见图9-3，转子主要由主轴、转子、上轴承、下轴承等组成。直流电机的转子和交流电机的转子不同的地方是，其由永久磁铁构成，表面有很强的吸力，将螺丝刀放在上面，能将铁杆部分紧紧地吸住。

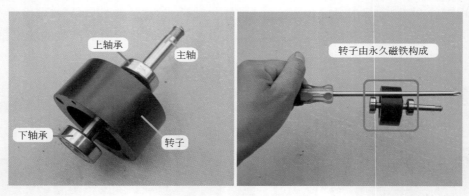

图9-3　转子组件

（3）定子组件

定子组件由定子和下盖组成，见图9-4。线圈塑封固定在定子内部，从外面看不到线圈，只能看到接线端子；下盖设有轴承孔，安装转子组件中的下轴承，将转子安装到下轴承孔时，转子的磁铁部分和定子在高度上相对应。

线圈塑封在定子内部，共引出4个接线端子，见图9-5左图，分别为线圈的中点、U、V、W。U-V-W和电机内部主板的模块上U-V-W对应连接，中点接线端子和主板不相连，相当于空闲的端子。

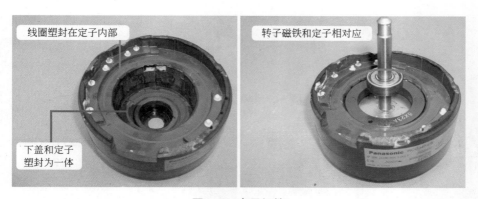

图9-4　定子组件

测量线圈的阻值时，使用万用表电阻挡，测量U和V、U和W、V和W的3次阻值应相等，见图9-5右图，实测约为80Ω。

图9-5　接线端子和测量线圈阻值

（4）主板

电机内部设有主板，见图9-6，主要由控制电路集成块、3个驱动电路集成块、1个模块、1束连接线（共5根引线）组成。

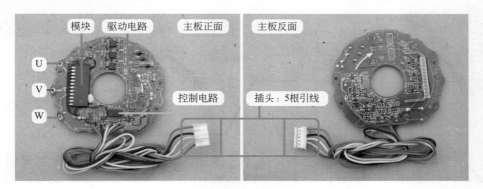

图9-6　主板

主要元件均位于主板正面，反面只设有简单的贴片元件。由于模块运行时热量较大，其表面涂有散热硅脂，紧贴在上盖，由上盖的铁壳为模块散热。

（5）5根连接线

见图9-7，无论是室内直流电机或室外直流电机，插头均只有5根连接线，插头一端连接

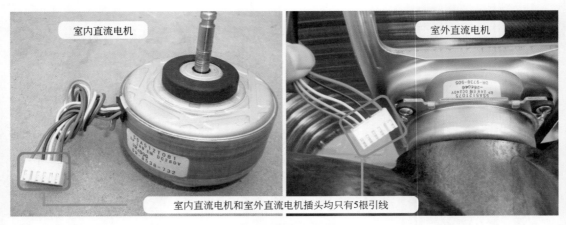

图9-7　5根连接线

电机内部的主板，插头另一端和室内机或室外机主板相连，为电控系统构成通路。

插头引线作用见图9-8。

红线V_{DC}：直流300V电压正极引线，和黑线直流地组合成为直流300V电压，为主板内模块供电，其输出电压驱动电机线圈。

黑线GND：直流电压300V和15V的公共端地线。

白线V_{CC}：直流15V电压正极引线，和黑线直流地组合成为直流15V电压，为主板的弱信号控制电路供电。

黄线V_{SP}：驱动控制引线，室内机或室外机主板CPU输出的转速控制信号，由驱动控制引线送至电机内部控制电路，控制电路处理后驱动模块可改变电机转速。

蓝线FG：转速反馈引线，直流电机运行后，内部主板输出实时的转速信号，由转速反馈引线送到室内机或室外机主板，供CPU分析判断，并与目标转速相比较，使实际转速和目标转速相对应。

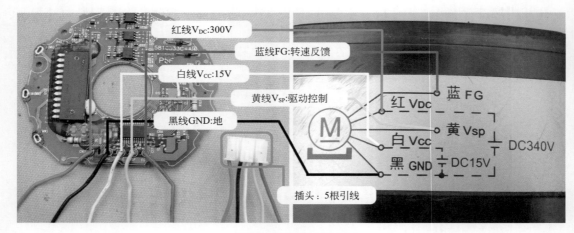

图9-8　插头引线作用

3. 直流电机和交流电机对比

虽然直流电机和室内PG电机、室外风机的作用及安装位置均相同，但两者的工作原理完全不同，是两种不同类型的电机，以室内直流电机、室内PG电机、室外风机（单速）为例进行比较，区别见表9-1。

表9-1　直流电机、室内PG电机、室外风机比较

序号	比较项目	直流电机	室内PG电机	室外风机
1	供电电压	直流300V	交流90～220V	交流220V
2	电机类型	直流电机	交流电机	交流电机
3	内部结构	控制电路板和 直流绕组电机	交流异步电机和 霍尔电路板	交流异步电机
4	启动方式	电机内部控制电路 直接启动运行	电容启动运行	电容启动运行
5	控制方式	由主板和电机内部 电路板两部分完成	以光耦晶闸管为核 心组成的驱动电路	以继电器为核心 组成的控制电路
6	控制电路	最复杂，由主板和电机内 部电路板两部分组成	比较简单	最简单
7	调速原理	电机内部电路板 改变输出电压值	室内机主板改变 交流电压有效值	单一风速不可调节
8	转速调节	转速可以调节且 调节范围较宽	转速可以调节但 调节范围较窄	单一风速不可调节
9	转速反馈	电机内部电路板 输出转速反馈信号	电机内部输出 霍尔反馈信号	无
10	引线数量	1个插头 5根引线	2个插头 各3根引线	一部分为3根引线， 一部分为4根引线
11	适用范围	全直流变频空调器的室内 风机和室外风机	交直流变频空调器、 定频空调器室内风机	交直流变频空调器、定频空调 器室外风机

4. 测量方法

由于直流电机由主板和电机绕组两部分组成，绕组接线端子与内部主板连接，因此不能像交流电机那样，使用万用表电阻挡通过测量电机绕组线圈的阻值就可以判断是否正常。也就是说，依靠万用表电阻挡测量直流电机的方法不准确，容易引起误判。准确的方法是，在主板通电时测量插头引线之间电压，根据电压值判断。

测量时使用万用表直流电压挡，由于直流电机的直流300V电压的地线与主板上直流5V电压的地线不相连（即不是同一个地线），因此在测量时要注意地线的选择。

室内直流电机和室外机直流电机的测量方法及判断结果均相同，本小节以三菱重工KFR-35GW/AIBP全直流变频空调器的室内直流电机为例进行说明。

（1）测量直流300V和15V电压

由于直流电机供电由主板提供，如果主板未供电或供电电压不正常，即使直流电机正常也不能运行，因此应首先测量直流300V和15V电压。

黑表笔黑线地、红表笔接红线测量模块供电电压：见图9-9左图，实测为直流310V。

黑表笔黑线地、红表笔接白线测量控制电路供电电压：见图9-9右图，实测为直流15V。

如果实测电压为直流310V和15V，说明主板供电正常；如果实测电压值为0V或低于正常值较多，说明主板供电电路出现故障，可以更换主板试机。

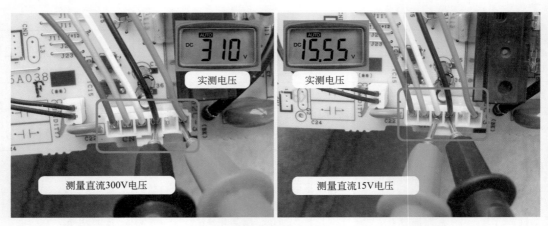

图9-9　测量直流300V和15V电压

（2）电机不运行故障，开机测量驱动控制引线电压

使用遥控器开机，主板CPU输出的驱动电压经光耦耦合，由驱动控制黄线送至直流电机内部电路板。

见图9-10，黑表笔接黑线地、红表笔接黄线测量驱动控制电压，正常运行时：低风2.7V、中风3.3V、高风3.7V，如果遥控器关机即处于待机状态，电压为0V。

直流电机不运行时，如实测电压值与上述电压值相同，说明主板输出驱动电压正常，在直流300V和15V电压正常的前提下，可以判断为直流电机损坏。如待机和开机状态下电压均为0V，则说明是主板故障，可更换试机。

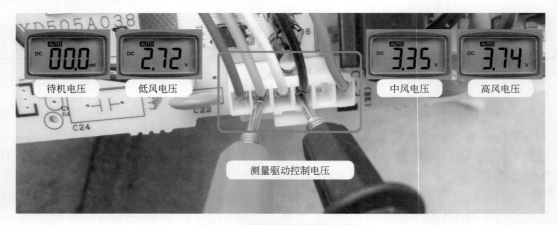

图9-10　测量驱动控制黄线电压

（3）电机运行正常，但开机后马上关机，报"室内风机异常"的故障代码

关机但不拔下电源插头，黑表笔接黑线地、红表笔接蓝线测量转速反馈电压：用手拨动室内风扇（贯流风扇），正常为跳变电压，见图9-11，即0V～24V～0V～24V变化。正常的直流电机在运行时，转速反馈蓝线电压约为直流11V。

如果测量结果符合上述特点，说明直流电机正常，故障为主板转速反馈电路损坏，可更换主板试机。

如果旋转室内风扇时显示值一直为0V或24V或其他数值，则说明直流电机内部电路板上转速反馈电路损坏，可更换直流电机试机。

说明 1

　　直流电机转速反馈故障的检查方法和定频空调器室内风机为PG电机的检查方法一样，待机状态下拨动室内风扇时均为跳变电压，运行时则恒为一定值。

 说明 2

　　本机比较特殊，拨动室内风扇时为0 ~ 24V的跳变电压，有些直流电机则为0 ~ 15V的跳变电压，电机运行时霍尔反馈蓝线为恒定的直流7.5V。

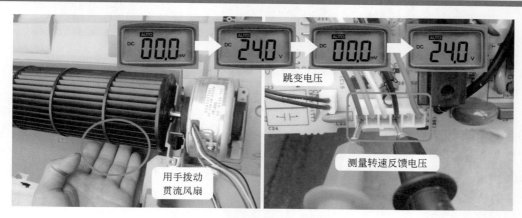

跳变电压

测量转速反馈电压

用手拨动
贯流风扇

图9-11　测量霍尔反馈蓝线电压

二、电子膨胀阀

1. 基础知识

（1）安装位置

　　电子膨胀阀通常是垂直安装在室外机，见图9-12，其在制冷系统中的作用和毛细管相同，即降压节流和调节制冷剂流量。

安装位置

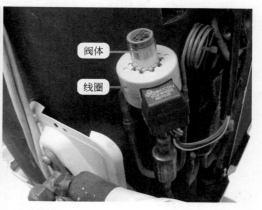

阀体

线圈

图9-12　安装位置

（2）电子膨胀阀组件

见图9-13，电子膨胀阀组件由线圈和阀体组成，线圈连接室外机电控系统，阀体连接制冷系统，其中线圈通过卡箍卡在阀体上面。

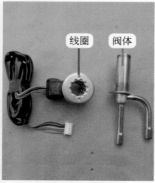

图9-13　电子膨胀阀组件

（3）型号

示例电子膨胀阀由三花公司生产。见图9-14左图，线圈型号为Q12-GL-01，表示为格力空调器公司定制的Q系列阀体使用的线圈，供电电压为直流12V，16082041为物料编号。

见图9-14右图，阀体型号为1.65C-06，1.65为阀孔通径，C表示为使用在制冷剂为R410A的系统（A为R22制冷剂，B为R407C制冷剂），06表示为设计序列号，16071262为格力配件的物料编号。

示例膨胀阀的阀孔通径为1.65 mm，其名义容量为5.3kW，使用在1.5P的空调器中，阀孔通径和空调器匹数的对应关系见表9-2。

表9-2　阀孔通径和空调器匹数的对应关系

阀孔通径/mm	1.3	1.65	1.8	2.2	2.4	3.0	3.2
空调器匹数/P	1～1.25	1.5～2	2～2.5	2.5～3	3～4	5～6	6～7

图9-14　型号

（4）阀体主要部件

见图9-15，阀体主要由转子、阀杆、底座组成，和线圈一起称为电子膨胀阀的四大部件。
线圈：相当于定子，将电控系统输出的电信号转换为磁场，从而驱动转子转动。

转子：由永久磁铁构成，顶部连接阀杆，工作时接受线圈的驱动，做正转或反转的螺旋回转运动。

阀杆：通过中部的螺钉固定底座上面。由转子驱动，工作时转子带动阀杆做上行或下行的直线运动。

底座：主要由黄铜组成，上方连接阀杆，下方引出2个管子连接制冷系统。

辅助部件设有限位器和圆筒铁皮。

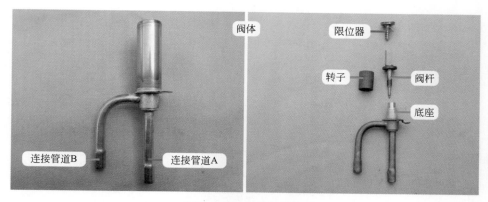

图9-15　阀体主要部件

（5）制冷剂流向

示例电子膨胀阀连接管道为h形，共有2根铜管与制冷系统连接。假定正下方的竖管称为A管，其连接二通阀；横管称为B管，其连接冷凝器出管。

制冷模式：制冷剂流动方向为B→A，见图9-16左图，冷凝器流出低温高压液体，经毛细管和电子膨胀阀双重节流后变为低温低压液体，再经二通阀由连接管道送至室内机的蒸发器。

制热模式：制冷剂流动方向为A→B，见图9-16右图，蒸发器（此时相当于冷凝器出口）流出低温高压液体，经二通阀送至电子膨胀阀和毛细管双重节流，变为低温低压液体，送至冷凝器出口（此时相当于蒸发器进口）。

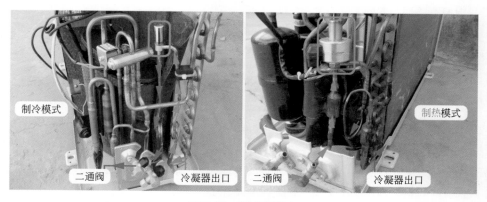

图9-16　制冷剂流向

2. 工作原理

（1）驱动流程

CPU需要控制电子膨胀阀工作时，输出4路驱动信号，经反相驱动器反相放大后，经插座送至线圈，线圈将电信号转换为磁场，带动阀体内转子螺旋转动，转子带动阀杆向上或向下的垂直移动，阀针上下移动，改变阀孔的间隙，使阀体的流通截面体发生变化，改变制冷剂流过时的压力，从而改变节流压力和流量，使进入蒸发器的流量与压缩机运行速度相适应，达到精确调节制冷量的目的。

膨胀阀驱动流程：见图9-17，CPU→反相驱动器→线圈→转子→阀杆→阀针→阀孔开启或关闭。

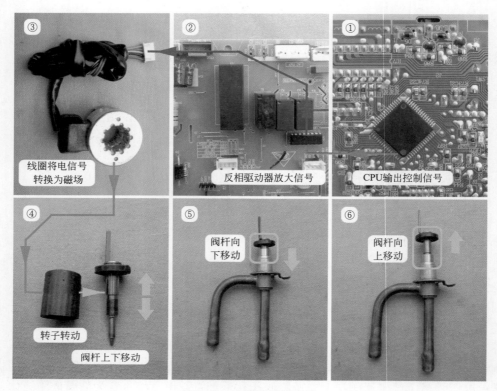

图9-17　膨胀阀驱动流程

（2）阀杆位置

室外机CPU上电复位：控制电子膨胀阀时，首先是向上移动处于最大位置，然后再向下移动处于关闭位置，此时为待机状态。

遥控器开机，室外机运行，则阀杆向上移动，处于节流降压状态。

遥控器关机，室外机停止运行，延时过后，阀杆向下移动，处于关闭位置。

（3）优点和缺点

压缩机在高频或低频运行时对进入蒸发器的制冷剂流量要求不同，高频运行时要求进入蒸发器的流量大，以便迅速蒸发，提高制冷量，可迅速降低房间温度；低频运行时要求进入蒸发器的流量小，降低制冷量，以便维持房间温度。

使用毛细管作为节流元件，由于节流压力和流量为固定值，因而在一定程度上降低了变频空调器的优势；而使用电子膨胀阀作为节流元件则满足制冷剂流量变化的要求，从而最大程度发挥变频空调器的优势，提高系统制冷量。

使用电子膨胀阀的变频空调器，由于运行过程中需要同时调节两个变量，这也要求室外机主板上CPU有很高的运算能力；同时电子膨胀阀与毛细管相比成本较高，因此一般使用在高档空调器中。

如果电子膨胀阀的开度控制不好（即和压缩机转速不匹配），制冷量会下降甚至低于使用毛细管作为节流元件的变频空调器。

3.阀体构造

（1）限位器

见图9-18，限位器位于阀体顶部。当室外机CPU上电，对电子膨胀阀复位时，阀杆向上移动至最顶部位置时，其顶部铁杆接触到限位器的弹簧，阻止阀杆再向上移动，此时会发出"哒哒"的声音。

图9-18　限位器

（2）阀杆和底座

阀杆中部设有螺纹，而底座的上部也设有螺孔，阀杆就是通过螺纹固定在底座上面，阀杆旋转时通过螺纹做向上和向下移动。

见图9-19，阀杆最下部呈锥形，称为阀针。底座下方设有制冷剂流动的圆孔，称为阀孔。当阀杆处于最下方时，阀针和阀孔相对应。

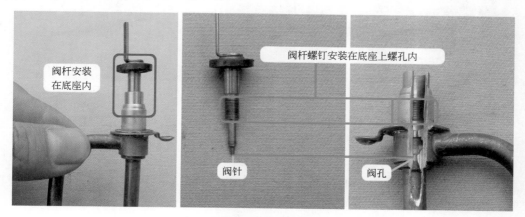

图9-19　阀杆和底座

（3）节流原理

见图9-20，当电子膨胀阀的线圈通电时，产生磁场带动转子移动，转子从而带动阀杆向上或向下移动。

图9-20　转子上下移动

当转子处于最下方时，见图9-21左图，阀杆也处于最下方位置，下部的阀针位于阀孔内并将阀孔堵死，此时连接管道B的制冷剂不能通过阀孔，连接管道A则无制冷剂流动，相当于二通阀关闭处于回收制冷剂状态，室内外机连接管道和蒸发器内均为负压。

见图9-21中图，当转子向上移动，阀杆带动阀针随之向上移动，连接管道B的制冷剂通过阀针和阀孔节流，节流后的制冷剂流入到连接管道A，通过二通阀进入室内机，处于正常制冷状态。

当转子再向上移动处于最上方时，见图9-21右图，阀杆带动阀针也处于最上方，连接管道B的制冷剂只通过阀孔节流，此时阻力最小，因而进入蒸发器的流量也最大。

图9-21　阀针上下移动

4. 测量阻值

线圈根据引线数量分为2种：一种为6根引线，其中有2根引线连在一起为公共端接电源直流12V，余下4根引线接CPU控制；另一种为5根引线，见图9-22，1根为公共端接直流12V（示例为蓝线），余下4根接CPU控制（黑线、黄线、红线、橙线）。

测量方法和测量步进电机线圈相同，使用万用表电阻挡，黑表笔接公共端蓝线，红表笔测量4根控制引线，见图9-23，蓝与黑、蓝与黄、蓝与红、蓝与橙的阻值均为47Ω。

4根接驱动控制的引线之间阻值，应为公共端与4根引线阻值的2倍。见图9-24，实测黑与黄、红与橙阻值相等，均为94Ω。另外，黑与红、黑与橙、黄与红、黄与橙也均为94Ω。

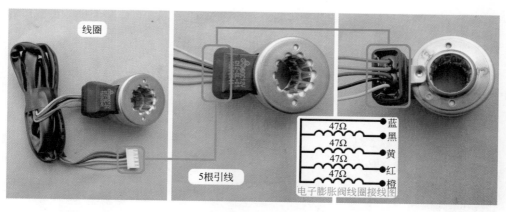

图9-22　线圈

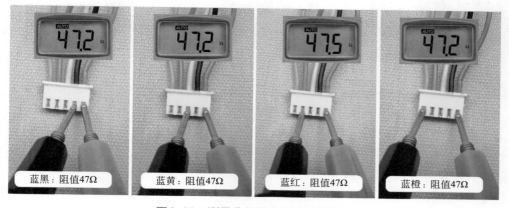

图9-23　测量公共端和驱动引线阻值

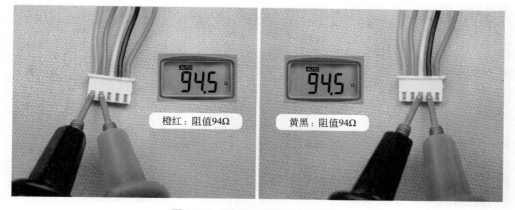

图9-24　测量驱动引线之间阻值

三、PTC电阻

1. 作用

　　PTC电阻为正温度系数热敏电阻，阻值随温度上升而变大，与室外机主控继电器触点并联。室外机初次通电，主控继电器因无工作电压触点断开，交流220V电压通过PTC电阻对滤波电容充电，PTC电阻通过电流时由于温度上升阻值也逐渐变大，从而限制充电电流，防

第九章　变频空调器专用元器件检测与维修

199

止由于电流过大造成损坏硅桥等故障。在室外机供电正常后，CPU控制主控继电器触点闭合，PTC电阻便不起作用。

2. 安装位置与实物外形

PTC电阻安装在室外机主板主控继电器附近，图9-25，引脚与继电器触点并联，外观为黑色的长方体电子元件，共有2个引脚。

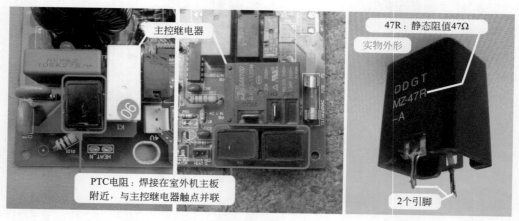

图9-25 安装位置与实物外形

3. 外置式PTC电阻

早期空调器使用外置式PTC电阻，没有安装在室外机主板上面，见图9-26，安装在室外机电控盒内，通过引线和室外机主板连接。外置式PTC电阻主要由PTC元件、绝缘垫片、接线端子、外壳、顶盖等组成。

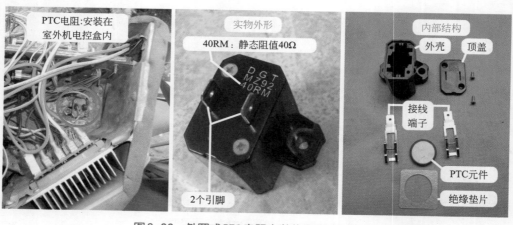

图9-26 外置式PTC电阻安装位置和内部结构

4. 测量阻值

PTC使用型号通常为25℃／47Ω，见图9-27左图，常温下测量阻值为50Ω左右，表面温度较高时测量阻值为无穷大。常见为开路故障，即常温下测量阻值为无穷大。

由于PTC电阻2个引脚与室外机主控继电器2个触点并联，使用万用表电阻挡，见图9-27右图，测量继电器的2个端子（触点）就相当于测量PTC电阻的2个引脚，实测阻值约为50Ω。

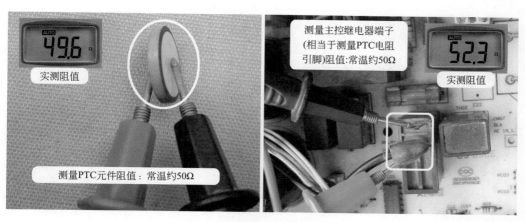

图9-27　测量PTC电阻阻值

四、硅桥

1. 作用

硅桥内部为4个整流二极管组成的桥式整流电路，将交流220V电压整流成为直流300V电压。

由于硅桥工作时需要通过较大的电流，功率较大且有一定的热量，因此通常与模块一起固定在大面积的散热片上。

2. 分类和常用型号

根据外观分类常见有3种：方形硅桥、扁形硅桥、PFC模块（内含硅桥）。

（1）方形硅桥

方形硅桥常用型号为S25VB60，见图9-28，25含义为最大正向整流电流25A，60含义为最高反向工作电压600V。

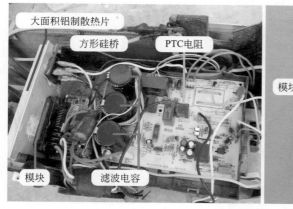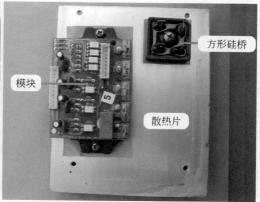

图9-28　方形硅桥

（2）扁形硅桥

扁形硅桥常用型号为D15XB60，见图9-29，15含义为最大正向整流电流15A，60含义为最高反向工作电压600V。

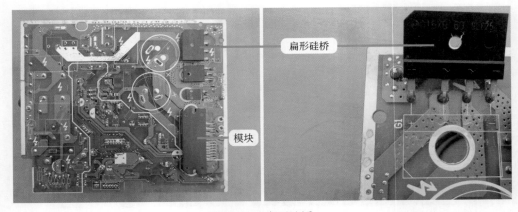

图9-29　扁形硅桥

（3）PFC模块（内含硅桥）

目前变频空调器电控系统中还有一种设计方式，见图9-30，就是将硅桥和PFC电路集成在一起，组成PFC模块，和驱动压缩机的变频模块设计在一块电路板上，因此在此类空调器中，找不到普通意义上的硅桥。

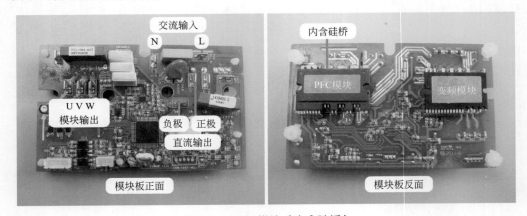

图9-30　PFC模块（内含硅桥）

3. 引脚作用和辨认方法

硅桥共有4个引脚，分别为2个交流输入端和2个直流输出端。2个交流输入端接交流220V，使用时没有极性之分。2个直流输出端中的正极经滤波电感接滤波电容正极，负极直接与滤波电容负极相连。

方形硅桥：见图9-31左图，其中的一脚有豁口，对应引脚为直流正极，对角线引脚为直流负极，其他2个引脚为交流输入端（使用时不分极性）。

扁形硅桥：见图9-31右图，其中一侧有1个豁口，对应引脚为直流正极，中间2个引脚为交流输入端，最后1个引脚为直流负极。

4. 测量硅桥

硅桥内部为4个大功率的整流二极管，测量时应使用万用表二极管挡。

（1）测量正、负端子

相当于测量串联的D1和D4（或串联的D2和D3）。

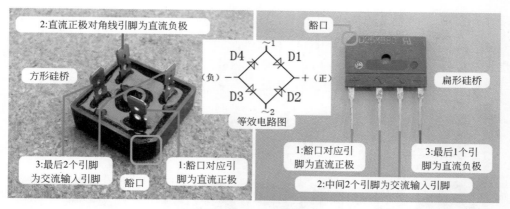

图9-31 引脚功能辨认方法

红表笔接正、黑表笔接负，为反向测量，见图9-32左图，结果为无穷大。

红表笔接负、黑表笔接正，为正向测量，见图9-32右图，结果为823mV。

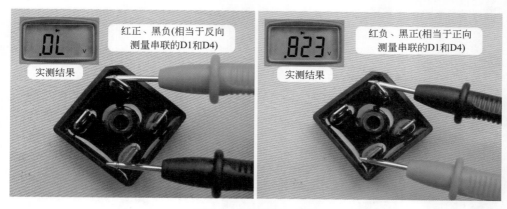

图9-32 测量正、负端

（2）测量正、两个交流输入端

测量过程见图9-33，相当于测量D1、D2。

红表笔接正、黑表笔接交流输入端，为反向测量，两次结果相同，应均为无穷大。

红表笔接交流输入端、黑表笔接正，为正向测量，两次结果应相同，均为452mV。

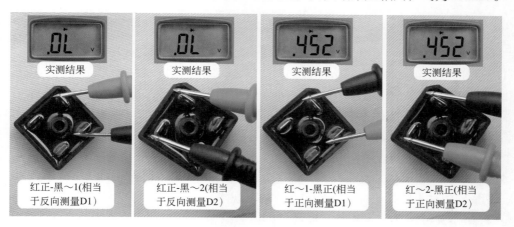

图9-33 测量正、两个交流输入端

第九章 变频空调器专用元器件检测与维修

203

（3）测量负、两个交流输入端

测量过程见图9-34，相当于测量D3、D4。

红表笔接负、黑表笔接交流输入端，为正向测量，两次结果相同，均为452mV。

红表笔接交流输入端、黑表笔接负，为反向测量，两次结果相同，均为无穷大。

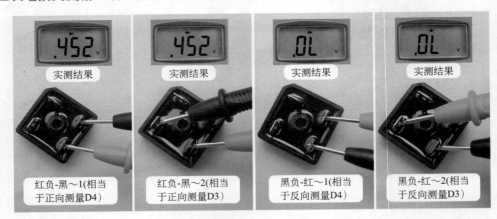

图9-34　测量负、两个交流输入端

（4）测量交流输入端～1、～2

相当于测量反方向串联D1和D2（或D3和D4），见图9-35，由于为反向串联，因此正反向测量结果应均为无穷大。

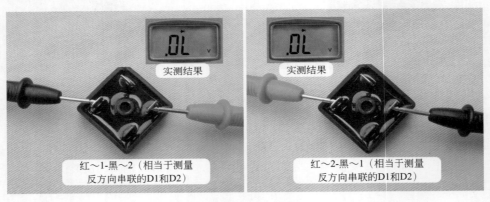

图9-35　测量2个交流输入端

5. 测量说明

① 测量时应将4个端子引线全部拔下。

② 上述测量方法使用数字万用表。如果使用指针万用表，选择$R \times 1k$欧姆挡，测量时红、黑表笔所接端子与上述方法相反，得出的规律才会一致。

③ 不同的硅桥、不同的万用表正向测量时，得出结果的数值会不相同，但一定要符合内部4个整流二极管连接特点所构成的规律。

④ 同一硅桥同一万用表正向测量内部二极管时，结果数值应相同（如本次测量为452mV），测量硅桥时不要死记得出的数值，要掌握规律。

⑤ 硅桥常见故障为内部4个二极管全部击穿或某个二极管击穿，开路损坏的比例相对较少。

五、滤波电感

1. 作用和实物外形

根据电感线圈"通直流、隔交流"的特性，阻止由硅桥整流后直流电压中含有的交流成分通过，使输送滤波电容的直流电压更加平滑、纯净。

实物外形见图9-36，将较粗的电感线圈按规律绕制在铁芯上，即组成滤波电感。只有2个接线端子，没有正反之分。

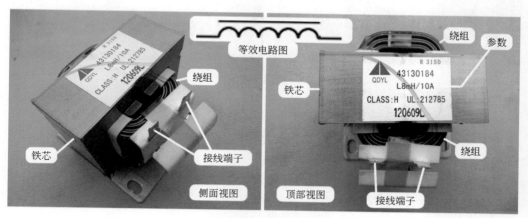

图9-36 实物外形

2. 安装位置

滤波电感通电时会产生电磁频率，且自身较重容易产生噪声，为防止对主板控制电路产生干扰，见图9-37左图，早期的空调器通常将滤波电感设计在室外机底座上面。

由于滤波电感安装在底座上容易因化霜水浸泡出现漏电故障，见图9-37中图和右图，目前的空调器通常将滤波电感设计在挡风隔板的中部或电控盒的顶部。

图9-37 安装位置

3. 测量方法

测量滤波电感阻值时，使用万用表电阻挡，见图9-38左图，阻值约1Ω。

早期空调器因滤波电感位于室外机底部，且外部有铁壳包裹，直接测量其接线端子不是很方便，见图9-38右图，检修时可以测量2个连接引线的插头阻值，实测阻值约1Ω。如果实测阻值为无穷大，应检查滤波电感上引线插头是否正常。

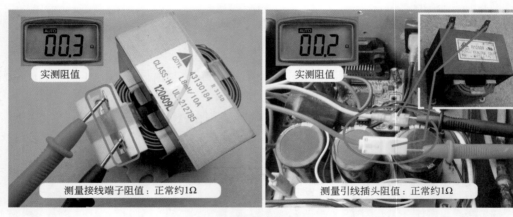

图9-38　测量滤波电感阻值

4. 常见故障

① 早期滤波电感安装在室外机底部，在制热模式下化霜过程中产生的化霜水将其浸泡，一段时间之后（安装5年左右），引起绝缘阻值下降，通常低于2MΩ时，会出现空调器通上电源之后，断路器（俗称空气开关）跳闸的故障。

② 由于绕制滤波电感绕组的线径较粗，很少有开路损坏的故障。而其工作时通过的电流较大，接线端子处容易产生热量，将连接引线烧断出现室外机无供电的故障。

六、滤波电容

1. 作用

滤波电容实际为容量较大（约2000μF）、耐压较高（约直流400V）的电解电容。根据电容"通交流、隔直流"的特性，对滤波电感输送的直流电压再次滤波，将其中含有的交流成分直接入地，使供给模块P、N端的直流电压平滑、纯净，不含交流成分。

2. 引脚作用

滤波电容共有2个引脚，分别是正极和负极。正极接模块P端子，负极接模块N端子，负极引脚对应有"▯"状标志。

3. 分类

按电容个数分类，有2种型式，即单个电容或多个电容并联组成。

（1）单个电容

见图9-39，由1个耐压400V、容量2200μF左右的电解电容，对直流电压滤波后为模块供电，常见于早期生产的挂式变频空调器或目前的柜式变频空调器，电控盒内设有专用安装位置。

（2）多个电容并联

由2～4个耐压400V、容量560μF左右的电解电容并联组成，对直流电压滤波后为模块供电，总容量为单个电容标注容量相加，见图9-40。常见于目前生产的变频空调器，直接焊在室外机主板上。

图9-39　单个电容

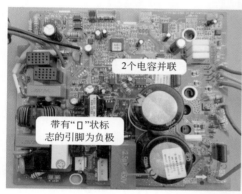

总容量：680μF＋680μF＝1360μF

图9-40　多个电容并联

4. 测量说明

① 由于电容容量较大，使用万用表检测难以准确判断，通常直接代换试机。常见故障为容量减少引发屡烧模块故障，在实际维修中损坏比例较小。

② 需要注意的是，由于滤波电容容量较大，不能像检测定频空调器的压缩机电容一样，直接短路其2个引脚，否则将会出现很大的放电声音，甚至能将螺丝刀杆打出一个豁口。

第二节　IPM模块

IPM模块是变频空调器电控系统中重要元件之一，也是故障率较高的一个元件，属于电控系统专用元器件之一，由于知识点较多，因此单设一节进行详细说明。

一、基础知识

1. 模块板组件

（1）接线端子

图9-41左图为海尔早期某款交流变频空调器使用的模块板组件，主要接线端子功能如下。

ACL和ACN：共2个端子，为交流220V输入，接室外机主板的交流220V。

RO和RI：共2个端子，接外置的滤波电感。

N－和P＋：共2个端子，接外置的滤波电容。

U、V、W：共3个端子，为输出，接压缩机线圈。

右下角白色插座共4个引针为信号传送，接室外机主板，使室外机主板CPU控制模块板组件以驱动压缩机运行。

从图9-41右图可以看出，用于驱动压缩机的IGBT开关管，使用分离元件类型。

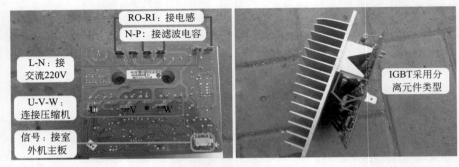

图9-41　早期模块板组件

（2）单元电路

取下模块板组件的散热片，查看电路板单元电路，见图9-42，主要由以下几个单元电路组成：整流电路（整流硅桥）、PFC电路（改善电源功率因数）、电流检测电路、开关电源电路（提供直流15V、3.3V等电压）、控制电路（模块板组件CPU）、驱动电路（驱动IGBT开关管）、6个IGBT开关管等。

由于分离元件类型的IGBT开关管故障率和成本均较高，且体积较大，如果将6个IGBT开关管、驱动电路、电流检测等电路单独封装在一起，见图9-42右图，即组成常见的IPM模块。

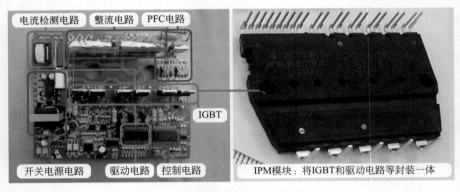

图9-42　分离元件模块板组件和IPM模块

> 🔄 说明
>
> 图9-42左图中，控制电路使用的集成块为东芝公司生产的微处理器，型号为TMG88CH40MG；驱动电路使用的集成块为IR公司生产，型号为2136S；功能是三相桥式驱动器，用于驱动6个IGBT开关管。

（3）IGBT开关管

模块内部开关管方框简图见图9-43，实物图见图9-44。模块最核心的部件是IGBT开关管，压缩机有3个接线端子，模块需要3组独立的桥式电路，每组桥式电路由上桥和下桥组成，因此模块内部共设有6个IGBT开关管，分别称为U相上桥（U＋）和下桥（U－）、V相上桥（V＋）和下桥（V－）、W相上桥（W＋）和下桥（W－），由于工作时需要通过较大的电流，6个IGBT开关管固定在面积较大的散热片上面。

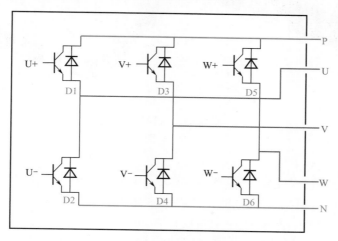

图9-43　内部开关管方框简图

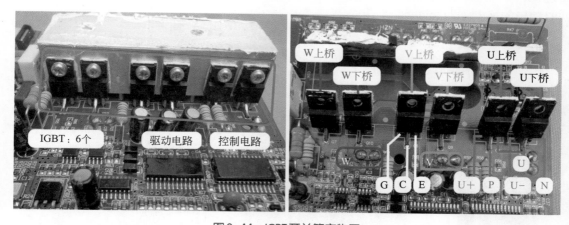

图9-44　IGBT开关管实物图

图9-44中IGBT开关管型号为东芝GT20J321，为绝缘栅双极型晶体管，共有3个引脚，从左到右依旧为G（控制极）、C（集电极）、E（发射极），内部C极和E极并联有续流二极管。

室外机CPU（或控制电路）输出的6路信号（弱电），经驱动电路放大后接6个IGBT开关管的控制极，3个上桥的集电极接直流300V的正极P端子，3个下桥的发射极接直流300V的负极N端子，3个上桥的发射极和3个下桥的集电极相通为中点输出，分别为U、V、W接压缩机线圈。

（4）IPM模块

严格意义的IPM模块见图9-45，是一种智能的模块，将IGBT连同驱动电路和多种保护电路封装在同一模块内，从而简化了设计，提高了稳定性。IPM模块只有固定在外围电路的控制基板上，才能组成模块板组件。

仙童IPM模块 FSBB15CH60

图9-45 IPM模块

2. 工作原理

模块可以简单地看作是电压转换器。室外机主板CPU输出6路信号，经模块内部驱动电路放大后控制IGBT开关管的导通与截止，将直流300V电压转换成与频率成正比的模拟三相交流电（交流30～220V、频率15～120Hz），驱动压缩机运行。

三相交流电压越高，压缩机转速及输出功率（即制冷效果）也越高；反之，三相交流电压越低，压缩机转速及输出功率（即制冷效果）也就越低。三相交流电压的高低由室外机CPU输出的6路信号决定。

3. 安装位置

由于模块工作时产生很高的热量，因此设有面积较大的铝制散热片，并固定在上面，见图9-46，模块设计在室外机电控盒里侧，室外风扇运行时带走铝制散热片表面的热量，间接为模块散热。

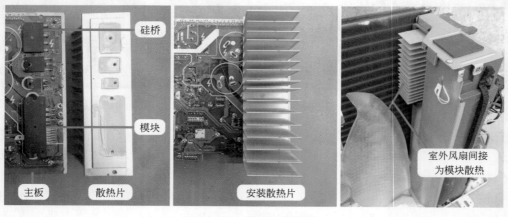

图9-46 模块安装位置

二、输入和输出电路

图9-47为模块输入和输出电路的方框图，图9-48为实物图。

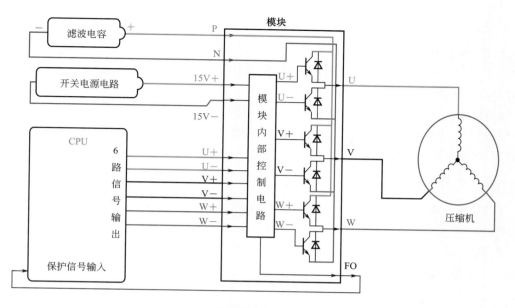

图9-47 模块输入和输出电路方框图

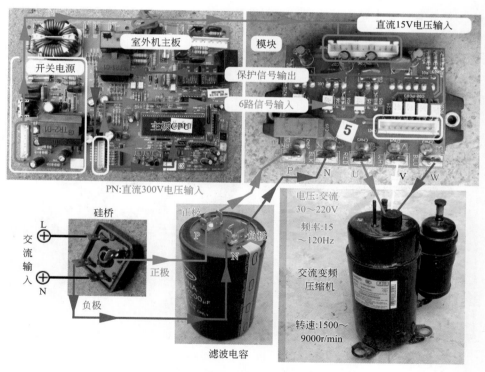

图9-48 模块输入和输出电路实物图

 说明

直流300V供电回路中,在实物图上未显示PTC电阻、室外机主控继电器、滤波电感等器件。

1. 输入部分

① P、N：由滤波电容提供直流300V电压，为模块内部IGBT开关管供电，其中P外接滤波电容正极，内接上桥三个IGBT开关管的集电极；N外接滤波电容负极，内接下桥三个IGBT开关管的发射极。

② 15V电压：由开关电源电路提供，为模块内部控制电路供电。

③ 6路驱动信号：由室外机CPU提供，经模块内部控制电路放大后，按顺序驱动6个IGBT开关管的导通与截止。

2. 输出部分

① U、V、W：即上桥与下桥IGBT的中点，输出与频率成正比的模拟三相交流电，驱动压缩机运行。

② FO（保护信号）：当模块内部控制电路检测到过热、过流、短路、15V电压低4种故障，输出保护信号至室外机CPU。

三、测量模块

无论任何类型的模块使用万用表测量时，内部控制电路工作是否正常均不能判断，只能对内部6个开关管做简单的检测。

从图9-43所示的模块内部IGBT开关管方框简图可知，万用表显示值实际为IGBT开关管并联6个续流二极管的测量结果，因此应选择二极管挡，且P、N、U、V、W端子之间应符合二极管的特性。

各个空调器的模块测量方法基本相同，本小节以测量海信空调器一款模块为例，实物见图9-49，介绍模块测量方法。

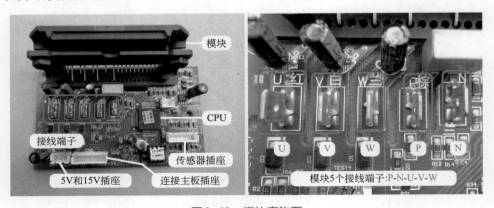

图9-49　模块实物图

1. 测量P、N端子

相当于D1和D2（或D3和D4、D5和D6）串联。

红表笔接P、黑表笔接N，为反向测量，见图9-50左图，结果为无穷大。

红表笔接N、黑表笔接P，为正向测量，见图9-50右图，结果为684mV。

如果正反向测量结果均为无穷大，为模块P、N端子开路；如果正反向测量结果均接近0mV，为模块P、N端子短路。

图9-50 测量P、N端子

2. 测量P与U、V、W端子

相当于测量D1、D3、D5。

红表笔接P，黑表笔接U、V、W，为反向测量，测量过程见图9-51，3次结果相同，应均为无穷大。

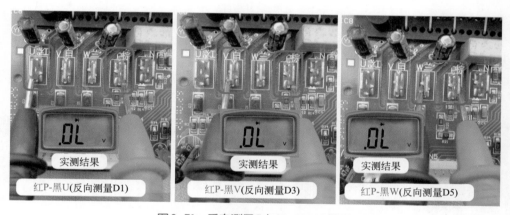

图9-51 反向测量P与U、V、W端子

红表笔接U、V、W，黑表笔接P，为正向测量，测量过程见图9-52，3次结果相同，应均为437mV。

如果反向测量或正向测量时P与U、V、W端结果接近0 mV，则说明模块PU、PV、PW结击穿。实际损坏时有可能是PU、PV结正常，只有PW结击穿。

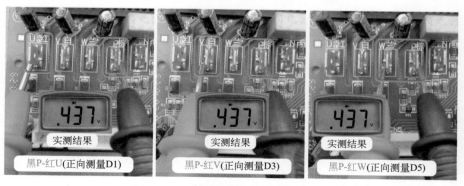

图9-52 正向测量P与U、V、W端子

3. 测量N与U、V、W端子

相当于测量D2、D4、D6。

红表笔接N，黑表笔接U、V、W，为正向测量，测量过程见图9-53，3次结果相同，应均为436mV。

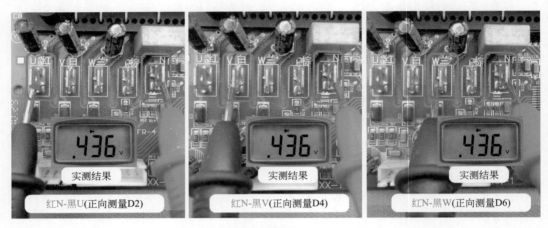

图9-53　正向测量N与U、V、W端子

红表笔接U、V、W，黑表笔接N，为反向测量，测量过程见图9-54，3次结果相同，应均为无穷大。

如果反向测量或正向测量时，N与U、V、W端结果接近0mV，则说明模块NU、NV、NW结击穿。实际损坏时有可能是NU、NW结正常，只有NV结击穿。

图9-54　反向测量N与U、V、W端子

4. 测量U、V、W端子

测量过程见图9-55，由于模块内部无任何连接，U、V、W端子之间无论正反向测量，结果相同应均为无穷大。

如果结果接近0 mV，则说明UV、UW、VW结击穿。实际维修时U、V、W之间击穿损坏比例较少。

5. 测量说明

① 测量时应对模块上P、N端子滤波电容供电，U、V、W压缩机线圈共5个端子的

空调维修从入门到精通——定频空调+变频空调维修合集

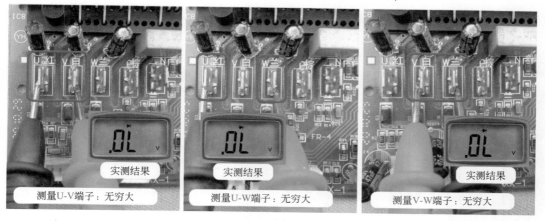

实测结果	实测结果	实测结果
测量U-V端子：无穷大	测量U-W端子：无穷大	测量V-W端子：无穷大

图9-55　测量U、V、W端子

引线全部拔下。如测量目前室外机电控系统中模块一体化的主板，见图9-56，通常未设单独的P、N、U、V、W，则测量模块时需要断开空调器电源，并将滤波电容放电至直流0V，其正极相当于P端子、负极相当于N端子，再拔下压缩机线圈的对接插头，3根引线为U-V-W端子。

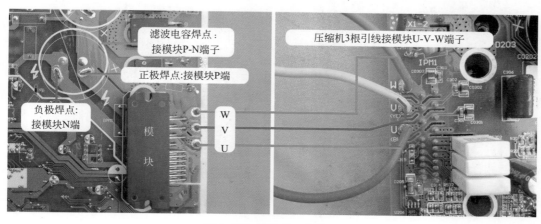

图9-56　模块的5个端子

　　② 上述测量方法使用数字万用表。如果使用指针万用表，选择$R \times 1k$欧姆挡，测量时红、黑表笔所接端子与上述方法相反，得出的规律才会一致。

　　③ 不同的模块、不同的万用表正向测量时得出结果数值会不相同，但一定要符合内部6个续流二极管连接特点所组成的规律。同一模块同一万用表正向测量P与U、V、W端或N与U、V、W端时，结果数值应相同（如本次测量为437 mV）。

　　④ P、N端子正向测量得出的结果数值应大于P与U、V、W或N与U、V、W得出的数值。

　　⑤ 测量模块时不要死记得出的数值，要掌握规律。

　　⑥ 模块常见故障为PN、PU（或PV、PW）、NU（或NV、NW）击穿，其中PN端子击穿的比例最高。

　　⑦ 纯粹的模块为一体化封装，如内部IGBT开关管损坏，只能更换整个模块组件。

　　⑧ 模块与控制基板（电路板）焊接在一起，如模块内部损坏，或电路板上某个元件损坏但检查不出来，也只能更换整个模块板组件。

变频压缩机是变频空调器电控系统中重要元件之一，属于电控系统专用元器件，由于知识点较多，因此单设一节进行详细说明。

一、基础知识

1. 安装位置和系统引线

压缩机安装在室外机右侧，见图9-57，也是室外机重量最重的器件，其管道（吸气管和排气管）连接制冷系统，接线端子上引线（U-V-W）连接电控系统中的模块。

图9-57　安装位置和系统引线

2. 实物外形

压缩机实物外形见图9-58，其为制冷系统的心脏，通过运行使制冷剂在制冷系统保持流动和循环。

图9-58　实物外形

压缩机由三相感应电机和压缩系统两部分组成，模块输出频率与电压均可调的模拟三相交流电为三相感应电机供电，电机带动压缩系统工作。

模块输出电压变化时电机转速也随之变化，转速变化范围为1500～9000r/min，压缩系统的输出功率（即制冷量）也发生变化，从而达到在运行时调节制冷量的目的。

3. 分类

根据工作方式主要分为交流变频压缩机和直流变频压缩机。

交流变频压缩机：见图9-59左图，使用在早期的变频空调器中，使用三相感应电机。示例为西安庆安公司生产的交流变频压缩机，其为三相交流供电，工作电压为交流60～173V，频率30～120Hz，使用R22制冷剂。

直流变频压缩机：见图9-59右图，使用目前的变频空调器中，使用无刷直流电机，工作电压为连续但极性不断改变的直流电。示例为三菱直流变频压缩机，其为直流供电，工作电压为27～190V，频率30～390Hz，功率1245W，制冷量为4100W，使用R410A制冷剂。

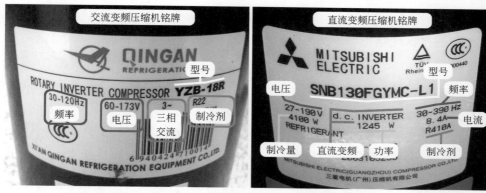

图9-59　交流变频压缩机和直流变频压缩机

4. 工作原理

压缩机运行原理见图9-60，当需要控制压缩机运行时，模块U、V、W输出三相均衡的交流电，经顶部的接线端子送至电机线圈的3个端子，定子产生旋转磁场，转子产生感应电动势，与定子相互作用，转子转动起来，转子转动时带动主轴旋转，主轴带动压缩组件工作，吸气口开始吸气，经压缩成高温高压的气体后由排气口排出，系统的制冷剂循环工作，空调器开始制冷或制热。

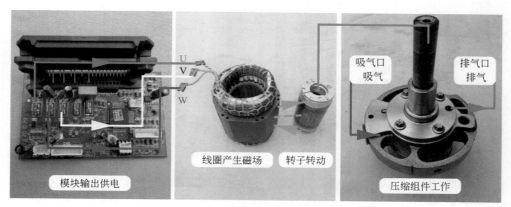

图9-60　压缩机运行原理

5. 常见故障

实际维修中变频空调器压缩机和定频空调器压缩机相比，故障率较低，原因为室外机电控系统保护电路比较完善，故障主要是压缩机启动不起来（卡缸）或线圈对地短路等。

交流变频空调器在更换模块或压缩机时，如果U、V、W接线端子由于不注意插反导致不对应，压缩机则有可能反方向运行，引起不制冷故障，调整方法和定频空调器三相涡旋压缩机相同，即对调任意2根引线的位置。

二、剖解变频压缩机

本小节以上海日立SGZ20EG2UY交流变频压缩机为例，介绍内部结构、实物外形、工作原理等。

1. 内部结构

从外观上看，见图9-61左图，压缩机由外置储液瓶和本体组成。

见图9-61右图，压缩机本体由壳体（上盖、外壳、下盖）、压缩组件、电机共3大部分组成。

图9-61　内部结构

取下外置储液瓶后，见图9-62左图，吸气管和位于下部的压缩组件直接相连，排气管位于顶部；电机组件位于上部，其引线和顶部的接线端子直接相连。

压缩机本体由压缩组件和电机组件组成，见图9-62右图。

图9-62　电机和压缩组件

2. 上盖和下盖

见图9-63左图和中图，压缩机上盖从外侧看，设有排气管和接线端子，从内侧看排气管只是1个管口，说明压缩机大部分区域均为高压高温状态；内设的接线端子设有插片，以便连接电机线圈的3个端子。

下盖外侧设有3个较大的孔，见图9-63右图，用于安装减振胶垫，以便固定压缩机。内侧中间部位设有磁铁，以吸附磨损的金属铁屑，防止被压缩组件吸入或黏附在转子周围，因磨损而损坏压缩机。

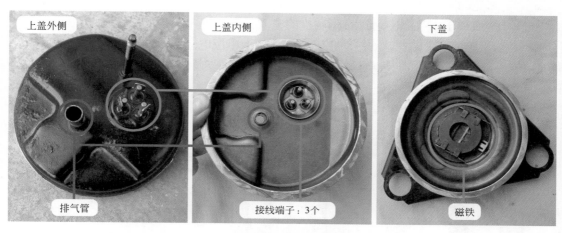

图9-63 上盖和下盖

3. 储液瓶

储液瓶是为防止液体的制冷剂进入压缩机的保护部件，见图9-64左图，主要由过滤网和虹吸管组成。过滤网的作用是为了防止杂质进入压缩机，虹吸管底部设有回油孔，可使进入制冷系统的润滑油顺利的再次回流到压缩机内部。

储液瓶工作示意图见图9-64右图，储液瓶顶部的吸气管连接蒸发器，如果制冷剂没有完全汽化即含有液态的制冷剂进入储液瓶后，因液态制冷剂本身比气态制冷剂重，将直接落入储液瓶底部，气态制冷剂则经虹吸管进入压缩机内部，从而防止压缩组件吸入液态制冷剂而造成液击损坏。

图9-64 储液瓶

三、电机部分

1. 组成

见图9-65，电机部分由转子和定子两部分组成。

转子由铁芯和平衡块组成。转子的上部和下部均安装有平衡块，以减少压缩机运行的振动；中间部位为笼式铁芯，由硅钢片叠压而成，其长度和定子铁芯相同，安装时定子铁芯和转子铁芯相对应；转子中间部分的圆孔安装主轴，以带动压缩组件工作。

定子由铁芯和线圈组成，线圈镶嵌在定子槽里面。在模块输出三相供电时，经连接线至线圈的3个接线端子，线圈中通过三相对称的电流，在定子内部产生旋转磁场，此时转子铁芯与旋转磁场之间存在相对运动，切割磁力线而产生感应电动势，转子中有电流通过，转子电流和定子磁场相互作用，使转子中形成电磁力，转子便旋转起来，通过主轴从而带动压缩部分组件工作。

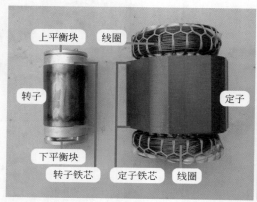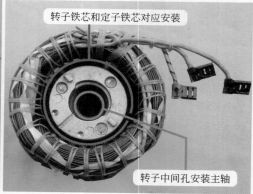

图9-65　转子和定子

2. 引线作用

见图9-66，电机的线圈引出3根引线，安装至上盖内侧的3个接线端子上面。

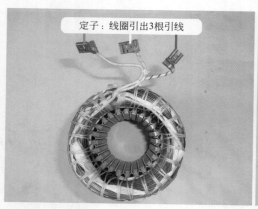

图9-66　电机连接线

因此上盖外侧也只有3个接线端子，标号为U、V、W，连接至模块的引线也只有3根，引线连接压缩机端子标号和模块标号应相同，见图9-67，本机U端子为红线、V端子为白线、W端子为蓝线。

空调维修从入门到精通——定频空调＋变频空调维修合集

说明
说明

　　无论是交流变频压缩机或直流变频压缩机，均有三个接线端子，标号分别为U、V、W，和模块上的U、V、W三个接线端子对应连接。

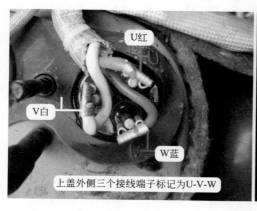

上盖外侧三个接线端子标记为U-V-W　　模块U-V-W引线颜色与接线端子相对应

图9-67　变频压缩机引线

3. 测量线圈阻值

　　使用万用表电阻挡，测量3个接线端子之间阻值，见图9-68，UV、UW、VW阻值相等，即UV = UW = VW，实测阻值为1.5Ω左右。

测量UV阻值：1.1Ω　　测量UW阻值：1.2Ω　　测量VW阻值：1.1Ω

图9-68　测量线圈阻值

四、压缩部分

1. 组成

　　取下储液瓶、定子和上盖后，见图9-69左图，转子位于上方，压缩组件位于下方，同时吸气管也位于下方和压缩组件相对应。

　　见图9-69中图和右图，压缩组件的主轴直接安装在转子内，也就是说，转子转动时直接带动主轴（偏心轴）旋转，从而带动压缩组件工作。

第九章　变频空调器专用元器件检测与维修

221
221

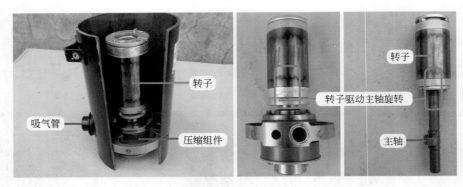

图9-69 压缩组件

图9-70左图为压缩组件实物外形，图9-70右图为主要元件，由主轴、上气缸盖、气缸、下气缸盖、滚动活塞（滚套）、刮片、弹簧、平衡块、下盖、螺钉等组成。

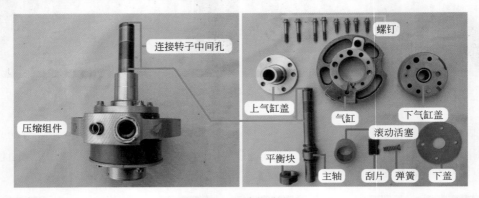

图9-70 压缩组件组成

2. 主要部件实物外形

（1）主轴和滚动活塞

主轴其实就是一根较粗的长轴，见图9-71左图，上部连接转子，下部连接压缩组件（大部分位置位于气缸内），在连接气缸的中间部位设计有偏心轴，用于驱动滚动活塞。为了消除偏心轴在运行时引起的振动，在主轴的下部设计有平衡块。

滚动活塞（滚套）见图9-71右图，内侧对应主轴上的偏心轴，偏心轴推动滚动活塞外侧沿气缸内壁转动，以压缩制冷剂气体。

图9-71 主轴和滚动活塞

（2）气缸和刮片弹簧

气缸见图9-72左图，设有吸气口并直接连接至气缸内部，在相应位置设有弹簧和刮片的安装位置。

刮片和弹簧见图9-72右图，刮片紧贴滚动活塞外壁，产生密封线，隔离气缸内低压腔和高压腔的气体，使之不能向另一侧流动，否则会造成窜气故障。弹簧的作用是顶住刮片，使其紧紧贴在滚动活塞上面，以避免高压腔向低压腔漏气。

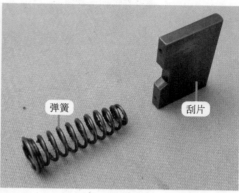

图9-72 气缸和刮片弹簧

（3）上气缸盖和下气缸盖

上气缸盖、下气缸盖见图9-73，作用是气缸的上方和下方的密封盖，上气缸盖设计有上轴承，下气缸盖设计有下轴承，同时排气阀片也设计在下气缸盖上面。

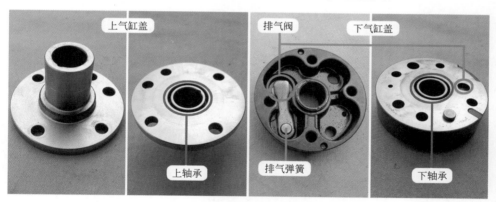

图9-73 上气缸盖和下气缸盖

3. 工作原理

旋转式压缩机压缩部分工作原理见图9-74，根据滚动活塞处于不同位置，气缸内形成高压腔和低压腔。

① 低压腔容积最大，吸气口吸入制冷剂气体。

② 滚动活塞开始压缩汽缸内的制冷剂气体，同时吸气口继续吸气。

③ 低压腔与高压腔的容积相等，同时低压腔继续吸气，高压腔进一步压缩，使气体的压力增大，直到排气阀开启，通过排气口排出高压气体。

④ 低压腔继续吸气，高压腔排气结束。

图9-74 压缩机工作原理

室内机／室外机主板和通信电路检修分析

本章以格力KFR-32GW/（32556）FNDe-3挂式直流变频空调器为基础，介绍室内机和室外机主板的基础知识，并详细介绍通信电路。

第一节　室内机主板

一、电控系统组成和主要元件

1. 硬件组成

图10-1为室内机电控系统电气接线图，图10-2为室内机电控系统实物外形和作用（不含辅助电加热等）。

从图10-2中可以看出，室内机电控系统由主板（AP1）、室内环温传感器（室内环境感温包）、室内管温传感器（室内管温感温包）、显示板组件（显示接收板）、PG电机（风扇电机）、步进电机（上下扫风电机）、变压器、辅助电加热（电加热器）等组成。

2. 室内机主板插座和电子元件

表10-1为室内机主板和显示板的插座与元件明细，图10-3为室内机主板实物图，图10-4为显示板实物图。在图10-3和图10-4中，插座和接线端子的代号以英文字母表示，电子元件以阿拉伯数字表示。

主板有供电才能工作，为主板供电有电源L端输入和电源N端输入2个端子。由于室内机主板还为室外机供电和与室外机交换信息，因此还设有室外机供电端子和通信线。输入部分设有变压器、室内环温和管温传感器，主板上设有变压器一次绕组和二次绕组插座、室内环温和管温传感器插座。输出负载有显示板组件、步进电机、PG电机，相对应的在主板上有显示板组件插座、步进电机插座、PG电机供电插座、霍尔反馈插座。

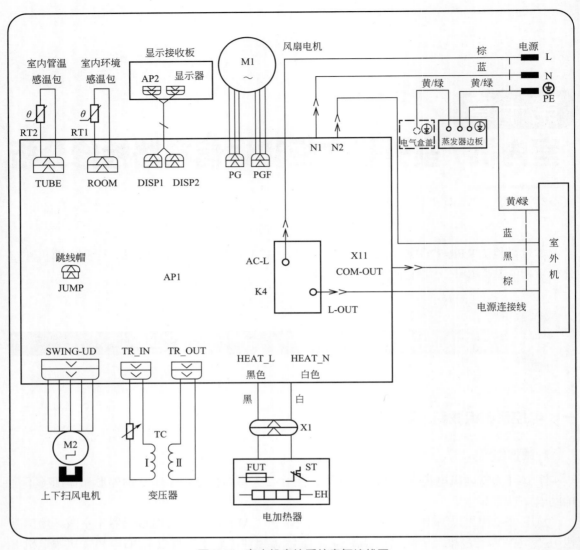

图10-1　室内机电控系统电气接线图

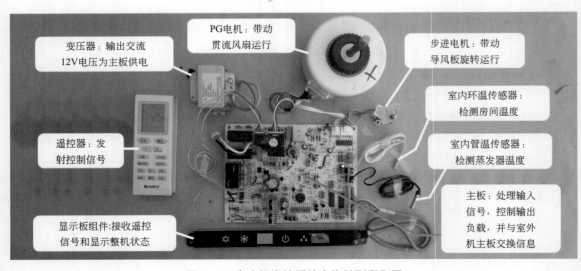

图10-2　室内机电控系统实物外形和作用

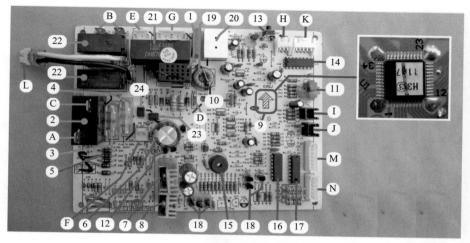

图10-3　室内机主板实物图

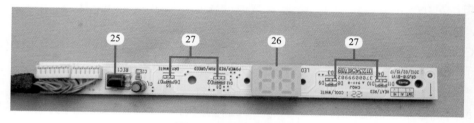

图10-4　显示板实物图

表10-1　室内机主板和显示板的插座和元件明细

标号	名称	标号	名称	标号	名称
A	电源相线输入	B	电源零线输入和输出	C	电源相线输出
D	通信	E	变压器一次绕组	F	变压器二次绕组
G	室内风机	H	霍尔反馈信号	I	室内环温传感器
J	室内管温传感器	K	步进电机	L	辅助电加热
M	显示板组件1	N	显示板组件2		
1	压敏电阻	2	主控继电器	3	12.5A保险管
4	3.15A保险管	5	整流二极管	6	主滤波电容
7	12V稳压块7812	8	5V稳压块7805	9	CPU（贴片型）
10	晶振	11	跳线帽	12	过零检测三极管
13	应急开关	14	反相驱动器	15	蜂鸣器
16	串行移位集成电路	17	反相驱动器	18	三极管
19	扼流圈	20	光耦晶闸管	21	室内风机电容
22	辅助电加热继电器	23	发送光耦	24	接收光耦
25	接收器	26	2位数码管	27	发光二极管

3. 单元电路作用

图10-5为室内机主板电路方框图，由方框图可知，主板主要由5部分电路组成，即电源电路、CPU三要素电路、输入部分电路、输出部分电路、通信电路。

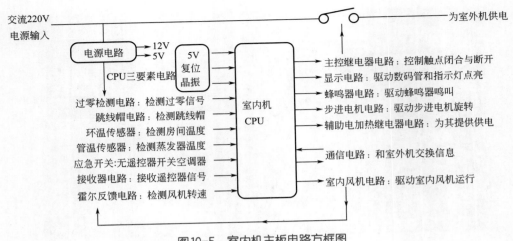

图10-5 室内机主板电路方框图

① 电源电路　电源电路的作用是向主板提供直流12V和5V电压，由保险管、压敏电阻、变压器、整流二极管、主滤波电容、7812稳压块、7805稳压块等元件组成。

② CPU三要素电路　CPU是室内机电控系统的控制中心，处理输入部分电路的信号，对负载进行控制。CPU三要素电路是CPU正常工作的前提，由供电电路、复位电路、晶振等元件组成。

③ 通信电路　通信电路的作用是和室外机CPU交换信息，主要元件为接收光耦和发送光耦。

④ 应急开关电路　应急开关电路的作用是在无遥控器时用其可以开启或关闭空调器，主要元件为应急开关。

⑤ 接收器电路　接收器电路的作用是接收遥控器发射的信号，主要元件为接收器。

⑥ 传感器电路　传感器电路的作用是向CPU提供温度信号。室内环温传感器提供房间温度，室内管温传感器提供蒸发器温度。

⑦ 过零检测电路　过零检测电路的作用是向CPU提供交流电源的零点信号，主要元件为过零检测三极管（12）。

⑧ 霍尔反馈电路　霍尔反馈电路的作用是向CPU提供转速信号，PG电机输出的霍尔反馈信号直接送至CPU引脚。

⑨ 指示灯电路　指示灯电路的作用是显示空调器的运行状态，主要元件为串行移位集成电路、反相驱动器、三极管、2位数码管、发光二极管。

⑩ 蜂鸣器电路　蜂鸣器电路的作用是提示已接收到遥控器信号，主要元件为反相驱动器和蜂鸣器。

⑪ 步进电机电路　步进电机电路的作用是驱动步进电机运行，从而带动导风板上下旋转运行，主要元件为反相驱动器和步进电机。

⑫ 主控继电器电路　主控继电器电路的作用是向室外机提供电源，主要元件为反相驱动器和主控继电器。

⑬ PG电机驱动电路　PG电机驱动电路的作用是驱动PG电机运行，主要元件为扼流圈、光耦晶闸管、室内风机电容、室内风机（PG电机）。

⑭ 辅助电加热电路　辅助电加热电路的作用是控制电加热器的接通和断开，主要元件器件为反相驱动器、12.5A保险管、辅助电加热继电器、辅助电加热。

二、单元电路对比

1. 电源电路

电源电路对比见图10-6，作用是为室内机主板提供直流12V和5V电压。

常见有两种类型：即使用变压器降压和使用开关电源电路。交流变频空调器或直流变频空调器室内风机使用PG电机（供电为交流220V），普遍使用变压器降压型式的电源电路，也是目前最常见的设计型式，只有少数机型使用开关电源电路。

全直流变频空调器室内风机为直流电机（供电为直流300V），普遍使用开关电源电路。

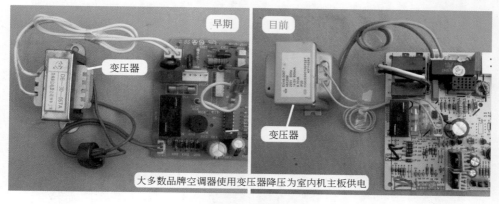

图10-6　电源电路

2. CPU三要素电路

对比见图10-7，CPU三要素电路是CPU正常工作的必备电路，包含直流5V供电电路、复位电路、晶振电路。

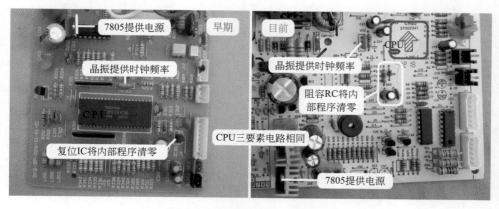

图10-7　室内机CPU三要素电路

无论是早期还是目前的室内机主板，三要素电路工作原理完全相同，即使不同也只限于使用元件的型号。

3. 传感器电路

传感器电路对比见图10-8，作用是为CPU提供温度信号，环温传感器检测房间温度，管温传感器检测蒸发器温度。

早期和目前的室内机主板传感器电路相同，均是由环温传感器和管温传感器组成。

图10-8　传感器电路

4. 接收器电路、应急开关电路

接收器电路和应急开关电路对比见图10-9，接收器电路将遥控器发射的遥控信号传送至CPU，应急开关电路在无遥控器时可以操作空调器的运行。

早期和目前的室内机主板两者电路基本相同，即使不同也只限于应急开关的设计位置或型号，目前生产的接收器表面涂有绝缘胶（减少空气中水分引起的漏电概率）。

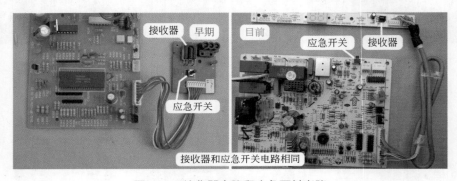

图10-9　接收器电路和应急开关电路

5. 过零检测电路

过零检测电路对比见图10-10，作用是为CPU提供过零信号，以便CPU驱动光耦晶闸管（俗称光耦可控硅）。

使用变压器供电的主板，检测元件为NPN型三极管，取样电压为变压器二次绕组整流电路；使用开关电源电路供电的主板，检测元件为光耦，取样电压为交流220V输入电源。

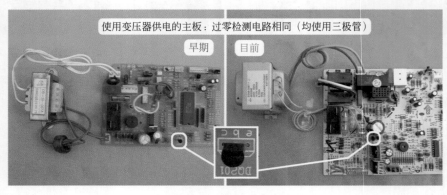

图10-10　过零检测电路

6. 显示电路

显示电路对比见图10-11，作用是显示空调器的运行状态。

早期多使用单色的发光二极管，目前多使用双色的发光二极管，或者使用指示灯＋数码管组合的方式。

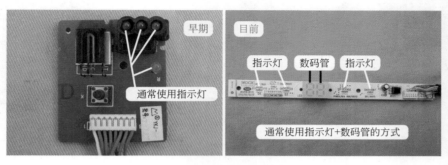

图10-11　显示电路

7. 蜂鸣器电路、主控继电器电路

蜂鸣器和主控继电器电路对比见图10-12，蜂鸣器电路提示已接收到遥控器信号或应急开关信号，并且已处理。主控继电器电路为室外机供电。

早期和目前的主板两者电路相同。

 说明

　　有些空调器蜂鸣器发出响声为和弦音。

图10-12　蜂鸣器和主控继电器电路

8. 步进电机电路

步进电机电路对比见图10-13，作用是带动导风板上下旋转运行。

早期和目前的主板电路相同。

 说明

　　有些空调器也使用步进电机驱动左右导风板。

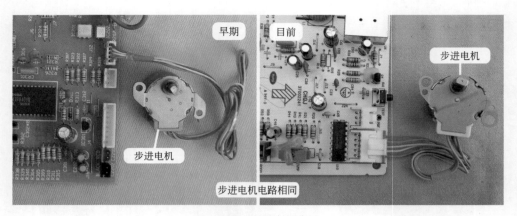

图10-13 步进电机电路

9. 室内风机（PG电机）驱动电路、霍尔反馈电路

室内风机驱动和霍尔反馈电路对比见图10-14，室内风机驱动电路改变PG电机的转速，霍尔反馈电路向CPU输入代表PG电机实际转速的霍尔信号。

早期和目前的主板两者电路相同。

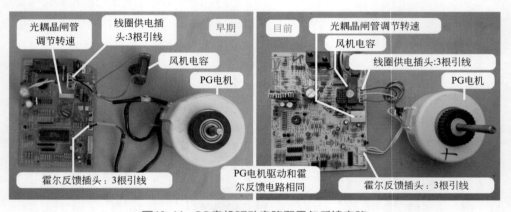

图10-14 PG电机驱动电路和霍尔反馈电路

第二节 室外机主板

一、电控系统组成和主要元件

1. 硬件组成

图10-15为室外机电控系统电气接线图，图10-16为室外机电控系统实物外形和作用（不含压缩机、室外风机、端子排等）。

室外机电控系统由主板（AP1）、滤波电感（L）、压缩机、压缩机顶盖温度开关（压缩机过载）、室外风机（风机）、四通阀线圈（4YV）、室外环温传感器（环境感温包）、室外管温传感器（管温感温包）、压缩机排气传感器（排气感温包）、端子排（XT）组成。

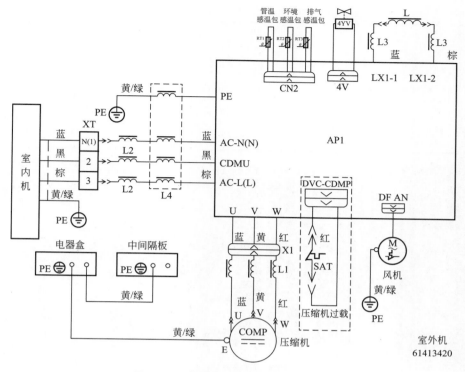

图10-15　室外机电控系统电气接线图

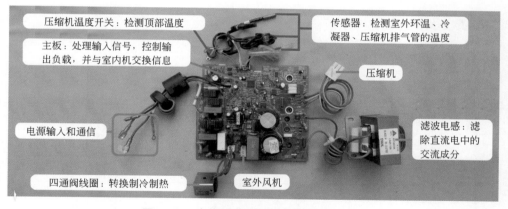

图10-16　室外机电控系统实物外形和作用

2. 室外机主板插座

　　表10-2为室外机主板插座明细，图10-17为室外机主板插座实物图，插座引线的代号以英文字母表示。由于室外机只设有1块主板，将室外机CPU和模块集成在一起，因此主板的插座较少。

　　室外机主板有供电才能工作，为其供电有电源L输入、电源N输入、地线3个端子；为了和室内机主板通信，设有通信线；输入部分设有室外环温传感器、室外管温传感器、压缩机排气传感器、压缩机顶盖开关，设有室外环温－室外管温－压缩机排气传感器插座、压缩机顶盖温度开关插座；直流300V供电电路中设有外置滤波电感，外接有滤波电感的2个插头；输出负载有压缩机、室外风机、四通阀线圈，相对应设有压缩机对接插头、室外风机插座、四通阀线圈插座。

表10-2　室外机主板插座明细

标号	名称	标号	名称	标号	名称
A	棕线：相线输入	B	蓝线：零线输入	C	黑线：通信
D	黄绿色：地线	E	滤波电感输入	F	滤波电感输出
G	压缩机	H	四通阀线圈	I	室外风机
G	压缩机温度开关	K	\multicolumn{3}{c}{室外环温 - 室外管温 - 压缩机排气传感器}

图10-17　室外机主板插座实物图

3. 室外机主板电子元件

　　表10-3为室外机主板电子元件明细，图10-18为室外机主板电子元件实物图，电子元件以阿拉伯数字表示。

表10-3　室外机主板电子元件明细

标号	名称	标号	名称	标号	名称
1	15A保险管	2	压敏电阻	3	放电管
4	扼流圈	5	PTC电阻	6	主控继电器
7	整流硅桥	8	快恢复二极管	9	IGBT开关管
10	滤波电容（2个）	11	模块	12	室外风机继电器
13	室外风机电容	14	四通阀线圈继电器	15	3.15A保险管
16	开关变压器	17	开关电源集成电路	18	TL431
19	稳压光耦	20	3.3V稳压电路	21	CPU
22	存储器	23	相电流放大集成电路	24	PFC取样集成电路
25	模块保护集成电路	26	PFC取样电阻	27	模块电流取样电阻
28	电压取样电阻	29	PFC驱动集成电路	30	反相驱动器
31	发光二极管	32	通信电源降压电阻	33	通信电源滤波电容
34	通信电源稳压二极管	35	发送光耦	36	接收光耦

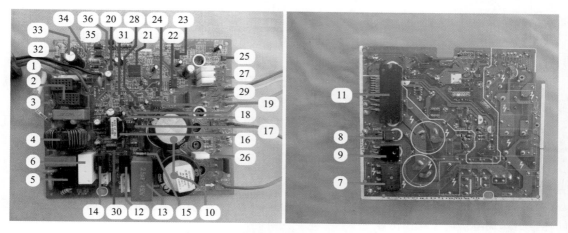

图10-18 室外机主板电子元件实物图

4. 单元电路作用

图10-19为室外机主板电路方框图，由方框图可知，主板主要由5部分电路组成，即电源电路、输入部分电路、输出部分电路、模块电路、通信电路。

① 交流220V输入电压电路 该电路的作用是过滤电网带来的干扰，以及在输入电压过高时保护后级电路。其由15A保险管、压敏电阻、扼流圈等元件组成。

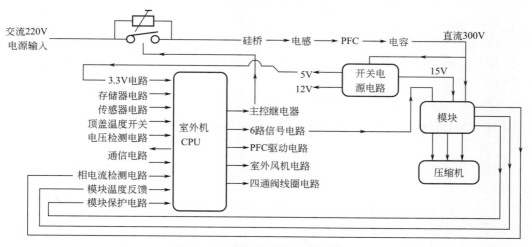

图10-19 室外机主板电路方框图

② 直流300V电压形成电路 该电路的作用是将交流220V电压变为纯净的直流300V电压。由PTC电阻、主控继电器、整流硅桥、滤波电感、快恢复二极管、IGBT开关管、滤波电容等元件组成。

③ 开关电源电路 该电路的作用是将直流300V电压转换成直流15V、直流12V、直流5V电压，其中直流15V为模块内部控制电路供电，直流12V为继电器和反相驱动器供电，直流5V为弱电信号电路和3.3V稳压集成电路供电，3.3V为CPU和弱电信号电路供电。

开关电源电路由3.15A保险管、开关变压器、开关电源集成电路、TL431、稳压光耦、二极管等组成。

④ CPU电路 CPU是室外机电控系统的控制中心，处理输入电路的信号和对室内机进行

通信，并对负载进行控制。

⑤ 存储器电路　该电路的作用是存储相关参数和数据，供CPU运行时调取使用。其主要元件为存储器。

⑥ 传感器电路　该电路的作用是为CPU提供温度信号。室外环温传感器检测室外环境温度，室外管温传感器检测冷凝器温度，压缩机排气传感器检测压缩机排气管温度。

⑦ 压缩机顶盖温度开关电路　该电路的作用是检测压缩机顶部温度是否过高，主要由顶盖温度开关组成。

⑧ 电压检测电路　该电路的作用是向CPU提供输入市电电压的参考信号，主要元件为电压取样电阻。

⑨ 相电流检测电路　该电路的作用是提供压缩机运行电流和位置信号，主要元件为电流取样电阻和相电流放大集成电路。

⑩ PFC电路　该电路的作用是提高电源的功率因数，主要由PFC取样电阻、PFC取样集成电路、PFC驱动集成电路、快恢复二极管、IGBT开关管等。

⑪ 通信电路　该电路的作用是与室内机主板交换信息，主要元件为降压电阻、滤波电容、稳压二极管、发送光耦和接收光耦。

⑫ 指示灯电路　该电路的作用是指示室外机的状态，主要由发光二极管组成。

⑬ 主控继电器电路　该电路的作用是待滤波电容充电完成后主控继电器触点闭合，短路PTC电阻。驱动主控继电器线圈的元件为2003反相驱动器和主控继电器。

⑭ 室外风机电路　该电路的作用是控制室外风机运行，主要由反相驱动器、室外风机电容、继电器和室外风机等元件组成。

⑮ 四通阀线圈电路　该电路的作用是控制四通阀线圈的供电与失电，主要由反相驱动器、继电器、四通阀线圈等元件组成。

⑯ 6路信号电路　6路信号控制模块内部6个IGBT开关管的导通与截止，使模块输出频率与电压均可调的模拟三相交流电，6路信号由室外机CPU输出。该电路主要由CPU和模块等元件组成。

⑰ 模块保护电路　模块保护信号由模块输出，送至室外机CPU，该电路主要由模块和CPU组成。

⑱ 模块电流保护电路　该电路的作用是在压缩机相电流过大时，控制模块停止工作，主要由模块保护集成电路（25）组成。

⑲ 模块温度反馈电路　该电路的作用是使CPU实时检测模块温度，信号由模块输出至CPU。

二、单元电路对比

1. 直流300V电压形成电路

直流300V电压形成电路对比见图10-20，作用是将输入的交流220V电压转换为平滑的直流300V电压，为模块和开关电源电路供电。

早期和目前的电控系统均是由PTC电阻、主控继电器、硅桥、滤波电感、滤波电容5个主要部件组成。

不同之处在于滤波电容的结构形式，早期电控系统通常由1个容量较大的电容构成，目前电控系统通常由2～4个容量较小的电容并联组成。

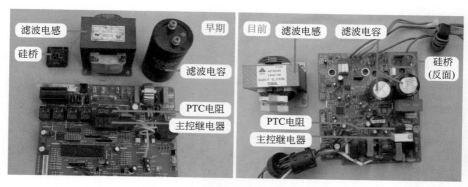

图10-20　直流300V电压形成电路

2. PFC电路

PFC含义为功率因数校正，该电路的作用是提高功率因数，减少电网干扰和污染。

早期空调器通常使用无源PFC电路，见图10-21左图，在整流电路中增加滤波电感，通过LC（滤波电感和电容）来提高功率因数。

目前空调器通常使用有源PFC电路，见图10-21右图，在无源PFC基础上主要增加了IGBT开关管、快恢复二极管等元件，通过室外机CPU计算和处理，驱动IGBT开关管来提高功率因数。

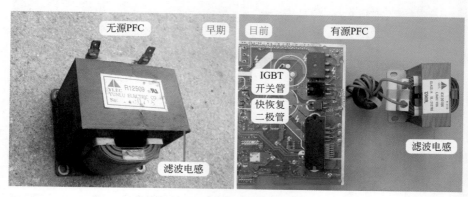

图10-21　PFC电路

3. 开关电源电路

开关电源电路对比见图10-22，变频空调器的室外机电源电路，全部使用开关电源电路，为室外机主板提供直流12V和5V电压，为模块内部控制电路提供直流15V电压。

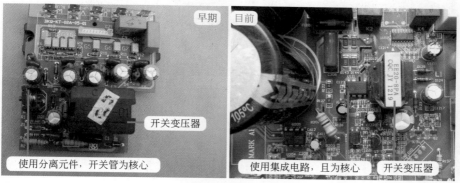

图10-22　开关电源电路

早期主板通常由分离元件组成，以开关管和开关变压器为核心，输出的直流15V电压通常为4路。

目前主板通常使用集成电路的方式，以集成电路和开关变压器为核心，直流15V电压通常为单路输出。

4. CPU 三要素电路

CPU三要素电路是CPU正常工作的必备电路，具体内容参见室内机CPU。

早期和目前大多数空调器主板的CPU三要素电路原理均相同，见图10-23左图，供电为直流5V，设有外置晶振和复位电路。

格力变频空调器室外机主板CPU使用DSP芯片，见图10-23右图，供电为直流3.3V，无外置晶振。

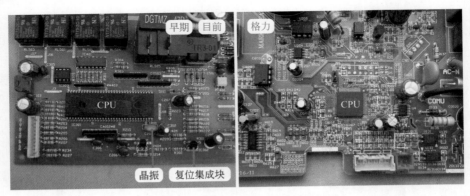

图10-23　室外机CPU三要素电路

5. 存储器电路

存储器电路对比见图10-24，作用是存储相关参数和数据，供CPU运行时调取使用。

存储器型号：早期主板多使用93C46，目前主板多使用24CXX系列（24C01、24C02、24C04等）。

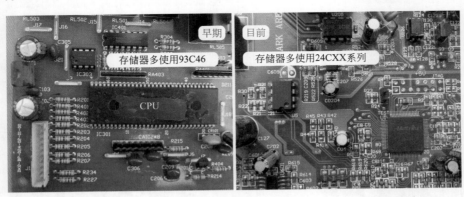

图10-24　存储器电路

6. 传感器电路、压缩机顶盖温度开关电路

传感器和压缩机顶盖温度开关电路对比见图10-25，作用是为CPU提供温度信号，室外环温传感器检测室外环境温度，室外管温传感器检测冷凝器温度，压缩机排气传感器检测压缩机排气管温度，压缩机顶盖温度开关检测压缩机顶部温度是否过高。

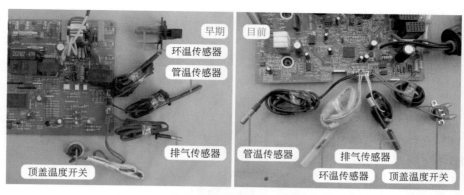

图10-25　传感器和压缩机顶盖温度开关电路

早期和目前的主板两者电路相同。

7. 瞬时停电电路

瞬时停电电路对比见图10-26，作用是向CPU提供输入市电电压是否接触不良的信号。

早期主板使用光耦检测，目前主板则不再设计此电路，通常由室内机CPU检测过零信号，通过软件计算得出输入的市电电压是否正常。

图10-26　瞬时停电电路

8. 电压检测电路

电压检测电路对比见图10-27，作用是向CPU提供输入市电电压的参考信号。

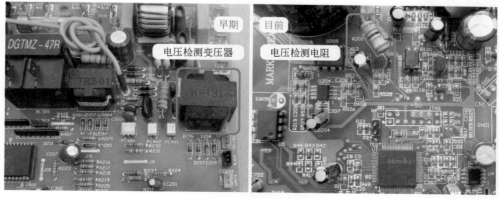

图10-27　电压检测电路

早期主板多使用电压检测变压器，向CPU提供随市电变化而变化的电压，CPU内部电路根据软件计算出相应的市电电压值。

目前主板CPU通过检测直流300V电压，由软件计算出相应的交流市电电压值，起到间接检测市电电压的目的。

9. 电流检测电路

电流检测电路对比见图10-28，作用是提供室外机运行电流信号或压缩机运行电流信号，由CPU通过软件计算出实际的运行电流值，以便更好地控制压缩机。

早期主板通常使用电流检测变压器，向CPU提供室外机运行的电流参考信号。

目前主板由模块其中的一个引脚，或模块电流取样电阻，输出代表压缩机运行的电流参考信号，由外部电路将电流信号放大后提供给CPU，通过软件计算出压缩机实际运行电流值。

> 说明
>
> 早期和目前的主板还有另外一种常见类型，就是使用电流互感器。

 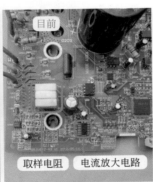 

图10-28　电流检测电路

10. 模块保护电路

模块保护电路对比见图10-29，模块保护信号由模块输出，送至室外机CPU。

早期主板模块输出的信号经光耦耦合送至室外机CPU，目前主板模块输出的信号直接送至室外机CPU。

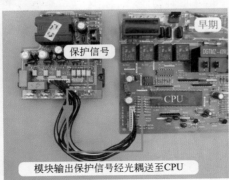 

图10-29　模块保护电路

11. 主控继电器电路、四通阀线圈电路

主控继电器和四通阀线圈电路对比见图10-30，主控继电器电路控制主控继电器触点的导通与断开，四通阀线圈电路控制四通阀线圈供电与失电。

早期和目前主板两者电路相同。

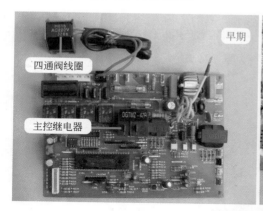

图10-30　主控继电器和四通阀线圈电路

12. 室外风机电路

室外风机电路对比见图10-31，作用是控制室外风机运行。

早期空调器室外风机一般为2挡风速或3挡风速，室外机主板有2个或3个继电器；目前空调器室外风机转速一般只有1个挡位，室外机主板只设有1个继电器。

 说明

目前空调器部分品牌的机型，也有使用2挡或3挡风速的室外风机；如果为全直流变频空调器，室外风机供电为直流300V，不再使用继电器。

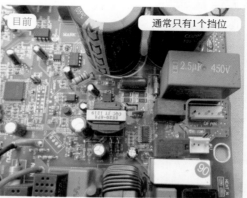

图10-31　室外风机电路

13. 6路信号电路

6路信号电路对比见图10-32，6路信号由室外机CPU输出，通过控制模块内部6个IGBT开关管的导通与截止，将直流300V电压转换为频率与电压均可调的模拟三相交流电，驱动压

缩机运行。

　　早期主板CPU输出的6路信号不能直接驱动模块，需要使用光耦传递，因此模块与室外机CPU通常设计在两块电路板上，中间通过连接线连接。

　　目前主板CPU输出的6路信号可以直接驱动模块，因此通常做到一块电路板上，不再使用连接线和光耦。

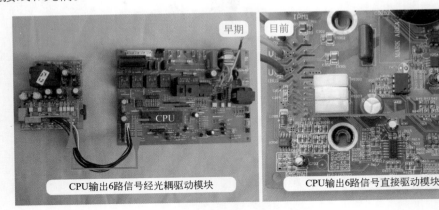

图10-32　6路信号电路

第三节　通信电路

　　通信电路由室内机和室外机主板2部分单元电路组成，并且在实际维修中该电路故障率比较高，因此单设一节进行详细说明。

一、电路数据和专用电源类型

1. 通信电路数据

（1）通信数据结构

　　室内机（副机）、室外机（主机）之间的通信数据均由16个字节组成，每个字节由一组8位二进制编码构成。室内机和室外机进行通信时，首字节先发送一个代表开始识别码的字节，然后依次发送第1～16字节数据信息，最后发送一个结束识别码字节，至此完成一次通信，每组通信数据见表10-4。

表10-4　通信数据结构

命令位置	数据内容	备注
第1字节	通信源地址（自己地址）	室内机地址——0、1、2……255
第2字节	通信目标地址（对方地址）	室外机地址——0、1、2……255
第3字节	命令参数	高4位：要求对方接收参数的命令 低4位：向对方传输参数的命令
第4字节	参数内容1	

命令位置	数据内容	备注
第5字节	参数内容2	
. . .	. . .	
第15字节	参数内容12	
第16字节	校验和	校验和 = 【∑（第1字节 + 第2字节 + 第3字节+……第13字节 + 第14字节 + 第15字节）】+ 1

（2）编码规则

① 命令参数　第三字节为命令参数，见图10-33，由"要求对方接收参数的命令"和"向对方传输参数的命令"2部分组成，在8位编码中，高4位是要求对方接收参数的命令，低4位是向对方传输参数的命令，高4位和低4位可以自由组合。

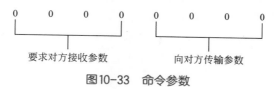

图10-33　命令参数

② 参数内容

参数内容见表10-5，第4字节至第15字节分别可表示12项参数内容，每1个字节主、副机所表示的内容略有差别。

表10-5　参数内容

命令位置	室内机向室外机发送内容	室外机向室内机发送内容
第4字节	当前室内机的机型	当前室外机的机型
第5字节	当前室内机的运行模式	当前室外机的实际运行频率
第6字节	要求压缩机运行的目标频率	当前室外机保护状态1
第7字节	强制室外机输出端口的状态	当前室外机保护状态2
第8字节	当前室内机保护状态1	当前室外机冷凝器的温度值
第9字节	当前室内机保护状态2	当前室外机环境温度值
第10字节	当前室内机的设定温度	当前压缩机的排气温度值
第11字节	当前室内风机转速	当前室外机的运行总电流值
第12字节	当前室内的环境温度值	当前室外机的电压值
第13字节	当前室内机的蒸发器温度值	当前室外机的运行模式
第14字节	当前室内机的能级系数	当前室外机的状态
第15字节	当前室内机的状态	预留

（3）通信规则

图10-34为通信电路简图，PC1为室外机发送光耦、PC2为室外机接收光耦、RC1为室内机发送光耦、RC2为室内机接收光耦。

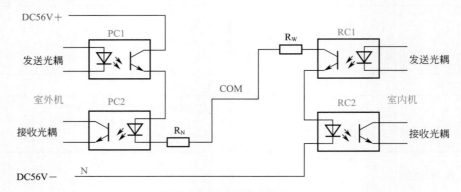

图10-34 通信电路简图

空调器通电后，室内机和室外机主板就会自动进行通信，按照既定的通信规则，用脉冲序列的形式将各自的电路状况发送给对方，收到对方正常信息后，室内机和室外机电路均处于待机状态。当进行开机操作时，室内机CPU把预置的各项工作参数及开机指令送到RC1的输入端，通过通信回路进行传输；室外机PC2输入端收到开机指令及工作参数内容后，由输出端将序列脉冲信息送给室外机CPU，整机开机，按照预定的参数运行。室外机CPU在接收到信息50ms后输出反馈信息到PC1的输入端，通过通信回路传输到室内机RC2输入端，RC2输出端将室外机传来的各项运行状况参数送至室内机CPU，根据收集到的整机运行状况参数确定下一步对整机的控制。

由于室内机和室外机之间相互传递的通信信息，产生于各自的CPU，其信号幅度＜5V。而室内机与室外机的距离比较远，如果直接用此信号进行室内机和室外机的信号传输，很难保证信号传输的可靠度。因此，在变频空调器中，通信回路一般都采用单独的电源供电，供电电压多数使用直流24V，通信回路采用光耦传送信号，通信电路与室内机和室外机的主板上电源完全分开，形成独立的回路。

2. 专用电源设计型式

通信电路的作用是室内机主板CPU和室外机主板CPU交换信息，根据常见通信电路专用电源的设计位置和电压值可以分为3种。

（1）直流24V、设在室内机主板上

目前变频空调器中通信电路最常见的设计类型是通信电路电源为直流24V，见图10-35，设计在室内机主板上，一般使用4脚光耦。

（2）直流56V、设在室外机主板上

通常应用在格力品牌的变频空调器，通信电路电源为直流56V，设在室外机主板上，一般使用4脚光耦。

（3）直流140V、设在室外机主板上

通常见于早期的交流变频空调器或海尔品牌的变频空调器，见图10-36，通信电路电源为直流140V，设在室外机主板上，并且较多使用6脚光耦。

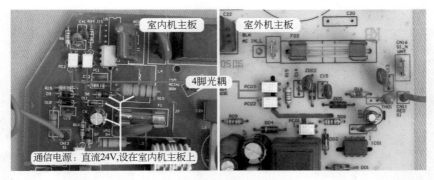

图10-35 直流24V通信电路

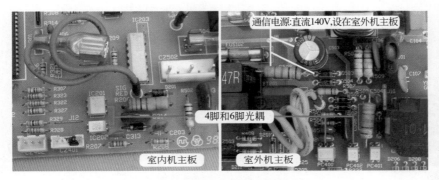

图10-36 直流140V通信电路

二、工作原理

本小节以格力KFR-32GW/（32556）FNDe-3挂式变频空调器为例，介绍目前主板通信电源使用直流56V电压的通信电路工作原理。

1. 电路组成

完整的通信电路由室内机主板CPU、室内机通信电路、室内机和室外机连接线、室外机主板CPU、室外机通信电路组成。

（1）主板

通信电路见图10-37，室内机主板CPU的作用是产生通信信号，该信号通过通信电路传送至室外机主板CPU，同时接收由室外机主板CPU反馈的通信信号并做处理；室外机主板CPU的作用与室内机主板CPU相同，也是发送和接收通信信号。

（2）室内机和室外机连接线

变频空调器室内机和室外机共有4根连接线，见图10-38，1号蓝线为零线N，2号黑线为通信线COM，3号棕线为相线L，地线直接固定在外壳铁皮上。

L与N接交流220V电压，由室内机输出为室外机供电，此时N为零线；COM与N为室内机和室外机的通信电路提供回路，COM为通信线，此时N为通信电路专用电源（直流56V）的负极，因此N有双重作用。

在接线时室内机L与N和室外机接线端子应相同，不能接反，否则通信电路不能构成回路，造成通信故障。

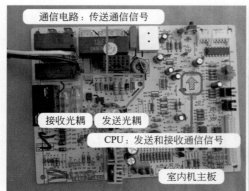
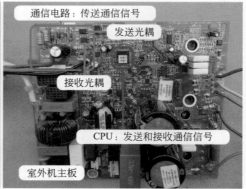

图10-37　室内机和室外机主板通信电路

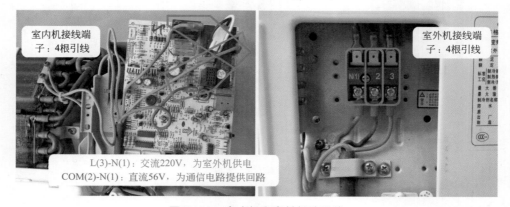

图10-38　室内机和室外机连接线

2. 通信电路工作原理

变频空调器一般采用单通道半双工异步串行通信方式，室内机和室外机之间通过以二进制编码形式组成的数据组，进行各种数据信号的传递。半双工的含义为室内机向室外机发送信号时，室外机只能接收，而不能同时也发送信号。同理，当室外机向室内机发送信号的同时，室内机也只能接收信号。

本机空调器室外机为主机，室内机为副机。室内机和室外机均通电后，由主机（室外机）向副机（室内机）发送信号或由副机向主机发送信号，均在收到对方信号处理完50ms后进行。通信以室外机为主，正常情况室外机发送信号之后等待接收，如500ms仍未接收到反馈信号，则再次发送当前的命令，如果2min内仍未收到室内机的应答（或应答错误），则出错报警，同时发送信息命令给室内机。以室内机为副机，室内机未接收到室外机的信号时，则一直等待，不发送信号。

（1）直流56V电压形成电路

图10-39为通信电路原理图。从图中可知，室内机CPU㉛脚为发送引脚、U4为发送光耦，㉚脚为接收引脚、U3为接收光耦；室外机CPU㉞脚为发送引脚、U132为发送光耦，㊵脚为接收引脚，U131为接收光耦。

通信电路电源使用专用的直流56V电压，见图10-40，设在室外机主板。电源电压相线L由电阻R1311和R1312降压、D134整流、C0502滤波、R136分压，在稳压管ZD134（稳压值56V）两端形成直流56V电压，为通信电路供电，N为直流56V电压的负极。

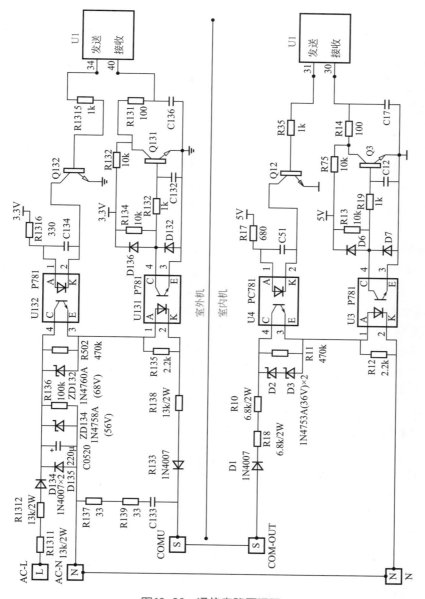

图10-39 通信电路原理图

图10-40 直流56V电压形成电路

（2）信号流程

室内机和室外机的通信数据由编码组成，室内机和室外机的CPU在处理时，均会将数据转换为高电平1或低电平0的数值发给对方（例如编码为101011），再由对方的CPU根据编码翻译出室外机或室内机的参数信息（例如翻译结果为室内管温为10℃、压缩机当前运行频率为75Hz），共同对整机进行控制。

一旦室外机出现异常状况，在相应的字节中就会出现与故障内容相对应的编码内容，通过通信电路传送至室内机CPU，室内机CPU针对故障内容立即发出相应的控制指令，整机电路就会出现相应的保护动作。同样，当室内机电路检测到异常时，室内机CPU也会及时发出相对应的控制指令至室外机CPU，以采取相应的保护措施。

本机室内机CPU为5V供电，高电平为直流5V；室外机CPU为3.3V供电，高电平为3.3V，低电平均为0V。

室内机和室外机CPU传送数据时为同相设计，即室外机CPU发送高电平信号时，室内机CPU接收也同样为高电平信号，室外机CPU发送低电平信号时，室内机CPU接收也同样为低电平信号。

① 室外机CPU发送高电平信号、室内机CPU接收信号

通信电路处于室外机发送、室内机接收时，见图10-41，室内机CPU发送信号㉛脚首先输出5V高电平电压经电阻R35送至三极管Q12基极B，电压为0.7V，集电极C和发射极E导通，U4初级侧②脚发光二极管负极接地，5V电压经电阻R17、U4初级发光二极管和地构成回路，初级侧两端电压为1.1V，使得次级侧光电三极管集电极④脚和发射极③脚导通，为室外机CPU发送通信信号提供先决条件。

室外机CPU㉞脚发送高电平信号时，输出电压3.3V经电阻R1315送至三极管Q132基极，电压为0.7V，集电极和发射极导通，3.3V电压经电阻R1316、U132初级发光二极管、Q132集电极、Q132发射极和地构成回路，U132初级侧两端电压为1.1V，使得次级侧集电极和发射极导通，整个通信回路闭合，流程如下：通信电源56V→U132的④脚集电极→U132的③脚发射极→U131的①脚发光二极管正极→U131的②脚发光二极管负极→电阻R138→二极管D133→室内外机连接线→室内机主板X11端子（COM-OUT）→D1→R18→R10→U4的④脚→U4的③脚→U3的①脚→U3的②脚→N端构成回路，使得U3初级侧两端的电压为1.1V，次级侧④、③脚导通，三极管Q3基极电压为0.1V，集电极和发射极截止，5V电压经电阻R75和R14，为CPU接收信号㉚脚供电，为高电平约5V，和室外机CPU发送信号㉞脚的高

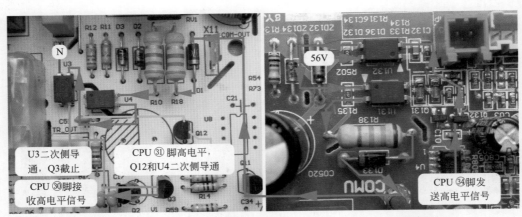

图10-41　室外机CPU发送高电平信号、室内机CPU接收信号流程

电平相同，实现了室外机CPU发送高电平信号，室内机CPU接收高电平信号的过程。

② 室外机CPU发送低电平信号、室内机CPU接收信号

见图10-42，当室外机CPU㉞脚发送低电平信号，输出电压为0V，Q132基极电压也为0V，集电极和发射极截止，U132的②脚负极不能接地，因此3.3V电压经R1316不能构成回路，U132的初级侧①-②脚电压为0V，次级侧④、③脚截止，U132的③脚电压为0V，此时通信回路断开，使得室内机主板U3初级侧两端电压为0V，次级侧④、③脚截止，5V电压经R13、R19为Q3基极供电，电压为0.7V，集电极和发射极导通，CPU接收信号㉚脚经R14、Q3集电极、Q3发射极接地，为低电平0V，和室外机发送信号㉞脚的低电平相同，实现了室外机CPU发送低电平信号，室内机CPU接收低电平信号的过程。

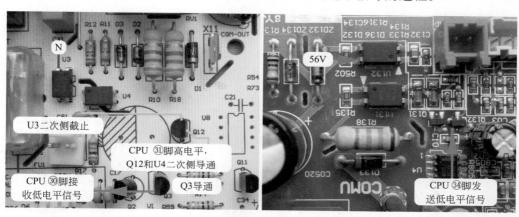

图10-42　室外机CPU发送低电平信号、室内机CPU接收信号流程

③ 室内机CPU发送高电平信号、室外机CPU接收信号

通信电路处于室内机发送、室外机接收时，见图10-43，室外机CPU发送信号㉞脚首先输出3.3V高电平电压，经R1315送至Q132基极，电压为0.7V，集电极和发射极导通，U132初级侧②脚发光二极管负极接地，3.3V电压经R1316、U132初级发光二极管和地构成回路，初级侧两端电压为1.1V，使得次级侧④脚和③脚导通，为室内机CPU发送通信信号提供先决条件。

室内机CPU㉛脚发送高电平信号时，输出电压5V经R35送至Q12基极，电压为0.7V，集电极和发射极导通，5V电压经电阻R17、U4初级发光二极管、Q12集电极、Q12发射极和地构成回路，U4初级侧两端电压为1.1V，次级侧④脚集电极和③脚发射极导通，整个通信回

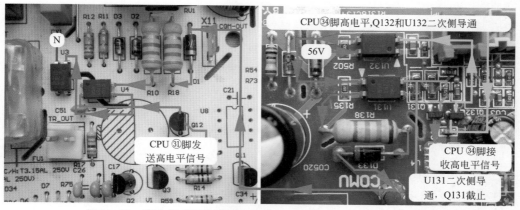

图10-43　室内机CPU发送高电平信号、室外机CPU接收信号流程

路闭合，使得室外机接收光耦U131初级侧两端的电压为1.1V，次级侧④、③脚导通，Q131基极电压为0V，集电极和发射极截止，3.3V电压经R132和R131为CPU接收信号㊵脚供电，为高电平约3.3V，和室内机CPU发送信号㉛脚的高电平相同，实现了室内机CPU发送高电平信号，室外机CPU接收高电平信号的过程。

④ 室内机CPU发送低电平信号、室外机CPU接收信号

见图10-44，当室内机CPU㉛脚发送低电平信号，输出电压为0V，Q12基极电压也为0V，集电极和发射极截止，U4的②脚负极不能接地，因此5V电压经R17不能构成回路，U4的初级侧①、②脚电压为0V，次级侧④、③脚截止，U4的③脚电压为0V，此时通信回路断开，使得室外机主板U131初级侧两端电压为0V，次级侧④、③脚截止，3.3V电压经R134、R133为Q131基极供电，电压为0.7V，集电极和发射极导通，CPU接收信号㊵脚经R131、Q131集电极、Q131发射极接地，为低电平0V，和室内机发送信号㉛脚的低电平相同，实现了室内机CPU发送低电平信号，室外机CPU接收低电平信号的过程。

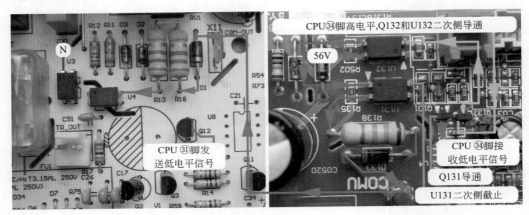

图10-44　室内机CPU发送低电平信号、室外机CPU接收信号流程

3. 通信电压跳变范围

室内机和室外机CPU输出的通信信号均为脉冲电压，通常在0～5V之间变化。光耦初级发光二极管的电压也是时有时无，有电压时次级光电三极管导通，无电压时次级光电三极管截止，通信回路由于光耦次级光电三极管的导通与截止，工作时也是时而闭合时而断开，因而通信回路工作电压为跳动变化的电压。

测量通信电路电压时，使用万用表直流电压挡，黑表笔接N（1）号端子、红表笔接2号COM端子。根据图10-34的通信电路简图，可得出以下结果。

室外机发送光耦U132次级光电三极管截止、室内机发送光耦U4次级光电三极管导通，直流56V通信电压断开，此时N与COM端子电压为0V。

U132次级导通、U4次级导通，此时相当于直流56V电压对串联的R_N和R_W电阻进行分压。在格力KFR-32GW/（32556）FNDe-3空调器的通信电路中，$R_N = R_{18} + R_{10} = 13.6kW$，$R_W = R_{138} = 13kW$，此时测量N与COM端子的电压相当于测量$R_N$两端的电压，根据分压公式$R_N/(R_N+R_W)×56V$可计算得出，约等于28V。

U132次级导通、U4次级截止，此时N与COM端子电压为直流56V。

根据以上结果得出的结论是：测量通信回路电压即N与COM端子，理论的通信电

压变化范围为0V ～ 28V ～ 56V，但是实际测量时，由于光耦次级光电三极管导通与截止的转换频率非常快，见图10-45，万用表显示值通常在6V ～ 27V ～ 51V之间循环跳动变化。

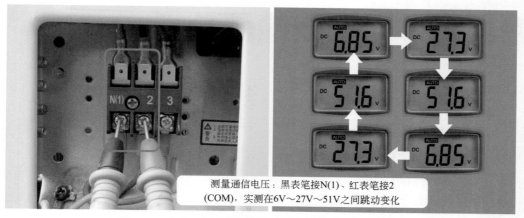

测量通信电压：黑表笔接N(1)、红表笔接2(COM)，实测在6V～27V～51V之间跳动变化

图10-45 测量通信电路N（1）和COM（2）端子电压

本章以格力KFR-32GW/（32556）FNDe-3直流变频空调器的室内机电控系统为基础，分析变频空调器室内机主板单元电路的工作原理等知识。

第一节　电源电路和CPU三要素电路

一、电源电路

1. 工作原理

图11-1为电源电路原理图，图11-2为实物图，表11-1为关键点电压。电源电路作用是将交流220V电压降压、整流、滤波、稳压后转换为直流12V和5V为主板供电。

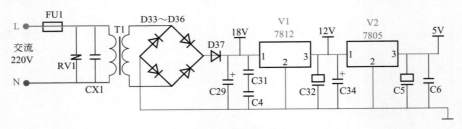

图11-1　电源电路原理图

电容CX1为高频旁路电容，用以旁路电源引入的高频干扰信号。FU1（3.15A熔丝管）、RV1（压敏电阻）组成过压保护电路，当输入电压正常时，对电路没有影响；而当电压高于一定值，RV1迅速击穿，将前端FU1熔丝管（俗称保险管）熔断，从而保护主板后级电路免受损坏。

变压器T1、D33、D34、D35、D36（整流二极管）、D37、C29（主滤波电容）、C31、C4组成降压、整流、滤波电路。变压器T1将输入电压交流220V降低至约交流16V，从二次绕组输出，至由D33～D36组成的桥式整流电路，变为脉动直流电（其中含有交流成分），经D37再次整流、C29滤波，滤除其中的交流成分，成为纯净的约直流18V电压。

V1、C32、C34组成12V电压产生电路。V1（7812）为12V稳压块，①脚输入端为直流18V，经7812内部电路稳压，③脚输出端输出稳定的直流12V电压，为12V负载供电。

V2、C5、C6组成5V电压产生电路。V2（7805）为5V稳压块，①脚输入端为直流12V，经7805内部电路稳压，③脚输出端输出稳定的直流5V电压，为5V负载供电。

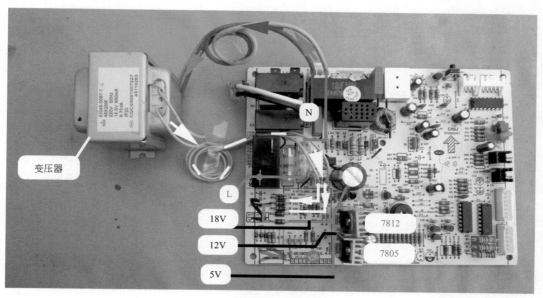

图11-2　电源电路实物图

表11-1　电源电路关键点电压

变压器插座		V1：7812			V2：7805		
一次绕组	二次绕组	①脚	②脚	③脚	①脚	②脚	③脚
约交流220V	约交流15.8V	约直流18.1V	直流0V	直流12V	直流12V	直流0V	直流5V

2. 直流12V和5V负载

图11-3为直流12V和5V负载，图中红线连接12V负载、蓝线连接5V负载。

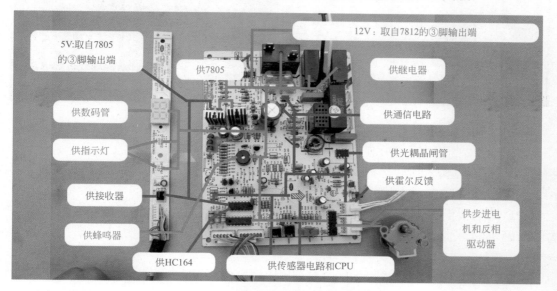

图11-3　直流12V和5V电压负载

① 直流12V负载

直流12V取自7812的③脚输出端，主要负载：7805稳压块、继电器线圈、步进电机线圈、反相驱动器、蜂鸣器、显示板组件上指示灯和数码管等。

 说明

显示板组件上指示灯和数码管通常使用直流5V供电，但本机例外。

② 直流5V负载

直流5V取自7805的③脚输出端，主要负载：CPU、HC164、传感器电路、通信电路、光耦晶闸管、PG电机内部的霍尔反馈电路板、显示板组件上接收器等。

二、CPU三要素电路

1. CPU作用和引脚功能

CPU是一个大规模的集成电路，作为室内机电控系统的控制中心，内部写入了运行程序（或工作时调取存储器中的程序）。CPU根据引脚方向分类，常见有2种，见图11-4，即两侧引脚和四面引脚。

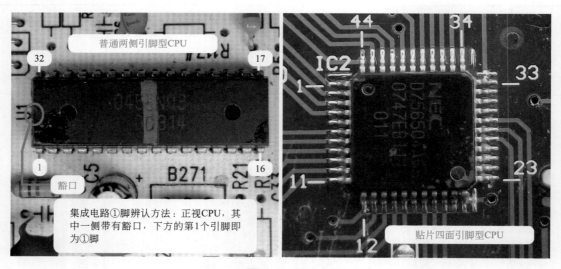

图11-4 CPU

室内机CPU的作用是接收使用者的操作指令，结合室内环温、管温传感器等输入部分电路的信号，进行运算和比较，控制室内风机和步进电机等负载运行，并将各种数据通过通信电路传送至室外机CPU，共同控制使空调器按使用者的意愿工作。

CPU是主板上引脚最多的元器件，现在主板CPU的引脚功能都是空调器厂家结合软件来确定的，也就是说同一型号的CPU，在不同空调器厂家主板上引脚功能是不一样的。

格力KFR-32GW/（32556）FNDe-3空调器室内机CPU为贴片封装，安装在主板反面，掩膜型号为D79F8513A，见图11-5，共有44个引脚在四面伸出，表11-2为主要引脚功能。

 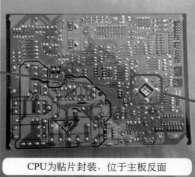 

CPU为贴片封装，位于主板反面

图11-5　室内机CPU

表11-2　D79F8513A主要引脚功能

输入部分电路			输出部分电路		
引脚	英文代号	功能	引脚	英文代号	功能
⑮	KEY	按键开关	㊵、㊴、①、㊷、㊸	LED、LCD	驱动指示灯和数码管
㊹	REC	遥控信号	㉙、㉘、㉗、㉖	SWING-UD	步进电机
㉞	ROOM	环温	⑯	BUZ	蜂鸣器
㉟	TUBE	管温	㉒	PG	室内风机
㉓	ZERO	过零检测	㉕	HEAT	辅助电加热
㉑	PGF	霍尔反馈	㉔		主控继电器
㉚	RX	通信-接收	㉛	TX	通信-发送
⑪	VDD	供电			
⑩	VSS	地			
⑦	X2	晶振		CPU三要素电路	
⑧	X1	晶振			
③	RST	复位			

2. 工作原理

图11-6为CPU三要素电路原理图，图11-7为实物图，表11-3为关键点电压。

电源、复位、时钟称为三要素电路，是CPU正常工作的前提，缺一不可，否则会死机，引起空调器上电无反应故障。

① CPU⑪脚是电源供电引脚，由7805的③脚输出端直接供给。

② 复位电路将内部程序处于初始状态。CPU③脚为复位引脚，和外围元器件电解电容C57、瓷片电容C52、电阻R92、二极管D5组成低电平复位电路。初始上电时，5V电压首先经R92为C57充电，C57正极电压由0V逐渐上升至5V，因此CPU③脚电压相对于电源⑪脚要延时一段时间（一般为几十毫秒），将CPU内部程序清零，对各个端口进行初始化。

③ 时钟电路提供时钟频率。CPU⑦脚、⑧脚为时钟引脚，内部电路与外围元件B1（晶振）、电阻R32组成时钟电路，提供4MHz稳定的时钟频率，使CPU能够连续执行指令。

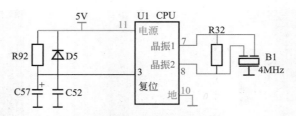

图11-6　CPU三要素电路原理图

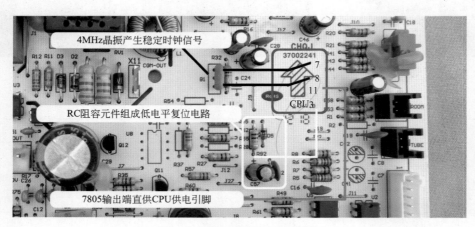

4MHz晶振产生稳定时钟信号

RC阻容元件组成低电平复位电路

7805输出端直供CPU供电引脚

图11-7　CPU三要素电路实物图

表11-3　CPU三要素电路关键点电压

⑪脚-供电	⑩脚-地	③脚-复位	⑦脚-晶振	⑧脚-晶振
5V	0V	5V	2.6V	2.4V

第二节　输入部分单元电路

一、跳线帽电路

> **说明**
>
> 跳线帽电路常见于格力空调器主板，其他品牌空调器的室内机主板通常未设此电路。

1. 跳线帽安装位置和工作原理

跳线帽插座JUMP位于主板弱电区域，见图11-8，跳线帽安装在插座上面。跳线帽上面数字表示对应机型，如3表示此跳线帽所安装的主板，安装在制冷量为3200W的挂式直流变频空调器，CPU按制冷量3200W的室内风机转速、同步电机角度、蒸发器保护温度等参数进行控制。

 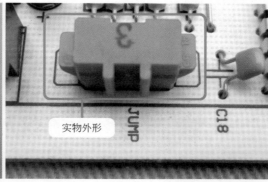

图11-8　跳线帽安装位置和实物外形

标注3的跳线帽，见图11-9，其中4、5导通，CPU上电时按导通的引脚以区分跳线帽所代表的机型，检测完成后，调取制冷量为3200W的相应参数对空调器进行控制。

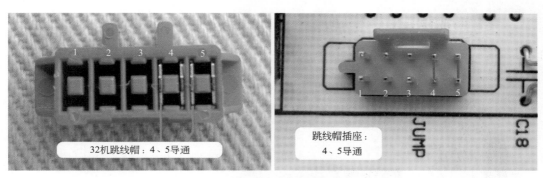

图11-9　跳线帽插头和插座

2. 常见故障

掀开室内机进风格栅，见图11-10左图，就会看到通常贴在右下角的提示：更换控制器（本书称为室内机主板）时，请务必将本机控制器上的跳线帽插到新的控制器上，否则，指示灯会闪烁（或显示C5），并不能正常开机。

见图11-10右图，如检查主板损坏，在更换主板时，新主板并未配带跳线帽，需要从旧主板上拆下跳线帽，并安装到新主板上跳线帽插座，新主板才能正常运行。

图11-10　常见故障

说明

　　CPU仅在上电时对跳线帽进行检测，上电后即使取下跳线帽，空调器也能正常运行。如上电后CPU未检测到跳线帽，显示C5代码，此时再安装跳线帽，空调器也不会恢复正常，只有断电，再次上电CPU复位后才能恢复正常。

二、应急开关电路

1. 按键设计位置

　　应急开关电路的作用是在遥控器丢失或损坏的情况下，使用应急开关按键，空调器可应急使用，工作在自动模式，不能改变设定温度和风速。

　　根据空调器设计不同，应急开关按键设计位置也不相同。见图11-11左图，部分品牌的空调器将按键设计在显示板组件位置，使用时可以直接按压；见图11-11右图，格力或其他部分品牌的空调器将按键设在室内机主板，使用时需要掀开进风格栅，且使用尖状物体才能按压。

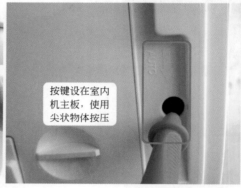

图11-11　按键设计位置

2. 工作原理

　　图11-12为应急开关电路原理图，图11-13为实物图。

　　CPU⑮脚为应急开关按键检测引脚，正常时为高电平直流5V，应急开关按下时为低电平0.1V，CPU根据目前状态时低电平的次数，进入相应的控制程序。

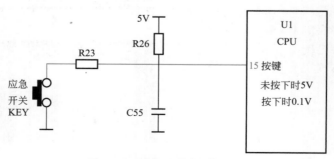

图11-12　应急开关电路原理图

开机方法：在处于待机状态时，按压1次应急开关按键，空调器进入自动运行状态，CPU根据室内温度自动选择制冷、制热、送风等模式，以达到舒适的效果。按压按键使空调器运行时，在任何状态下都可用遥控器控制，转入遥控器设定的运行状态。

关机方法：在运行状态下，按压1次应急开关按键，空调器停止工作。

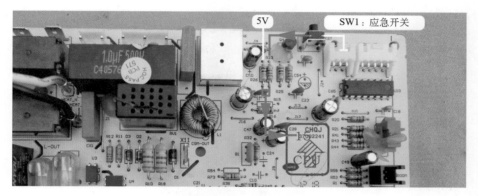

图 11-13 应急开关电路实物图

三、接收器电路

图11-14为接收器电路原理图，图11-15为实物图，该电路的作用是接收遥控器发送的红外线信号、处理后送至CPU引脚。

遥控器发射含有经过编码的调制信号以38kHz为载波频率，发送至位于显示板组件上的接收器REC1，REC1将光信号转换为电信号，并进行放大、滤波、整形，经R48、R47送至CPU㊹脚，CPU内部电路解码后得出遥控器的按键信息，从而对电路进行控制；CPU每接收到遥控器信号后会控制蜂鸣器响一声给予提示。

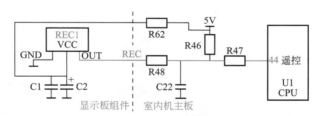

图 11-14 接收器电路原理图

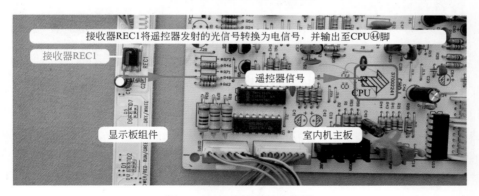

图 11-15 接收器电路实物图

四、传感器电路

1. 安装位置和作用

（1）室内环温传感器

图 11-16 为室内环温传感器安装位置。

① 室内环温传感器固定在室内机的进风口位置，作用是检测室内房间温度。

② 和遥控器的设定温度相比较，决定压缩机的频率或者室外机的运行与停止。

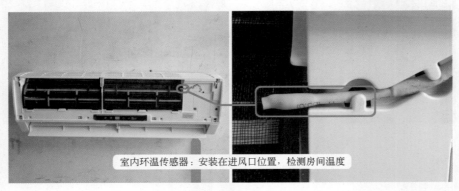

室内环温传感器：安装在进风口位置，检测房间温度

图 11-16　室内环温传感器安装位置

（2）室内管温传感器

图 11-17 为室内管温传感器安装位置。

① 室内管温传感器检测孔焊在蒸发器的管壁上，作用是检测蒸发器温度。

② 制冷或除湿模式下，室内管温传感器≤－1℃时，压缩机降频运行，当连续 3min 检测到室内管温传感器≤－1℃时，压缩机停止运行。

③ 制热模式下，室内管温传感器≥55℃时，禁止压缩机频率上升；室内管温传感器≥58℃时，压缩机降频运行；室内管温传感器≥62℃时，压缩机停止运行。

室内管温传感器：安装在蒸发器管壁，检测蒸发器温度

图 11-17　室内管温传感器安装位置

（3）实物外形

见图 11-18，室内环温和室内管温传感器均只有 2 根引线。不同的是，室内环温传感器使用塑封探头，室内管温传感器使用铜头探头。

格力空调器室内环温传感器护套标有（GL/15K），表示传感器型号为 25℃/15kΩ；室内管温传感器护套标有（GL/20K），表示传感器型号为 25℃/20kΩ。

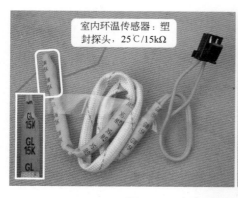
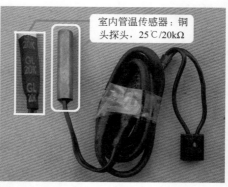

图 11-18　室内环温和管温传感器实物外形

2. 传感器特性

空调器使用的传感器为负温度系数的热敏电阻，负温度系数是指温度上升时其阻值下降，温度下降时其阻值上升。

以型号 25℃/20kΩ 的管温传感器为例，测量在降温（15℃）、常温（25℃）、加热（35℃）的 3 个温度下，传感器的阻值变化情况。

① 图 11-19 左图为降温（15℃）时测量传感器阻值，实测为 31.4kΩ。

② 图 11-19 中图为常温（25℃）时测量传感器阻值，实测为 20kΩ。

③ 图 11-19 右图为加热（35℃）时测量传感器阻值，实测为 13.1kΩ。

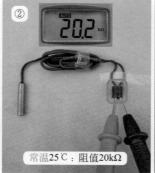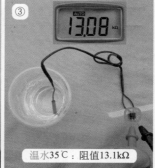

图 11-19　测量传感器阻值

3. 工作原理

图 11-20 为传感器电路原理图，图 11-21 为管温传感器电路实物图，表 11-4 为管温传感器（25℃/20kΩ）温度阻值与 CPU 引脚电压（分压电阻 20kΩ）对应关系。

室内环温和管温传感器电路工作原理相同，以管温传感器为例。管温传感器 TUBE（负温度系数热敏电阻）和电阻 R5 组成分压电路，R5 两端即 CPU㉟脚电压的计算公式为：5×R5/（管温传感器阻值 +R5）；管温传感器阻值随蒸发器温度的变化而变化，CPU㉟脚电压也相应变化。管温传感器在不同的温度有相应的阻值，CPU㉟脚为相对应的电压值，因此蒸发器温度与 CPU㉟脚电压为成比例的对应关系，CPU 根据不同的电压值计算出蒸发器实际温度，对整机进行控制。假如制热模式下 CPU 检测蒸发器温度超过 62℃，则控制压缩机停机，并报出相应的故障代码。

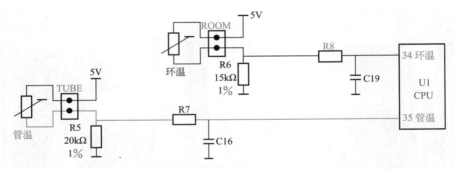

图 11-20　传感器电路原理图

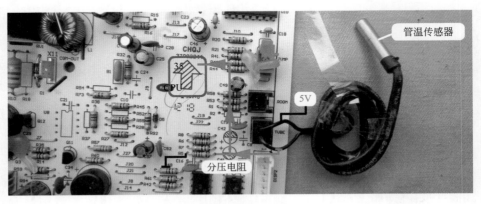

图 11-21　管温传感器电路实物图

表 11-4　管温传感器温度阻值与 CPU 引脚电压对应关系

温度 /℃	-10	-5	0	6	25	30	50	60	70
阻值 /kΩ	110.3	84.6	65.3	48.4	20	16.1	7.17	4.94	3.48
CPU 电压 /V	0.76	0.95	1.17	1.46	2.5	2.77	3.68	4	4.25

4. 常温下测量分压点电压

由于环温和管温传感器 25℃时阻值和各自的分压电阻阻值相同，因此在同一温度下分压点电压即 CPU 引脚电压应相同或接近。

在房间温度约 25℃时，见图 11-22，使用万用表直流电压挡，测量传感器插座电压，实测公共端为 5V，环温传感器分压点电压为 2.5V，管温传感器分压点电压为 2.5V。

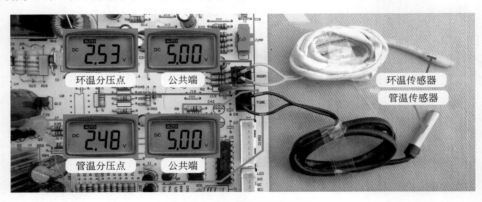

图 11-22　测量分压点电压

一、显示电路

1. 显示方式和室内机主板电路

见图11-23，格力KFR-32GW/（32556）FNDe-3空调器室内机使用指示灯＋数码管的方式进行显示，室内机主板和显示板组件由一束2个插头共13根的引线连接。

室内机主板显示电路主要由U5串行移位寄存器HC164、U2反相驱动器2003、6个三极管和电阻等组成。

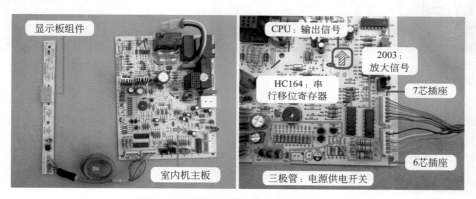

图11-23 显示方式和室内机主板电路

2. 显示板组件

见图11-24，显示板组件共设有5个指示灯：化霜、制热、制冷、电源/运行、除湿；使用1个2位数码管，可显示设定温度、房间温度、故障代码等。

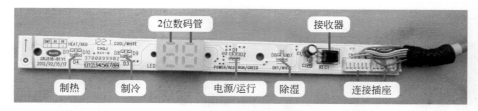

图11-24 显示板组件主要元件

3. 74HC164引脚功能

U5为74HC164集成电路，功能是8位串行移位寄存器，双列14个引脚，其中⑭脚为5V供电、⑦脚为地；①脚和②脚为数据输入（DATA），2个引脚连在一起接CPU㊵脚；⑧脚为时钟输入（CLK），接CPU㊴脚；⑨脚为复位，实接直流5V。

HC164的③、④、⑤、⑥、⑩、⑪、⑫共7个引脚为输出，接反相驱动器（2003）U2的输入侧⑦、⑥、⑤、④、③、②、①共7个脚，U2输出侧⑩、⑪、⑫、⑬、⑭、⑮、⑯共7个引脚经插座DISP2连接显示板组件上2位数码管和56个指示灯。

4. 工作原理

见图 11-25，CPU㊴脚向 U5（HC164）发送时钟信号，CPU㊵脚向 HC164 发送显示数据的信息，HC164 处理后经反相驱动器 U2（2003）反相放大后驱动显示板组件上指示灯和数码管；CPU㊸、㊷、①脚输出信号驱动 6 个三极管，分 3 路控制 2 位数码管和指示灯供电 12V 的接通和断开。

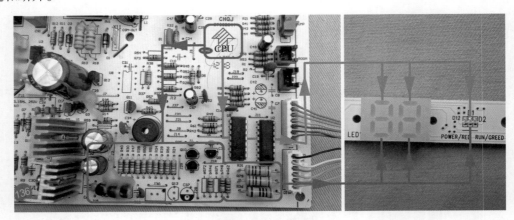

图 11-25　工作原理图

二、蜂鸣器电路

图 11-26 为蜂鸣器电路原理图，图 11-27 为实物图，该电路的作用是 CPU 接收遥控器信号且处理，驱动蜂鸣器发出"嘀"的声响一次予以提示。

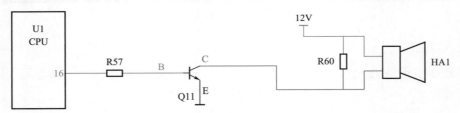

图 11-26　蜂鸣器电路原理图

图 11-27　蜂鸣器电路实物图

空调维修从入门到精通——定频空调+变频空调维修合集

CPU⑯脚是蜂鸣器控制引脚，正常时为低电平；当接收到遥控器信号时引脚变为高电平，三极管Q11基极（B）也为高电平，三极管深度导通，其集电极（C）相当于接地，蜂鸣器得到供电，发出预先录制的"嘀"声或音乐。由于CPU输出高电平时间很短，万用表不容易测出电压。

三、步进电机电路

步进电机线圈驱动方式为4相8拍，共有4组线圈，电机每转一圈需要移动8次。线圈以脉冲方式工作，每接收到一个脉冲或几个脉冲，电机转子就移动一个位置，移动距离可以很小。

图11-28为步进电机电路原理图，图11-29为实物图，表11-5为CPU引脚电压与步进电机状态的对应关系。

CPU㉙、㉘、㉗、㉖脚输出步进电机驱动信号，至反相驱动器U10的输入端⑦、⑥、⑤、④脚，U10将信号放大后在⑩、⑪、⑫、⑬脚反相输出，驱动步进电机线圈，步进电机按CPU控制的角度开始转动，带动导风板上下摆动，使房间内送风均匀，到达用户需要的地方。

室内机主板CPU经反相驱动器放大后将驱动脉冲加至步进电机线圈，如供电顺序为：A-AB-B-BC-C-CD-D-DA-A…，电机转子按顺时针方向转动，经齿轮减速后传递到输出轴，从而带动导风板摆动；如供电顺序转换为：A-AD-D-DC-C-CB-B-BA-A…，电机转子按逆时针转动，带动导风板朝另外一个方向摆动。

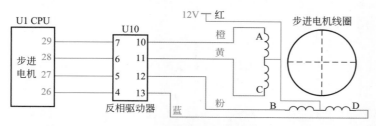

图11-28　步进电机电路原理图

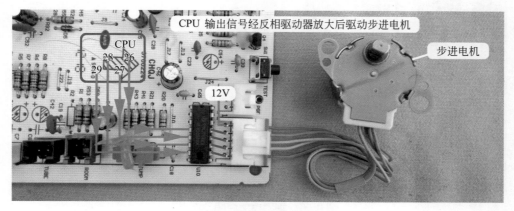

图11-29　步进电机电路实物图

表11-5　CPU引脚电压与步进电机状态的对应关系

CPU：㉙-㉘-㉗-㉖	U10：⑦-⑥-⑤-④	U10：⑩-⑪-⑫-⑬	步进电机状态
1.8V	1.8V	8.6V	运行
0V	0V	12V	停止

四、主控继电器电路

主控继电器电路的作用是接通或断开室外机的供电，图11-30为主控继电器电路原理图，图11-31为继电器触点闭合过程，图11-32为继电器触点断开过程，表11-6为CPU引脚电压与室外机状态的对应关系。

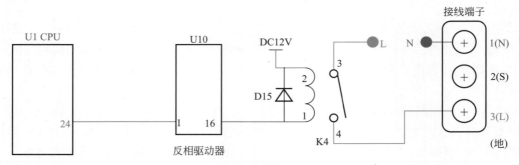

图11-30　主控继电器电路原理图

1. 继电器触点闭合过程

图11-31为继电器触点闭合过程。

当CPU接收到遥控器或应急开关的指令，需要为室外机供电时，㉔脚输出高电平5V，直接送至U10反相驱动器的①脚输入端，电压为5V，U10内部电路翻转，对应⑯脚输出端为低电平约0.8V，继电器K4线圈得到约直流11.2V供电，产生电磁力使触点3、4闭合，接线端子上3号为相线L，与1号N端组合成为交流220V电压，为室外机供电。

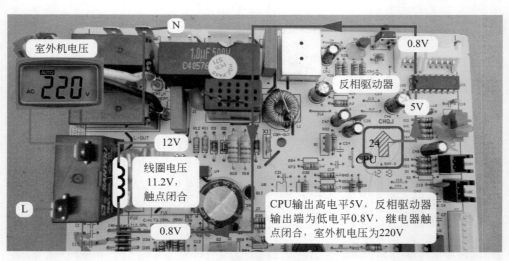

图11-31　继电器触点闭合过程

表11-6　CPU引脚电压与室外机状态的对应关系

CPU㉔脚	U10①脚	U10⑯脚	K4线圈电压	K4触点状态	室外机 供电电压	室外机状态
直流5V	直流5V	直流0.8V	直流11.2V	导通	交流220V	运行
直流0V	直流0V	直流12V	直流0V	断开	交流0V	停止

空调维修从入门到精通——定频空调+变频空调维修合集

2.继电器触点断开过程

图11-32为继电器触点断开过程。

当CPU接收到遥控器或其他指令，需要断开室外机供电时，㉔脚由高电平改为输出低电平0V，U10的①脚也为低电平0V，内部电路不能翻转，其对应⑯脚输出端不能接地，K4线圈两端电压为直流0V，触点3、4断开，接线端子上3号L端断开，与1号N端不能构成回路，交流220V电压断开，室外机因而无电源而停止工作。

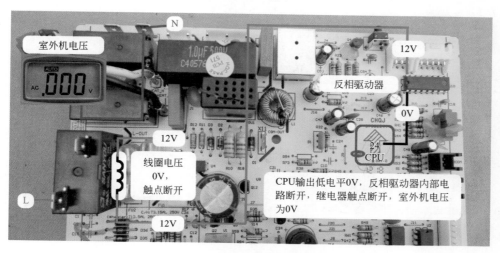

图11-32　继电器触点断开过程

五、辅助电加热继电器电路

1.作用

空调器使用热泵式制热系统，即吸收室外的热量转移到室内，以提高室内温度，如果室外温度低于0℃以下时，空调器的制热效果将明显下降，辅助电加热就是为提高制热效果而设计的。

2.工作原理

图11-33为辅助电加热电路原理图，图11-34为实物图，表11-7为CPU引脚电压与辅助电加热状态的对应关系。

本机主板辅助电加热电路使用2个继电器，分别接通电源L端和N端，CPU只有1个辅助电加热控制引脚，控制方式为2个继电器线圈并联。

当空调器处于制热模式，接收到遥控器或其他指令，CPU需要开启辅助电加热时，㉕脚输出高电平5V，同时送至U10反相驱动器的③脚和②脚（2个引脚相通），电压为5V，U10内部电路翻转，对应⑭脚和⑮脚输出端为低电平约0.8V，继电器K2和K5线圈同时得到约直流11.2V供电，产生电磁力使触点闭合，同时接通L端和N端电源，辅助电加热发热开始工作，和蒸发器的热量叠加吹向房间内，迅速提高房间温度。

当处于除霜过程或接收到其他指令，CPU需要关闭辅助电加热时，㉕脚输出低电平0V，U10的③脚和②脚电压也为0V，内部电路不能翻转，其对应输出端⑭脚和⑮脚不能接地，继电器线圈不能构成回路，K2和K5线圈电压为直流0V，触点断开，L端和N端电源同时断开，辅助电加热停止工作。

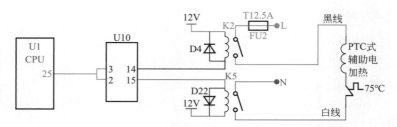

图11-33　辅助电加热电路原理图

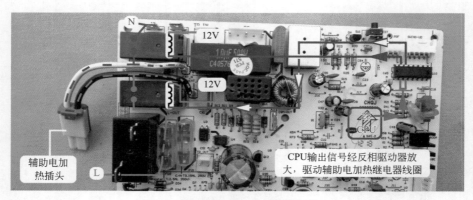

辅助电加热插头

CPU输出信号经反相驱动器放大，驱动辅助电加热继电器线圈

图11-34　辅助电加热电路实物图

表11-7　CPU引脚电压和辅助电加热状态对应关系

CPU㉕脚	U10③②脚	U10⑭⑮脚	K2和K5线圈电压	K2和K5触点状态	辅助电加热电压	辅助电加热状态
直流5V	直流5V	直流0.8V	直流11.2V	导通	交流220V	发热
直流0V	直流0V	直流12V	直流0V	断开	交流0V	停止发热

见图11-35，室内风机（PG电机）安装在室内机右侧，作用是驱动室内贯流风扇。制冷模式下，室内风机驱动贯流风扇运行，强制吸入房间内空气至室内机、经蒸发器降低温度后以一定的风速和流量吹出，来降低房间温度。

室内风机安装在室内机右侧，作用是驱动贯流风扇

贯流风扇　室内风机

图11-35　安装位置和作用

室内风机电路由2个输入部分的单元电路（过零检测电路和霍尔反馈电路）和1个输出部分的单元电路（PG电机电路）组成。

室内机主板上电后，首先通过过零检测电路检查输入交流电源的零点位置，检查正常后，再通过PG电机电路驱动电机运行；PG电机运行后，内部输出代表转速的霍尔信号，送至室内机主板的霍尔反馈电路，供CPU检测实时转速，并与内部数据相比较，如有误差（即转速高于或低于正常值），通过改变光耦晶闸管的导通角，改变PG电机工作电压，PG电机转速也随之改变。

一、过零检测电路

1. 作用

过零检测电路可以理解成向CPU提供一个标准，起点是零电压，光耦晶闸管导通角的大小就是依据这个标准。也就是PG电机高速、中速、低速、超低速均对应一个光耦晶闸管导通角，而每个导通角的导通时间是从零电压开始计算，导通时间不一样，导通角度的大小就不一样，因此电机的转速就不一样。

2. 工作原理

图11-36为过零检测电路原理图，图11-37为实物图，表11-8为关键点电压。

变压器二次绕组输出约交流16V电压，经D33 ～ D36桥式整流输出脉动直流电，其中1路经R63/R3、R4分压，送至三极管Q2基极。

当正半周时基极电压高于0.7V，Q2集电极（C）和发射极（E）导通，CPU㉓脚为低电平约0.1V；当负半周时基极电压低于0.7V，Q2集电极（C）极和发射极（E）极截止，CPU㉓脚为高电平约5V。通过三极管Q2的反复导通、截止，在CPU㉓脚形成100Hz脉冲波形，CPU通过计算，检测出输入交流电源电压的零点位置。

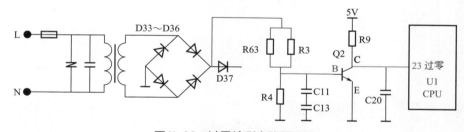

图11-36　过零检测电路原理图

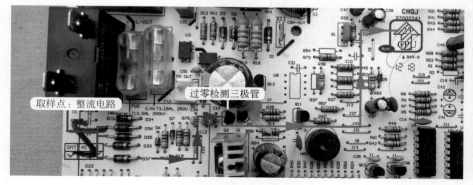

图11-37　过零检测电路实物图

269

表11-8　过零检测电路关键点电压

整流电路输出（D37正极）	Q2：B	Q2：C	CPU㉓脚
约直流13.8V	直流0.7V	直流0.4V	直流0.4V

二、PG电机电路

1. 晶闸管调速原理

晶闸管调速是用改变晶闸管导通角的方法来改变电机端电压的波形，从而改变电机端电压的有效值，达到调速的目的。

当晶闸管导通角 $\alpha_1 = 180°$ 时，电机端电压波形为正弦波，即全导通状态；当晶闸管导通角 $\alpha_1 < 180°$ 时，即非全导通状态，电压有效值减小；α_1 越小，导通越少，则电压有效值越小，所产生的磁场越小，则电机的转速越低。由以上的分析可知，采用晶闸管调速其电机转速可连续调节。

2. 工作原理

图11-38为PG电机电路原理图，图11-39为实物图。

CPU㉒脚为室内风机控制引脚，输出的驱动信号经电阻R25送至三极管Q4基极（B），Q4放大后送至光耦晶闸管U6初级侧发光二极管的负极，U6次级侧晶闸管导通，交流电源L端经扼流圈L1→U6次级送至PG电机线圈的公共端，和交流电源N端构成回路，在风机电容的作用下，PG电机转动，带动室内贯流风扇运行，室内机开始吹风。

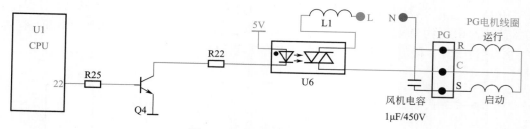

图11-38　PG电机电路原理图

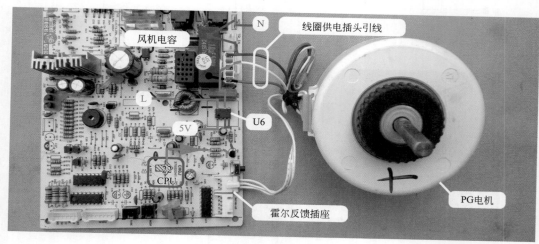

图11-39　PG电机电路实物图

三、霍尔反馈电路

1. 转速检测原理

PG电机内部的转子上装有磁环，见图11-40，霍尔电路板上的霍尔与磁环在空间位置上相对应。

PG电机转子旋转时带动磁环转动，霍尔将磁环的感应信号转化为高电平或低电平的脉冲电压，由输出脚输出至主板CPU；转子旋转一圈，霍尔会输出一个脉冲信号电压或几个脉冲信号电压（厂家不同，脉冲信号数量不同），CPU根据脉冲电压（即霍尔信号）计算出电机的实际转速，与目标转速相比较，如有误差则改变光耦晶闸管的导通角，从而改变PG电机的转速，使实际转速与目标转速相对应。

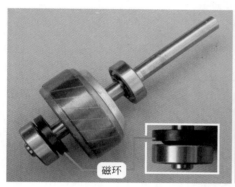
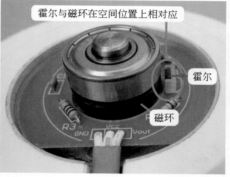

图11-40　转子磁环和工作原理

2. 工作原理

图11-41为霍尔反馈电路原理图，图11-42为实物图，表11-9为霍尔输出引脚电压与CPU引脚电压的对应关系。

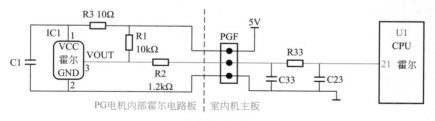

图11-41　霍尔反馈电路原理图

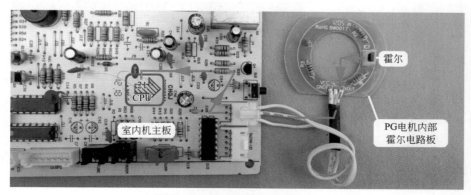

图11-42　霍尔反馈电路实物图

霍尔反馈电路作用是向CPU提供PG电机实际转速的参考信号。PG电机内部霍尔电路板通过标号PGF的插座和室内机主板连接，共有3根引线，即供电直流5V、霍尔反馈输出、地。

PG电机开始转动时，内部电路板霍尔IC1的③脚输出代表转速的信号（霍尔信号），经电阻R2、R33送至CPU的㉑脚，CPU通过霍尔的数量计算出PG电机的实际转速，并与内部数据相比较，如转速高于或低于正常值即有误差，CPU㉒脚（PG电机驱动）输出信号通过改变光耦晶闸管的导通角，改变PG电机线圈插座的交流电压有效值，从而改变PG电机的转速，使实际转速与目标转速相同。

表11-9　霍尔输出引脚电压与CPU引脚电压的对应关系

IC1输出电压	IC1：①脚供电	IC1：③脚输出	PGF反馈引线	CPU㉑脚霍尔
IC1输出低电平	5V	0V	0V	0V
IC1输出高电平	5V	4.98V	4.98V	4.98V
正常运行	5V	2.45V	2.45V	2.45V

3. 测量转速反馈电压

遥控器关机但不拔下空调器电源插头，室内风机停止运行，即空调器处于待机状态，见图11-43，将手从出风口伸入，并慢慢拨动贯流风扇，相当于慢慢旋转PG电机轴。

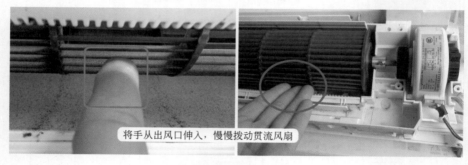

将手从出风口伸入，慢慢拨动贯流风扇

图11-43　拨动贯流风扇

使用万用表直流电压挡，见图11-44，黑表笔接霍尔反馈插座地端子、红表笔接反馈端子测量电压，正常时为0V（低电平）～5V（高电平）～0V～5V的跳变电压，说明室内风机已输出霍尔反馈信号，室内风机正常运行时反馈端电压为稳定的直流2.5V。

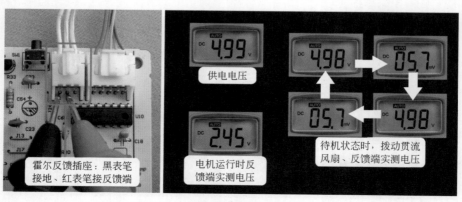

霍尔反馈插座：黑表笔接地、红表笔接反馈端

供电电压

电机运行时反馈端实测电压

待机状态时，拨动贯流风扇、反馈端实测电压

图11-44　测量霍尔反馈插座的反馈端电压

第十二章
室外机单元电路检修分析

本章以格力KFR-32GW/（32556）FNDe-3直流变频空调器的室外机电控系统为基础，分析变频空调器室外机主板单元电路的工作原理等知识。

第一节　直流300V电路和电源电路

一、直流300V电路

图12-1为直流300V电压形成电路原理图，图12-2为主板的正面实物流程，图12-3为反面流程。

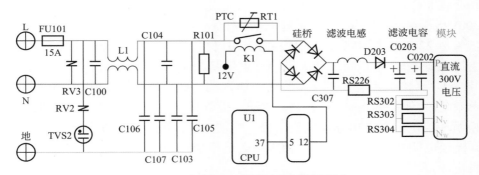

图12-1　直流300V电压形成电路原理图

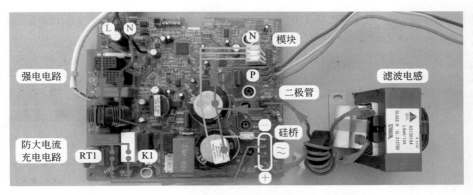

图12-2　直流300V电压形成电路实物图（主板正面流程）

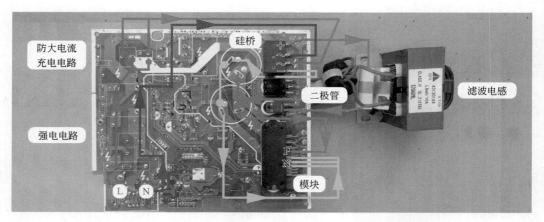

图12-3 直流300V电压形成电路实物图（主板反面流程）

1. 交流输入电路

压敏电阻RV3为过压保护元件，当输入的电网电压过高时击穿，使前端15A保险管FU101熔断进行保护；RV2、TVS2组成防雷击保护电路，TVS2为放电管；C100、L1（交流滤波电感）、C106、C107、C104、C103组成交流滤波电路，具有双向作用，既能吸收电网中的谐波，防止对电控系统的干扰，又能防止电控系统的谐波进入电网。

2. 直流300V电压形成电路

直流300V电压为开关电源电路和模块供电，而模块的输出电压为压缩机供电，因而直流300V电压间接为压缩机供电，所以直流300V电压形成电路工作在大电流状态。主要元器件为硅桥和滤波电容，硅桥将交流220V电压整流后变为脉动直流300V电压，而滤波电容将脉动直流300V电压经滤波后变为平滑的直流300V电压为模块供电。

交流输入220V电压中棕线L相线经FU101保险管、交流滤波电感L1、由PTC电阻RT1和主控继电器K1触点组成防大电流充电电路，送至硅桥的交流输入端，蓝线N零线经滤波电感L1直接送至硅桥的另1个交流输入端，硅桥将交流220V整流成为脉动直流电，正极输出经外接的滤波电感、快恢复二极管D203送至滤波电容C0202和C0203正极，硅桥负极经电阻RS226连接电容负极，滤波电容形成直流300V电压，正极送至模块P端，负极经电阻RS302、RS303、RS304送至模块的3个N端下桥（N_U、N_V、N_W），为模块提供电源。

3. 防大电流充电电路

由于为模块提供直流300V滤波电容的容量通常很大，如本机使用2个680μF电容并联，总容量为1360μF，上电时如果直接为其充电，初始充电电流会很大，容易造成空调器插头与插座间打火或者断路器（俗称空气开关）跳闸，甚至引起整流硅桥或15A供电保险管损坏，因此变频空调器室外机电控系统设有延时防瞬间大电流充电电路，本机由PTC电阻RT1、主控继电器K1组成。

直流300V电压形成电路工作时分为2个步骤，第一步为初始充电，第二步为正常运行。

① 初始充电 图12-4为初始充电时工作流程。

室内机主板主控继电器触点吸合为室外机供电时，交流220V电压中N端直接送至硅桥交流输入端，L端经保险管FU101、交流滤波电感L1、延时防瞬间大电流充电电路后、送至硅桥的交流输入端。

此时主控继电器K1触点为断开状态，L端电压经PTC电阻RT1送至硅桥的交流输入端，PTC电阻为正温度系数的热敏电阻，阻值随温度上升而上升，刚上电时充电电流使PTC电阻温度迅速升高，阻值也随之增加，限制了滤波电容的充电电流，使其两端电压逐步上升至直流300V，防止由于充电电流过大而损坏整流硅桥等故障。

初始充电时：
PTC电阻导通
继电器触点断开

硅桥

图12-4　初始充电

② 正常运行　图12-5为正常运行时工作流程。

滤波电容两端的直流300V电压一路送到模块的P、N端子，另一路送到开关电源电路，开关电源电路开始工作，输出支路中的其中一路输出直流5V电压，经3.3V稳压集成电路后变为稳定的直流3.3V，为室外机CPU供电，CPU开始工作，其㊲脚输出高电平3.3V电压，经反相驱动器放大后驱动主控继电器K1线圈，线圈得电使得触点闭合，L端相线电压经触点直接送至硅桥的交流输入端，PTC电阻退出充电电路，空调器开始正常工作。

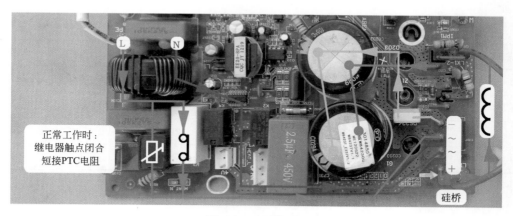

正常工作时：
继电器触点闭合
短接PTC电阻

硅桥

图12-5　正常运行

二、开关电源电路

1.作用

本机使用集成电路类型的开关电源电路，开关电源电路也可称为电压转换电路，就是将输入的直流300V电压转换为直流12V、5V、3.3V为主板CPU等负载供电，以及转换为直流15V电压为模块内部控制电路供电。图12-6为室外机开关电源电路简图。

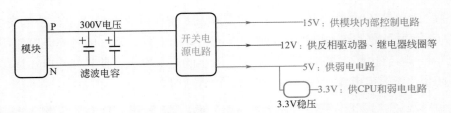

图12-6　室外机开关电源电路简图

2. 工作原理

图12-7为开关电源电路原理图，开关电源电路作用是为室外机主板和模块板提供直流15V、12V、5V电压。

（1）直流300V供电

交流滤波电感、PTC电阻、主控继电器触点、硅桥、滤波电感和滤波电容组成直流300V电压形成电路，输出的直流300V电压主要为模块P、N端子供电，同时为开关电源电路提供电压。

模块输出供电，使压缩机工作，处于低频运行时模块P、N端电压约直流300V；压缩机如升频运行，P、N端子电压会逐步下降，压缩机在最高频率运行时P、N端子电压实测约240V，因此室外机开关电源电路供电在直流240～300V之间。

（2）P1027P65引脚功能

开关电源电路以开关振荡集成电路P1027P65（主板代号U121）为核心，引脚功能见表12-1，其内置振荡电路和场效应开关管，振荡开关频率固定，通过改变脉冲宽度来调整占空比。其采用反激式开关方式，电网的干扰就不能经开关变压器直接耦合至二次绕组，具有较好的抗干扰能力。

表12-1　P1027P65引脚功能

引脚	符号	功能	电压	引脚	符号	功能	电压
①	VCC	电源	8.63V	⑤	D	开关管-漏极	300V
②	RC	斜坡补偿，接①脚	8.63V	⑥		空脚	
③	BO	电压检测	2.18V	⑦	OPP	过载保护，接⑧脚	0V
④	FB	输出电压反馈	0.57V	⑧	GND	地	0V

（3）开关振荡电路

见图12-7，直流300V电压正极经3.15A保险管FU102、开关变压器T121的一次供电绕组（1-2）送至集成电路U121的⑤脚，接内部开关管漏极D；负极接U121的⑧脚即内部开关管源极S和控制电路公共端的地。实物图见图12-8左图。

U121内部振荡器开始工作，驱动开关管的导通与截止，由于开关变压器T121一次供电绕组与二次绕组极性相反，U121内部开关管导通时一次绕组存储能量，二次绕组因整流二极管D125、D124、D123承受反向电压而截止，相当于开路；U121内部开关管截止时，T121一次绕组极性变换，二次绕组极性同样变换，D125、D124、D123正向偏置导通，一次绕组向二次绕组释放能量。

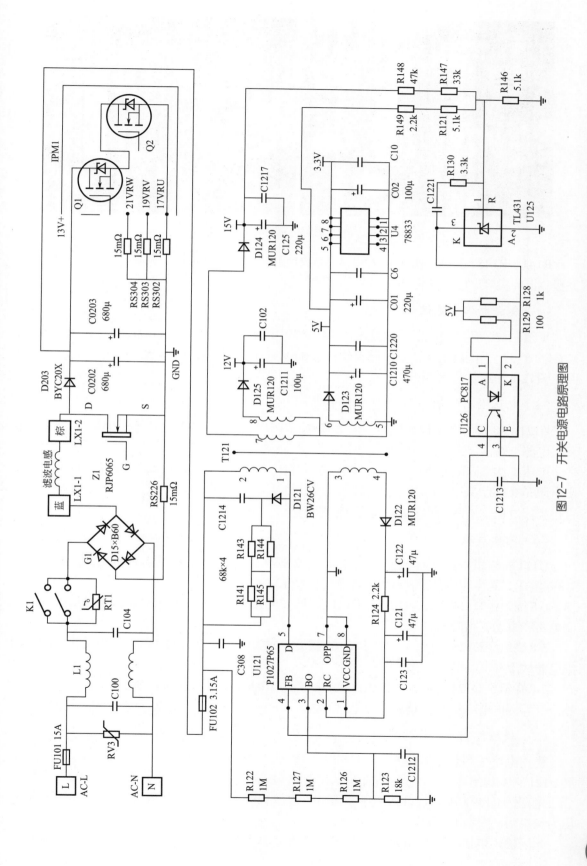

图12-7 开关电源电路原理图

图12-8　300V供电电源和电压检测电路

R141、R145、R143、R144、C1214、D121组成钳位保护电路，吸收开关管截止时加在漏极D上的尖峰电压，并将其降至一定的范围之内，防止过压损坏开关管。

（4）集成电路电源供电

见图12-7，开关变压器一次反馈（3-4）绕组的感应电压经二极管D122整流、电容C122和C121滤波、电阻R124限流，得到约直流8.6V电压，为U121的①脚内部电路供电。实物图见图12-8左图。

（5）电压检测电路

U121的③脚为电压检测引脚，见图12-7，当引脚电压高于4V时或等于0V时，均会控制开关电源电路停止工作。实物图见图12-8右图。

电压检测电路的原理是对直流300V进行分压，上分压电阻是R122、R127、R126，下分压电阻是R123，R123两端即为U121的③脚电压，U121根据③脚电压判断直流300V电压是否过高或过低，从而对开关电源电路进行控制。

（6）输出负载

U121内部开关管交替导通与截止，开关变压器二次绕组得到高频脉冲电压，在6-8、5-8、7-8端输出，其中⑧脚为公共端地，实物图见图12-9左图。

6-8绕组经D124整流、C125和C1217滤波，成为纯净的直流15V电压，为模块的内部控制电路和驱动电路供电。

5-8绕组经D125整流、C1211和C102滤波，成为纯净的直流12V电压，为反相驱动器和继电器线圈等电路供电。

7-8绕组经D123整流、C1210、C1220、C1、C0204滤波，成为纯净的直流5V电压，为指示灯等弱电电路和3.3V稳压集成电路供电。

（7）稳压控制

稳压电路采用脉宽调制方式，由分压电阻、三端误差放大器U125（TL431）、光耦U126和U121的④脚组成。取样点为直流5V和直流15V电压，R146为下分压电阻，5V电压的上分压电阻为R149和R121，15V的上分压电阻为R148和R147，两路取样原理相同，以5V电压为例说明，实物见图12-9右图。

如因输入电压升高或负载发生变化引起直流5V电压升高，上分压电阻（R149和R121）

与下分压电阻（R146）的分压点电压升高，U126（TL431）的①脚参考极（R）电压也相应升高，内部三极管导通能力加强，TL431的③脚阴极（K）电压降低，光耦U126初级两端电压上升，使得次级光电三极管导通能力加强，U121的④脚电压上升，U121内部电路通过减少开关管的占空比，开关管导通时间缩短而截止时间延长，开关变压器储存的能量变小，输出电压也随之下降。

如直流5V输出电压降低，TL431的①脚参考极电压降低，内部三极管导通能力变弱，TL431的③脚阴极电压升高，光耦U126初级发光二极管两端电压降低，次级光电三极管导通能力下降，U121的④脚电压下降，U121通过增加开关管的占空比，开关变压器储存能量增加，输出电压也随之升高。

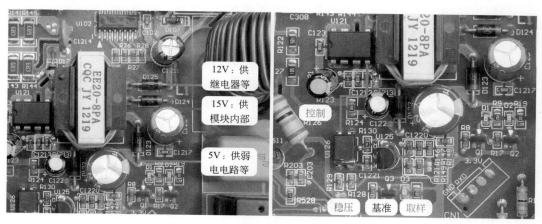

图12-9　输出负载和稳压电路

3. 3.3V电压产生电路

本机室外机CPU使用3.3V供电，而不是常见的5V供电，因此需要将5V电压转换为3.3V，才能为CPU供电，实际电路使用76633芯片用来转换，其共用8个引脚，其中①、②、③、④相通接公共端GND地，⑤、⑥相通为输入端，接5V电压，⑦、⑧相通为输出端，输出3.3V电压。

电路原理图见图12-10左图，实物图见图12-10右图，板号U4为电压转换集成电路76633。开关变压器T121二次输出7-8绕组经D123整流、C1210滤波，产生直流5V电压，经C01和C6再次滤波，送至U4的输入端⑤、⑥脚，76633内部电路稳压后，在⑦、⑧脚输出稳定的3.3V电压，为CPU和弱电信号电路供电。

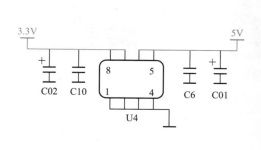

图12-10　3.3V电压产生电路原理图和实物图

一、存储器电路

1. 作用

存储器电路的作用是向CPU提供工作时所需要参数和数据。存储器内部存储有压缩机U/f值、电流保护值和电压保护值等数据,CPU工作时调取存储器的数据对室外机电路进行控制。

2. 工作原理

图12-11为存储器电路原理图,图12-12为实物图,表12-2为存储器关键点电压。

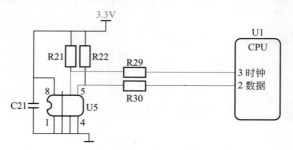

图12-11 存储器电路原理图

本机存储器型号为24C08,主板代码U5,通信过程采用I^2C总线方式,即IC与IC之间的双向传输总线,它有2条线:⑥脚为串行时钟线(SCL),⑤脚为串行数据线(SDA)。

时钟线传递的时钟信号由CPU输出,存储器只能接收;数据线传送的数据是双向的,CPU可以向存储器发送信号,存储器也可以向CPU发送信号。

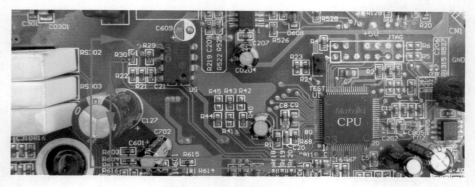

图12-12 存储器电路实物图

表12-2 存储器关键点电压

存储器24C08引脚				CPU引脚	
①、②、③、④、⑦脚	⑧脚	⑤脚	⑥脚	②脚	③脚
0V	3.3V	3.3V	3.3V	3.3V	3.3V

3. 电路相关知识

① 存储器在主板上的英文符号为"IC"（代表为集成电路），常用的型号有93C×× 系列和24C×× 系列；其外观为黑色，位于CPU附近，通常为8个引脚双列设置。

② 存储器硬件一般不会损坏，常见故障为内部数据失效或CPU无法读取数据，出现如能开机但不制冷、风机转速不能调节等故障，CPU会报出"存储器损坏"的故障代码。在实际检修中，单独使用万用表检修存储器电路比较困难，一般使用代换法。

二、传感器电路

1. 安装位置和作用

（1）室外环温传感器

图12-13为室外环温传感器安装位置。

① 室外环温传感器的支架固定在冷凝器的进风面，作用是检测室外环境温度。

② 在制冷和制热模式，决定室外风机转速。

③ 在制热模式，与室外管温传感器温度组成进入除霜的条件。

图12-13　室外环温传感器安装位置

（2）室外管温传感器

图12-14为室外管温传感器安装位置。

① 室外管温传感器检测孔焊在冷凝器管壁，作用是检测室外机冷凝器温度。

图12-14　室外管温传感器安装位置

② 在制冷模式下，判定冷凝器过载。室外管温≥70℃，压缩机停机；当室外管温≤50℃时，3min后自动开机。

③ 在制热模式下，与室外环温传感器温度组成进入除霜的条件。空调器运行一段时间（约40min），室外环温＞3℃时，室外管温≤-3℃，且持续5min；或室外环温＜3℃时，室外环温-室外管温≥7℃，且持续5min。

④ 在制热模式下，判断退出除霜的条件。当室外管温＞12℃时或压缩机运行时间超过8min。

（3）压缩机排气传感器

图12-15为压缩机排气传感器安装位置。

① 压缩机排气传感器检测孔固定在排气管上面，作用是检测压缩机排气管温度。

② 在制冷和制热模式，压缩机排气温度≤93℃，压缩机正常运行；93℃＜压缩机排气温度＜115℃，压缩机运行频率被强制设定在规定的范围内或者降频运行；压缩机排气温度＞115℃，压缩机停机，只有当压缩机排气温度下降到≤90℃时，才能再次开机运行。

图12-15 压缩机排气传感器安装位置

（4）实物外形

3种传感器实物外形见图12-16。

室外环温传感器使用塑封探头，型号为25℃/15kΩ，安装在冷凝器的进风面，为防止冷凝器温度干扰，设在固定支架，并且传感器穿有塑料护套。

室外管温传感器使用铜头探头，型号为25℃/20kΩ，其引线最长，安装在冷凝器的管壁上面。

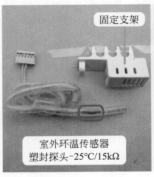
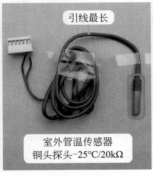
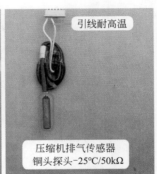

图12-16 传感器实物外形

压缩机排气传感器使用铜头探头，型号为25℃/50kΩ，由于检测孔固定在压缩机排气管上面，因此其引线耐高温。

2. 工作原理

图12-17为室外机传感器电路原理图，图12-18为压缩机排气传感器电路实物图。

CPU⑯脚检测室外环温传感器温度、⑱脚检测室外管温传感器温度、⑮脚检测压缩机排气传感器温度。室外机3路传感器的工作原理相同，与室内机传感器电路工作原理也相同，均为传感器与偏置电阻组成分压电路，传感器为负温度系数（NTC）的热敏电阻。

以压缩机排气传感器电路为例，如压缩机排气管温度由于某种原因升高，压缩机排气传感器温度也相应升高，其阻值变小，根据分压电路原理，分压电阻R801分得的电压也相应升高，输送到CPU⑯脚的电压升高，CPU根据电压值计算得出压缩机排气管温度升高，与内置的程序相比较，对室外机电路进行控制，假如计算得出的温度≥98℃，则控制压缩机的频率禁止上升，温度≥103℃时对压缩机降频运行，温度≥110℃时控制压缩机停机，并将故障代码通过通信电路传送到室内机主板CPU。

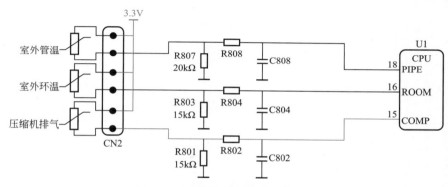

图12-17　室外机传感器电路原理图

图12-18　压缩机排气传感器电路实物图

 说明

　　室外温度约25℃时，CPU的室外环温和室外管温引脚电压约1.65V，压缩机排气引脚电压约0.76V，当拔下传感器插头时CPU引脚电压为0V。

3. 传感器分压点电压

（1）室外环温传感器

格力空调器室外环温传感器通常为25℃/15kΩ，分压电阻阻值为15kΩ，本机传感器电路供电电压为3.3V，而不是常见的直流5V，制冷和制热模式常见温度与电压的对应关系见表12-3。

室外环温传感器测量温度范围，制冷模式在20～40℃之间，制热模式在-10～10℃之间。

表12-3　室外环温传感器温度与电压对应关系

温度/℃	-10	-5	0	5	20	25	35	50	70
阻值/kΩ	82.7	65.5	49	38.2	18.75	15	9.8	5.4	2.6
CPU电压/V	0.51	0.61	0.77	0.93	1.47	1.65	2	2.43	2.8

（2）室外管温传感器

格力空调器室外管温传感器通常为25℃/20kΩ，分压电阻阻值为20kΩ，制冷和制热模式常见温度与电压的对应关系见表12-4。

室外管温传感器测量温度范围，制冷模式在20～70℃之间（包括未开机时），制热模式在-15～10℃之间（包括未开机时）。

表12-4　室外管温传感器温度与电压对应关系

温度/℃	-10	-5	0	5	20	25	35	50	70
阻值/kΩ	110	84.6	65.4	50.9	25	20	13	7.2	3.5
CPU电压/V	0.5	0.63	0.78	0.93	1.47	1.65	2	2.43	2.8

（3）压缩机排气传感器

格力空调器压缩机排气传感器型号通常为25℃/50kΩ，分压电阻阻值为15kΩ，制冷和制热模式常见温度与电压的对应关系见表12-5。

压缩机排气传感器测量温度范围，制冷模式未开机时在20～40℃之间，制热模式未开机时在-10～10℃之间，正常运行时在80～90℃之间，制冷系统出现故障时有可能在90～110℃之间。

表12-5　压缩机排气传感器温度与电压关系

温度/℃	-5	5	25	35	80	90	95	100	110
阻值/kΩ	209	126	50	32.1	6.1	4.5	3.8	3.3	2.5
CPU电压/V	0.22	0.35	0.76	1.05	2.35	2.54	2.63	2.7	2.83

三、温度开关电路

1. 安装位置和作用

压缩机运行时壳体温度如果过高，内部机械部件会加剧磨损，压缩机线圈绝缘层容易因过热击穿发生短路故障。室外机CPU检测压缩机排气传感器温度，如果高于90℃，则会控制压缩机降频运行，使温度降到正常范围以内。

为防止压缩机过热，室外机电控系统还设有压缩机顶盖温度开关作为第二道保护，安装位置见图12-19，作用是即使压缩机排气传感器损坏，压缩机运行时如果温度过高，室外机CPU也能通过顶盖温度开关检测。

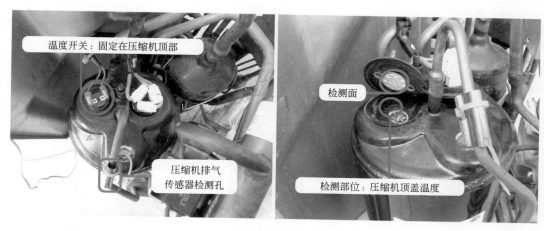

图12-19　温度开关安装位置

顶盖温度开关实物外形见图12-20，作用是检测压缩机顶部温度，正常情况温度开关触点闭合，对室外机运行没有影响；当压缩机顶部温度超过115℃时，温度开关触点断开，室外机CPU检测后控制压缩机停止运行，并通过通信电路将信息传送至室内机主板CPU，报出"压缩机过热"的故障代码。

压缩机停机后，顶部温度逐渐下降，当下降到95℃时，温度开关触点恢复闭合。

2. 工作原理

图12-21为压缩机顶盖温度开关电路原理图，图12-22为实物图，表12-6为温度开关与CPU引脚电压的对应关系，该电路的作用是检测压缩机顶盖温度开关状态。

电路在两种情况下运行，即温度开关为闭合状态或断开状态，插座设计在室外机主板上，CPU根据引脚电压为高电平或低电平，检测温度开关的状态。

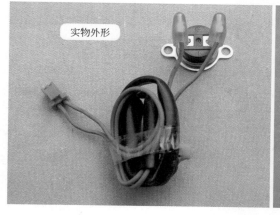

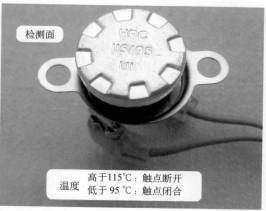

图12-20　顶盖温度开关实物外形

制冷系统正常运行时压缩机顶部温度约85℃，温度开关触点为闭合状态，CPU⑥脚为高电平3.3V，此对电路没有影响。

如果运行时压缩机排气传感器失去作用或其他原因，使得压缩机顶部温度大于115℃，温度开关触点断开，CPU⑥脚经电阻R810、R815接地，电压由3.3V高电平变为0.6V的低电平，CPU检测后立即控制压缩机停机。

从上述原理可以看出，CPU根据⑥脚电压即能判断温度开关的状态。电压为高电平3.3V时判断温度开关触点闭合，对控制电路没有影响；电压为低电平0.6V时判断温度开关触点断开，压缩机壳体温度过高，控制压缩机立即停止运行，并通过通信电路将信息传送至室内机主板CPU，显示"压缩机过热"的故障代码，供维修人员查看。

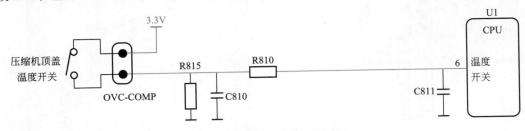

图12-21　温度开关电路原理图

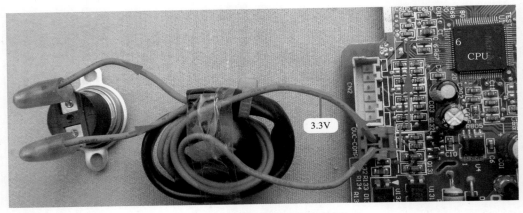

图12-22　温度开关电路实物图

表12-6　温度开关与CPU引脚电压对应关系

温度开关触点状态	OVC-COMP插座下端电压	CPU⑥脚电压
闭合	3.3V	3.3V
断开	0.6V	0.6V

3. 常见故障

电路的常见故障是温度开关在静态（即压缩机未启动）时为断开状态，引起室外机不能运行的故障。检测时使用万用表电阻挡测量引线插头，见图12-23，正常阻值为0Ω；如果测量结果为无穷大，则为温度开关损坏，应急时可将引线剥开，直接短路使用，等有配件时再更换。

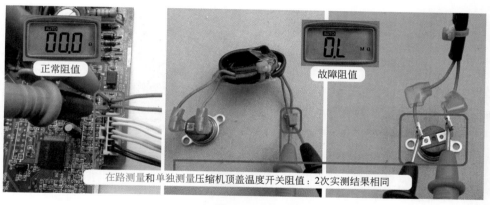

在路测量和单独测量压缩机顶盖温度开关阻值：2次实测结果相同

图12-23　测量温度开关阻值

四、电压检测电路

1. 作用

空调器在运行过程中，如输入电压过高，相应直流300V电压也会升高，容易引起模块和室外机主板过热、过流或过压损坏；如输入电压过低，制冷量下降达不到设计的要求，并且容易损坏电控系统和压缩机。因此室外机主板设置电压检测电路，CPU检测输入的交流电源电压，在过高（超过交流260V）或过低（低于交流160V）时停机进行保护。

目前的电控系统中通常使用通过检测直流300V母线电压，室外机CPU通过软件计算得出输入的交流电压。

 说明

早期的电控系统通常使用电压检测变压器来检测输入的交流220V电压。

2. 工作原理

图12-24为电压检测电路原理图，图12-25为实物图，表12-7为交流输入电压与CPU引脚电压对应关系。该电路的作用是检测输入的交流电源电压，当电压高于交流260V或低于160V时停机，以保护压缩机和模块等部件。

本机电路未使用电压检测变压器等元器件检测输入的交流电压，而是通过电阻检测直流300V母线电压，通过软件计算出实际的交流电压值，参照的原理是交流电压经整流和滤波后，乘以固定的比例（近似1.36）即为输出直流电压，即交流电压乘以1.36等于直流电压数值。CPU的㉙脚为电压检测引脚，根据引脚电压值计算出输入的交流电压值。

电压检测电路由电阻R201、R203和电容C203、C202组成，从图12-24可以看出，基本工作原理就是分压电路，取样点就是P接线端子上的直流300V母线电压，R201（820kΩ）为上偏置电阻，R203（5.1kΩ）为下偏置电阻，R203的阻值在分压电路所占的比例约为$1/162[R_{203}/(R_{201}+R_{203})$，即$5.1/(820+5.1)]$，R203两端电压送至CPU㉙脚，相当于CPU㉙脚电压值乘以162等于直流电压值，再除以1.36就是输入的交流电压值。

比如CPU㉙脚当前电压值为1.85V，则当前直流电压值为300V（1.85V×162），当前输入的交流电压值为220V（300V/1.36）。

压缩机高频运行时，即使输入电压为标准的交流220V，直流300V电压也会下降至直流240V左右；为防止误判，室外机CPU内部数据设有修正程序。同时室外机电控系统使用热地设计，直流300V"地"和直流3.3V"地"直接相连。

图12-24　电压检测电路原理图

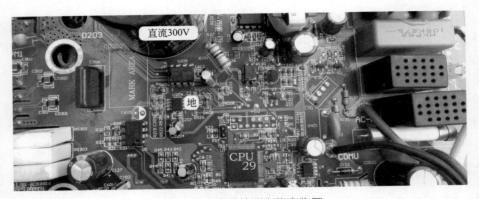

图12-25　电压检测电路实物图

表12-7　CPU引脚电压与交流输入电压对应关系

CPU（29）脚直流电压/V	对应P接线端子上直流电压/V	对应输入的交流电压/V	CPU（29）脚直流电压/V	对应P接线端子上直流电压/V	对应输入的交流电压/V
1.26	204	150	1.34	218	160
1.43	231	170	1.51	245	180
1.59	258	190	1.68	272	200
1.77	286	210	1.85	299	220
1.92	312	230	2.01	326	240
2.11	340	250	2.18	353	260

五、位置检测和相电流电路

1. 作用

　　该电路的作用是实测检测压缩机转子的位置，同时作为压缩机的相电流电路，输送至室外机CPU和模块的电流保护引脚。

CPU在驱动模块控制压缩机时，需要实时检测转子位置以便更好地控制，本机压缩机电机使用永磁同步电机（PMSM），或称正弦波永磁同步电机，具有线圈绕组利用率高、控制精度高等优点，同时使用无位置传感器算法来检测转子位置。检测原理是通过串联在三相下桥IGBT发射极的取样电阻将电流的变化转化为电压的变化，经放大后输送至CPU，由CPU通过计算和处理，计算出压缩机转子的位置。

2. OPA4374引脚功能

电路使用OPA4374集成电路作为放大电路，内含4路相同的电压运算放大器，引脚功能见表12-8，其为双列14个引脚，④脚为5V供电、⑪脚接地。

表12-8　OPA4374引脚功能

①	②	③	④	⑤	⑥	⑦
输出1	反相输入1	同相输入1	电源VCC	同相输入2	反相输入2	输出2
放大器1			5V	放大器2		
⑧	⑨	⑩	⑪	⑫	⑬	⑭
输出3	反相输入3	同相输入3	地VSS	同相输入4	反相输入4	输出4
放大器3			0V	放大器4		

3. 工作原理

图12-26为相电流电路原理图，图12-27为V相电流实物图，表12-9为待机状态下U601和CPU引脚电压。

模块三相下桥的IGBT经无感电阻连接至滤波电容负极，在压缩机运行时，三相IGBT有电流通过，电阻两端产生压降，经运行放大器U601放大后分为2路，一路送到CPU，由CPU经过运算和处理，分析出压缩机转子位置和三相的相电流；另一路将3路相电流汇总后，送至模块电流保护引脚，以防止压缩机相电流过大时损坏模块或压缩机。

模块U相下桥IGBT（NU或Q4）发射极经RS302、V相下桥IGBT（NV或Q5）发射极经RS303、W相下桥IGBT（NW或Q6）发射极经RS304，均连接至滤波电容负极，RS302、RS303、RS304均为0.015Ω无感电阻，作用为相电流的取样电阻。

U601（OPA4374）为4通道运算放大器，其中放大器4（⑫脚、⑬脚、⑭脚）放大U相电流、放大器1（①脚、②脚、③脚）放大V相电流、放大器2（⑤脚、⑥脚、⑦脚）放大W相电流。

三相相电流放大电路原理相同，以V相电流为例。由于取相电阻RS303阻值过小，当有电流通过时经U601放大后，电压依旧很低，CPU不容易判断，因此使用U601的放大器3（⑧脚、⑨脚、⑩脚）提供基准电压。3.3V电压经R601（10kΩ）、R602（10kΩ）进行分压，⑩脚同相输入端电压为1.6V，放大器3进行1:1放大，在⑧脚输出1.64V电压，经R610送至③脚同相输入端（0.3V）作为基准电压。

RS303取样电压经R606送至U601同相输入③脚，和基准电压相叠加，U601放大器1将RS303的V相取样电流和基准电压放大约5.54倍，在U601的①脚输出，分为2路，一路经R619送至CPU⑭脚，供CPU检测V相电流，并依据⑫脚U相电流、⑬脚W相电流综合分析，得出压缩机转子位置；另一路经D603送至模块电流检测电路（同时还有U相电流经D601、W相电流经D602），当U相或V相或W相任意一相电流过大时，模块保护电路动作，室外机停止运行。

放大倍数计算方法：$(R_{613}+R_{605}) \div R_{605} = (10 + 2.2) \div 2.2 \approx 5.54$。

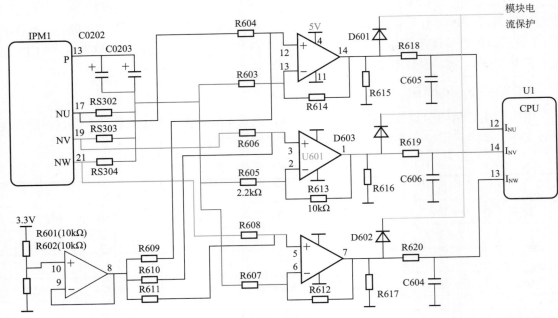

图12-26 相电流检测电路原理图

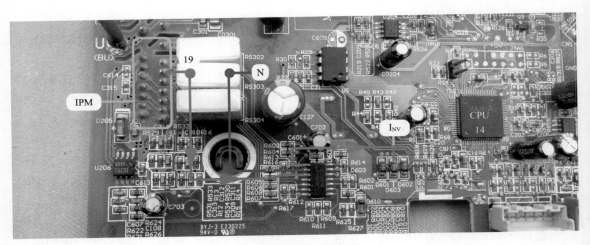

图12-27 V相电流检测电路实物图

表12-9 待机状态下U601和CPU引脚电压

U601						U601			CPU
④	⑪	⑩	⑨	⑧		⑫	⑬	⑭	⑫
5V	0V	1.6V	1.6V	1.6V		0.3V	0.3V	1.6V	1.6V

U601			CPU	U601			CPU
③	②	①	⑭	⑤	⑥	⑦	⑬
0.3V	0.3V	1.6V	1.6V	0.3V	0.3V	1.6V	1.6V

一、指示灯电路

1. 作用

该电路的作用是指示室外机的运行状态、故障显示、压缩机限频因素，以及显示通信电路的工作状况。设有3个指示灯，D1红灯、D2绿灯、D3黄灯，3个指示灯在显示时不是以亮、灭、闪的组合显示室外机状态，而是相对独立，互不干扰，在查看时需要注意。

D2绿灯为通信状态指示灯，通信电路正常工作时其持续闪烁，熄灭时则表明通信电路出现故障。

D1红灯和D3黄灯则是以闪烁的次数表示当前的故障或状态。D1红灯最多闪烁8次，可指示8个含义，例如闪烁7次时为压缩机排气传感器故障；D3黄灯最多闪烁16次，可指示16个含义，例如闪烁9次是功率模块保护。

在室外机运行时通常为3个指示灯均在闪烁，但含义不同。D2绿灯闪烁表示通信电路正常，D1红灯闪烁8次含义为达到开机温度，D3黄灯闪烁1次表示CPU已输出信号驱动压缩机运行。

2. 工作原理

图12-28为指示灯电路原理图，图12-29为实物图，表12-10为CPU引脚电压与指示灯状态的对应关系。3路指示灯工作原理相同，以D3黄灯为例说明。

当CPU需要控制D3点亮时，其㊶脚输出约3.3V的高电平电压，经R18限流后，送至Q3基极，电压约0.7V，Q3集电极和发射极导通，5V电压正极经R20、D3、Q3集电极和发射极到地形成回路，发光二极管D3两端电压约1.9V而点亮。

当CPU需要控制D3熄灭时，其㊶脚输出0V的低电平电压，Q3基极电压为0V，集电极和发射极截止，D3两端电压为0V而熄灭。

如果CPU持续地输出高电平—低电平—高电平—低电平，则指示灯显示为闪烁状态，CPU可根据当前的状态，在1个循环周期内控制指示灯点亮的次数，从而显示相对应的故障代码或运行状态。

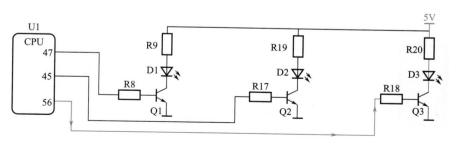

图12-28　指示灯电路原理图

第十二章　室外机单元电路检修分析

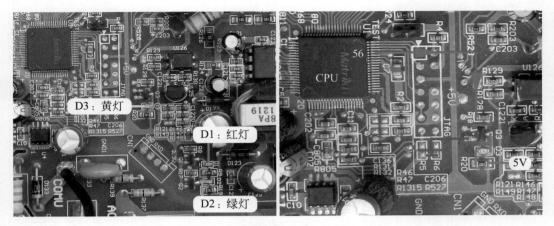

图12-29 指示灯电路实物图和黄灯信号流程

表12-10 CPU引脚电压与指示灯状态对应关系

CPU�脚	Q3基极	Q3集电极	D3两端	D3状态
3.3V	0.7V	0.01V	1.9V	点亮
0V	0V	4.5V	−3V	熄灭

二、主控继电器电路

1. 作用

主控继电器为室外机供电，并与PTC电阻组成延时防瞬间大电流充电电路，对直流300V滤波电容充电。上电初期，交流电源经PTC电阻、硅桥为滤波电容充电，两端的直流300V电压其中一路为开关电源电路供电，开关电源电路工作后输出电压，另一路直流5V经集成电路转换为3.3V电压为室外机CPU供电，CPU工作后控制主控继电器触点闭合，由主控继电器触点为室外机供电。

2. 工作原理

图12-30为主控继电器电路原理图，图12-31为实物图，表12-11为CPU引脚电压与室外机状态的对应关系。

CPU需要控制K1触点闭合时，㊲脚输出高电平3.3V电压，送到U102的⑤脚，使反相驱动器内部电路翻转，⑫脚电压变为低电平（约0.8V），主控继电器K1线圈两端电压为直流11.2V，产生电磁吸力，使触点3-4闭合。

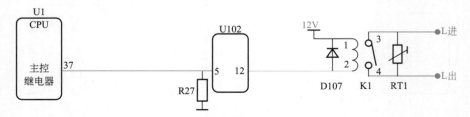

图12-30 主控继电器电路原理图

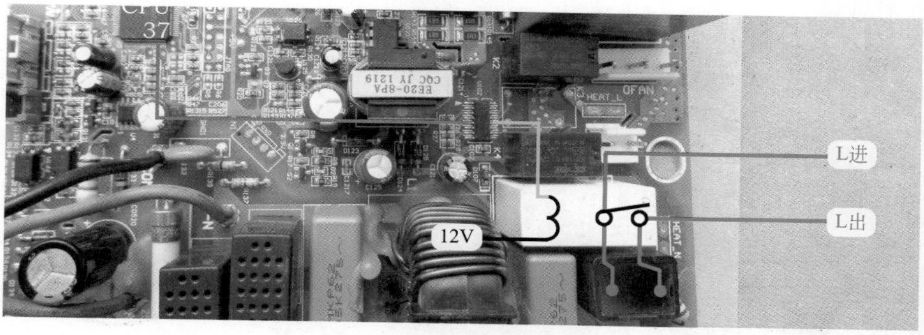

图12-31　主控继电器电路实物图

CPU需要控制K1触点断开时，27脚为低电平0V，U102的⑤脚电压也为0V，内部电路不能翻转，⑫脚为高电平12V，K1线圈两端电压为直流0V，由于不能产生电磁吸力，触点3-4断开。

表12-11　CPU引脚电压与室外机状态对应关系

CPU㊲脚	U102⑤脚	U102⑫脚	K1线圈1-2电压	K1触点3-4状态	室外机状态
直流0V	直流0V	直流12V	直流0V	断开	初始上电
直流3.3V	直流3.3V	直流0.8V	直流11.2V	闭合	正常运行

三、室外风机电路

1. 作用

室外机CPU根据室外环温传感器和室外管温传感器的温度信号，处理后控制室外风机运行，为冷凝器散热。

2. 工作原理

图12-32为室外风机继电器电路原理图，图12-33为实物图，表12-12为CPU引脚电压与室外风机状态的对应关系。

该电路的工作原理和主控继电器驱动电路基本相同，需要控制室外风机运行时，CPU㊶脚输出高电平3.3V电压，送至U102的③脚，反相驱动器内部电路翻转，⑭脚电压变为低电平约0.8V，继电器K2线圈两端电压为直流11.2V，产生电磁吸力使触点3-4闭合，室外风机线圈得到供电，在电容的作用下旋转运行，为冷凝器散热。

室外机CPU需要控制室外风机停止运行时，㊶脚变为低电平0V，U102的③脚也为低电平0V，内部电路不能翻转，⑭脚为高电平12V，K2线圈两端电压为直流0V，由于不能产生电磁吸力，触点3-4断开，室外风机因失去供电而停止运行。

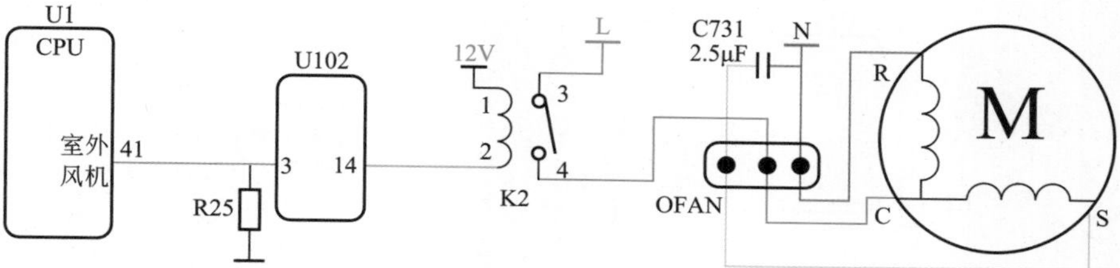

图12-32　室外风机继电器电路原理图

图12-33　室外风机电路实物图

表12-12　CPU引脚电压与室外风机状态对应关系

CPU㊶脚	U102③脚	U102⑭脚	K2线圈1-2电压	K2触点3-4状态	室外风机状态
直流3.3V	直流3.3V	直流0.8V	直流11.2V	闭合	运行
直流0V	直流0V	直流12V	直流0V	断开	停止

四、四通阀线圈电路

1. 作用

该电路的作用是控制四通阀线圈的供电和断电，从而控制空调器工作在制冷或制热模式。

2. 工作原理

图12-34为四通阀线圈电路原理图，图12-35为实物图，表12-13为CPU引脚电压与四通阀线圈状态的对应关系。

室内机CPU对遥控器输入信号或应急模式下的室内环温信号处理后，空调器需要工作在制热模式时，将控制信息通过通信电路传送至室外机CPU，其㉝脚输出高电平3.3V电压，送至U102的⑦脚，反相驱动器内部电路翻转，⑩脚电压变为低电平（约0.8V），继电器K4线圈两端电压为直流11.2V，产生电磁吸力使触点3-4闭合，四通阀线圈得到交流220V电源，吸引四通阀内部磁铁移动，在压力的作用下转换制冷剂流动的方向，使空调器工作在制热模式。

当空调器需要工作在制冷模式时，室外机CPU㉝脚为低电平0V，U102的⑦脚电压也为0V，内部电路不能翻转，⑩脚为高电平12V，K4线圈两端电压为直流0V，由于不能产生电磁吸力，触点3-4断开，四通阀线圈两端电压为交流0V，对制冷系统中制冷剂流动方向的改变不起作用，空调器工作在制冷模式。

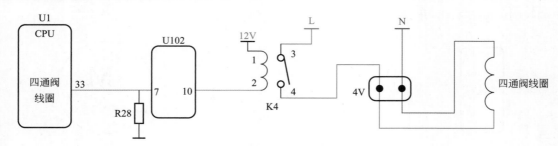

图12-34　四通阀线圈电路原理图

空调维修从入门到精通——定频空调＋变频空调维修合集

图12-35　四通阀线圈电路实物图

表12-13　CPU引脚电压与四通阀线圈状态对应关系

CPU㉝脚	U102⑦脚	U102⑩脚	K4线圈1-2电压	K4触点3-4状态	四通阀线圈电压	空调器工作模式
直流3.3V	直流3.3V	直流0.8V	直流11.2V	闭合	交流220V	制热
直流0V	直流0V	直流12V	直流0V	断开	交流0V	制冷

五、PFC驱动电路

1. 作用

　　变频空调器中，由模块内部6个IGBT开关管组成的驱动电路，输出频率和电压均可调的模拟三相电驱动压缩机运行。由于IGBT开关管处于高速频繁开和关的状态，使得电路中的电流相对于电压的相位发生畸变，造成电路中的谐波电流成分变大，功率因数降低，PFC电路的作用就是降低谐波成分，使电路的谐波指标满足国家CCC认证要求。

　　工作时PFC控制电路检测电压的零点和电流的大小，然后通过系列运算，对畸变严重零点附近的电流波形进行补偿，使电流的波形尽量跟上电压的波形，达到消除谐波的目的。

2. PFC电路升压原理

　　空调器通常使用升压式的PFC电路，不仅能提高功率因数，还可以提升输出电压，使压缩机在高频运行时滤波电容两端的电压不会下降很多，PFC升压电路主要由滤波电感、IGBT开关管Z1、升压二极管（快恢复二极管）D203、滤波电容等组成。

　　当IGBT开关管Z1导通时，滤波电感储存能量，在Z1截止时，滤波电感产生左负右正的电压，经D203为C0202和C0203充电。当压缩机高频运行时，消耗功率比较大，CPU控制Z1导致时间长、截止时间短，使滤波电感储存能量增加，和硅桥整流的电压相叠加，从而提高滤波电容的输出电压。

3. S4427引脚功能

　　S4427是由IR公司生产的双通道驱动器，是用于驱动MOS管或IGBT开关管的专用集成电路，引脚功能见表12-14，其为双列8个引脚，⑥脚为直流15V供电、③脚接地，使用时2路驱动器并联。

表12-14　S4427引脚功能

引脚	①	②	③	④	⑤	⑥	⑦	⑧
功能	空	输入1	GND	输入2	输出2	供电	输出1	空

4. 工作原理

图12-36为PFC驱动电路原理图,图12-37为实物图。

CPU64脚输出IGBT驱动信号,同时送到U205的②脚和④脚输入端,经U205放大信号后,在⑤脚和⑦脚输出,驱动IGBT开关管Z1的导通和截止。

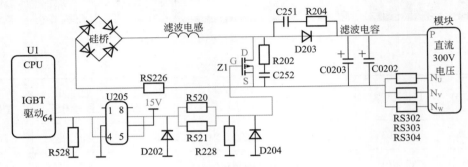

图12-36　PFC驱动电路原理图

图12-37　PFC驱动电路实物图

第四节　模块电路

一、6路信号电路

本机使用国际整流器公司(IR)生产的模块,型号为IRAM136-1061A2,单列封装,输出功率0.25～0.75kW、电流10～12A、电压85～253V。

模块内置有用于驱动IGBT的高速驱动集成电路并且兼容3.3V,集成自举升压二极管,减少主板外围元件;内置高精度的温度传感器并反馈至室外机CPU,使CPU可以实时监控模块温度,同时具有短路、过流等多种保护电路。

1. 引脚功能

图12-38为IRAM136-1061A2实物外形，模块标称为29个引脚，其中③、④、⑦、⑧、⑪、⑫、⑭、⑮为空脚，实际共有21个引脚，引脚功能见表12-15。

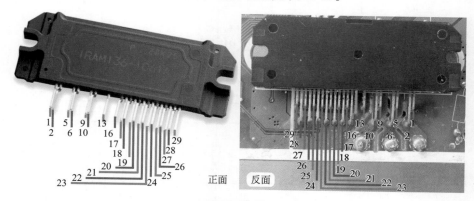

图12-38　模块实物外形

表12-15　IRAM136-1061A2引脚功能

引脚	名称	作用	引脚	名称	作用	说明
⑬	V+	300V正极P端输入	⑰	VRU	300V负极U相输入	直流300V电压输入
⑲	VRV	300V负极V相输入	㉑	VRW	300V负极W相输入	
⑨	VB1	U相自举升压电路	⑩	U	U输出，接压缩机线圈	U-V-W输出
⑤	VB2	V相自举升压电路	⑥	V	V输出，接压缩机线圈	
①	VB3	W相自举升压电路	②	W	W输出，接压缩机线圈	
㉘	VCC	内部电路15V供电正极	㉙	VSS	内部电路15V供电负极	内部电路供电
⑳	HIN1	U相上桥输入（U+）	㉔	LIN1	U相下桥输入（U−）	6路信号
㉒	HIN2	V相上桥输入（V+）	㉕	LIN2	V相下桥输入（V−）	
㉓	HIN3	W相上桥输入（W+）	㉖	LIN3	W相下桥输入（W−）	
⑯	ITRIP	电流保护	⑱	FLT/EN	故障输出	故障保护
㉗	VTH	温度反馈				温度反馈

图12-39为模块内部结构，主要由驱动电路、6个IGBT开关管、6个与开关管并联的续流二极管等组成，IGBT开关管代号为Q1、Q2、Q3、Q4、Q5、Q6。

① 直流300V供电（4个引脚）

IGBT开关管Q1、Q2、Q3的集电极连在一起接⑬脚（V+或P），外接直流300V电压正极，因此Q1、Q2、Q3称为上桥IGBT。

Q4发射极接⑰脚（VRU或NU）、Q5发射极接⑲脚（VRV或NV）、Q6发射极接㉑脚（VRW或NW），这3个引脚通过电阻接直流300V电压负极，因此Q4、Q5、Q6称为下桥IGBT。

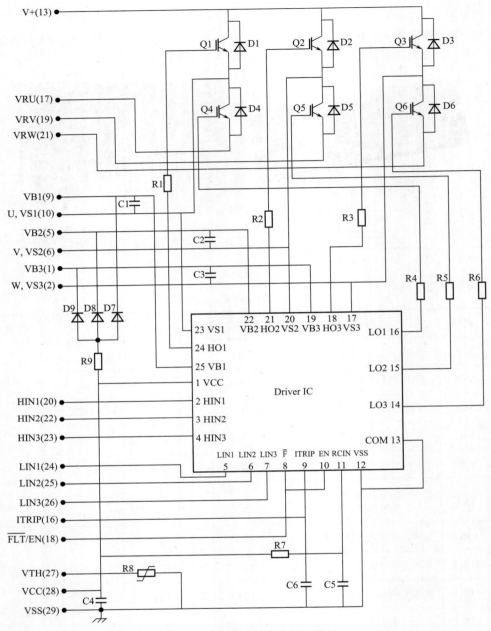

图12-39　模块内部电路原理简图

② 三相输出（3个引脚和3个自举升压电路引脚）

上桥Q1的发射极和下桥Q4的集电极相通，即上桥和下桥IGBT的中点，接⑩脚（U或VS1），外接压缩机U相线圈，⑨脚为U相自举升压电路。

同理，Q2和Q5中点接⑥脚（V或VS2），⑤脚为V相自举升压电路；Q3和Q6中点接2脚（W或VS3），①脚为W相自举升压电路。

其中⑩脚U、⑥脚V、②脚W共3个引脚为输出，接压缩机线圈，驱动压缩机运行。

③ 15V供电（2个引脚）

模块内部设有高速驱动电路，其有供电模块才能工作，供电电压为直流15V，㉘脚VCC为15V供电正极，㉙脚VSS为公共端接地。

④ 6 路信号（6 个引脚）

⑳脚（HIN1 或 U ＋）驱动 Q1、㉔脚（LIN1 或 U －）驱动 Q4、㉒脚（HIN2 或 V ＋）驱动 Q2、㉕脚（LIN2 或 V －）驱动 Q5、㉓脚（HIN3 或 W ＋）驱动 Q3、㉖脚（LIN3 或 W －）驱动 Q6。

⑤ 故障保护和反馈（3 个引脚）

⑯脚为电流保护（I_{TRIP}），由相电流电路输出至模块；⑱脚为故障输出（FLT/EN 或 FO），由模块输出至 CPU；㉗脚为温度反馈（V_{TH}），由模块输出至 CPU。

2. 驱动流程

图 12-40 为模块应用电路原理图，图 12-41 为 6 路信号驱动压缩机流程实物图。驱动流程如下：室外机 CPU 输出 6 路信号→模块放大→压缩机运行。

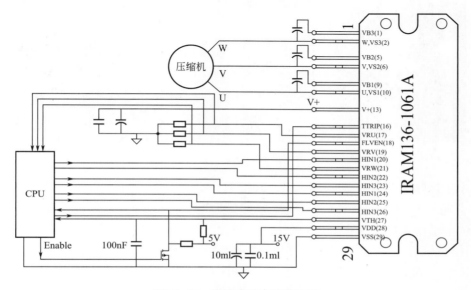

图 12-40　模块应用电路原理图

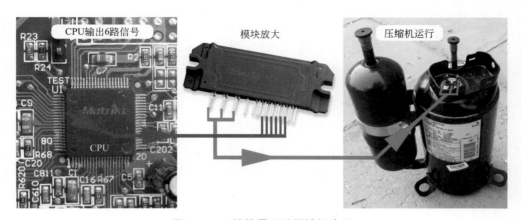

图 12-41　6 路信号驱动压缩机流程

3. 工作原理

图 12-42 为 6 路信号电路原理图，图 12-43 左图为 6 路信号电路实物图，图 12-43 右图为 U ＋驱动流程。

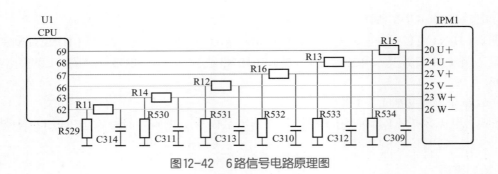

图12-42　6路信号电路原理图

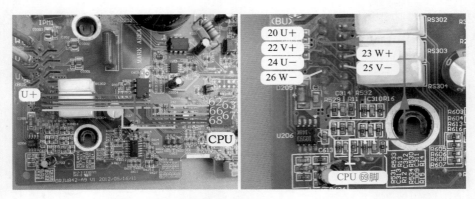

图12-43　6路信号电路实物图和U+驱动流程

室外机CPU接收室内机主板的信息，并根据当前室外机的电压等数据，需要控制压缩机运行时，其输出有规律的6路信号，直接送至模块内部电路，驱动内部6个IGBT开关管有规律的导通与截止，将直流300V电转换为频率和电压均可调的三相电，输出至压缩机线圈，控制压缩机以低频或高频的任意转速运行。由于室外机CPU输出6路信号控制模块内部IGBT开关管的导通与截止，因此压缩机转速由室外机CPU决定，模块只起一个放大信号时转换电压的作用。

室外机CPU的⑥⑨、⑥⑧、⑥⑦、⑥⑥、⑥③、⑥②共6个引脚输出6路信号，经电阻R15、R13、R16、R12、R14、R11（330Ω）送至模块的20脚（U＋、驱动Q1）、㉔脚（U－、驱动Q4）、㉒脚（V＋、驱动Q2）、㉕脚（V－、驱动Q5）、㉓脚（W＋、驱动Q3）、㉖脚（W－、驱动Q6），驱动IGBT开关管有规律地导通和截止，从而控制压缩机的运行速度。

二、温度反馈电路

1. 作用

该电路的作用是向室外机CPU反馈模块的实际温度，使CPU综合其它的数据对压缩机进行更好的控制。

2. 工作原理

图12-44为模块温度反馈电路原理图，图12-45为实物图。

模块内置高精度的温度传感器，实时检测表面模块温度，其中一个引脚接㉙脚公共端地（在电路中作为下偏置电阻），一个引脚由㉗脚（VTH）引出，经R625送至室外机CPU的⑰脚，CPU根据电压计算出模块的实际温度，作为输入部分电路的信号，综合其他数据信号，以便对模块、压缩机、室外风机进行更好的控制。

模块内置的传感器为负温度系数热敏电阻，温度较低时阻值较大，㉗脚的电压较高（接近3.1V）；当模块温度上升，其阻值下降，㉗脚的电压也逐渐下降（2.7V）。

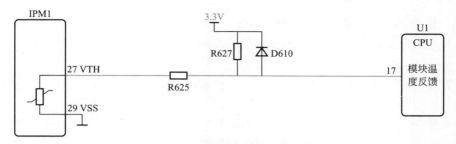

图12-44　模块温度反馈电路原理图

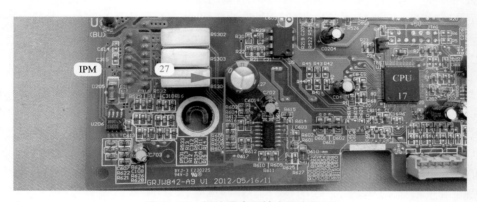

图12-45　模块温度反馈电路实物图

三、模块保护电路

1. 作用

模块内部使用智能电路，不仅处理室外机CPU输出的6路信号，同时设有保护电路，见图12-46，当模块内部控制电路检测到直流15V电压过低、基板温度过高、运行电流过大、内部IGBT短路引起电流过大故障时，均会关断IGBT，停止处理6路信号，同时F0引脚变为低

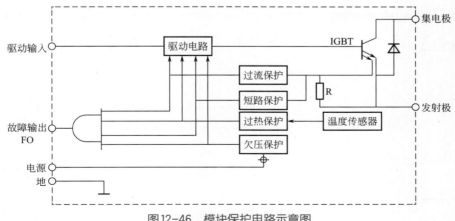

图12-46　模块保护电路示意图

电平，室外机CPU检测后判断为"模块故障"，停止输出6路信号，控制室外机停机，并将故障代码通过通信电路传送至室内机CPU。

2. 保护内容

① 供电欠压保护　模块内部控制电路使用外接的直流15V电压供电，当电压低于直流12.5V时，模块驱动电路停止工作，不再处理6路信号，同时输出保护信号至室外机CPU。

② 过热保护　模块内部设有温度传感器，如果检测基板温度超过设定值（110℃），模块驱动电路停止工作，不再处理6路信号，同时输出保护信号至室外机CPU。

③ 过流保护　工作时如内部电路检测IGBT开关管电流过大，模块驱动电路停止工作，不再处理6路信号，同时输出保护信号至室外机CPU。

④ 短路保护　如负载发生短路、室外机CPU出现故障、模块被击穿时，IGBT开关管的上、下桥同时导通，模块检测后控制驱动电路停止工作，不再处理6路输入信号，同时输出保护信号至室外机CPU。

3. 工作原理

图12-47为模块保护电路原理图，图12-48为实物图，表12-16为模块保护引脚和CPU引脚电压的对应关系。

本机模块⑱脚为FO模块保护输出，CPU的⑦⑤脚为模块保护检测引脚。模块保护输出引脚为集电极开路型设计，正常情况下此脚与外围电路不相连，CPU⑦⑤脚和模块⑱脚通过电阻R1（2.4kW）连接至电源3.3V，因此模块正常工作即没有输出保护信号时，CPU（75）脚和模块⑱脚的电压均为3.2V。

如果模块内部电路检测到上述4种故障，停止处理6路信号，同时内部三极管导通，⑱脚和㉙脚相连接地，CPU⑦⑤脚也与地相连，电压由高电平3.3V变为低电平0V，CPU内部电路检测后停止输出6路信号，停机进行保护，并将代码（模块故障）通过通信电路传送至室内机CPU。

> 💬 **说明**
>
> 　　由于模块检测的4种保护使用同一个输出端子，因此室外机CPU检测后只能判断"模块保护"，而具体是哪一种保护则判断不出来。

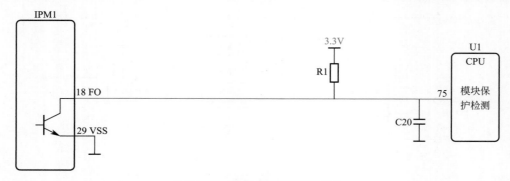

图12-47　模块保护电路原理图

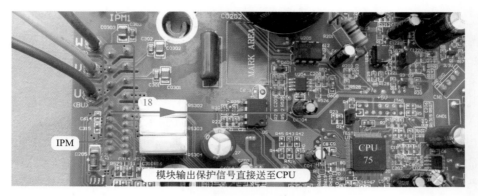

图12-48　模块保护电路实物图

表12-16　模块保护引脚和CPU引脚电压对应关系

电路状态	模块⑱脚	CPU⑦脚
正常待机	3.2V	3.2V
模块保护	0V	0V

四、模块过流保护电路

1. 作用

该电路的作用是检测压缩机U、V、W三相的相电流，当相电流过大时输出保护电压至模块，模块停止处理6路信号，使压缩机停止工作，以保护模块。

2. 10393引脚功能

电路使用10393集成电路，引脚功能见表12-17，其为双列8个引脚，⑧脚为5V供电、④脚接地。

10393内含2路相同的电压比较器，实际只使用一路（比较器2），即⑤、⑥、⑦脚，比较器1空闲（其中①和②为空脚、③脚和④脚相连接地）。

表12-17　10393引脚功能

引脚	①	②	③	④	⑤	⑥	⑦	⑧
符号	OUT1	−IN1	+ IN1	VSS	+ IN2	− IN2	OUT2	VCC
功能	输出1	反相输入1	同相输入1	地	同相输入2	反相输入2	输出2	电源
说明	比较器1			0V	比较器2			5V

3. 工作原理

图12-49为模块过流保护电路原理图，图12-50为实物图，表12-18为相电流和室外机状态的对应关系。

U206（10393）的⑥脚为比较器2的反相输入，由R628（5.1kΩ）和R626（2.2kΩ）分压，⑥脚电压为1.5V，作为基准电压。

当压缩机正常运行时，相电流放大电路U601输出的U相电流（I_{NU}）、V相电流（I_{NV}）、W相电流（I_{NW}）均正常，经D601、D602、D603、R621输送至U206的⑤脚电压低于1.5V，比较器2不动作，其⑦脚输出低电平0V，模块⑯脚电压也为低电平，模块判断压缩机相电流正常，保护电路不动作，压缩机继续运行，室外机运行正常。

当压缩机、模块、相电流电路等有故障，引起U相电流（I_{NU}）、V相电流（I_{NV}）、W相电流（I_{NW}）中任意一相电压增加，加至U206的⑤脚电压超过1.5V时，比较器2动作，其⑦脚输出高电平5V电压，至模块⑯脚同样为5V电压，模块内部电路检测后判断压缩机相电流过大，内部保护电路迅速动作，不再处理6路信号，IGBT开关管停止工作，压缩机也停止运行，同时模块⑱脚输出0V低电平电压，送至CPU的㉕脚，CPU检测后判断模块出现故障，立即停止输出6路信号，并将"模块保护"的代码通过通信电路传送至室内机CPU，室内机CPU分析后显示H5的代码。

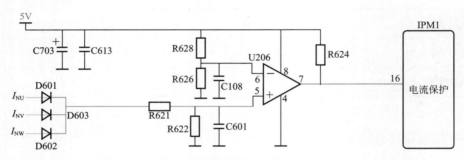

图12-49　模块过流保护电路原理图

图12-50　模块过流保护电路实物图

表12-18　相电流和室外机状态对应关系

相电流状态	U206			模块		CPU	室外机状态
	⑤脚	⑥脚	⑦脚	⑯脚	⑱脚	㉕脚	
相电流正常	0.8V	1.5V	0V	0V	3.2V	3.2V	正常
相电流升高	2.9V	1.5V	4.9V	4.9V	0V	0V	停机H5

第十三章
室内机主板和室外机电控盒的更换

第一节　更换室内机主板

本节以美的KFR-35GW/BP3DN1Y-DA200(B2)E全直流变频空调器室内机为案例，介绍美的空调器更换室内机主板过程。

一、取下主板和配件实物外形

1. 取下原机主板

断开空调器电源，掀开前面板（进风格栅），取下过滤网和右侧盖板，再取下环温传感器探头。见图13-1左图和中图，此机显示板组件位于前面板，使用对接插头和室内机主板连接。

为防止对接插头松动，使用卡箍进行固定，见图13-1右图，取下对接插头前应先取下卡箍。

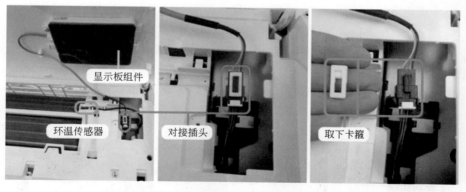

图13-1　对接插头和取下卡箍

见图13-2左图，取下显示板组件的对接插头。使用螺丝刀取下固定螺钉及外侧导风板，取下室内机外壳。

见图13-2中图和右图，电控盒位于室内机右侧，上面设计有盖板，松开卡扣后取下电控盒盖板。

电控盒盖板

取下插头

取下电控盒盖板

图13-2　取下插头和电控盒盖板

取下室内风机和辅助电加热等插头时，见图13-3左图，直接按压卡扣向外拔插头时取不下来，这是由于为防止插头在运输或使用过程中脱落，卡扣部位安装有卡箍。

见图13-3中图和右图，使用一字螺丝刀等工具取下卡箍，再按压插头上卡扣并向往外拔，可轻松取下插头。

  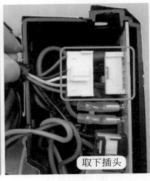

直接拔插头取不下来

去掉卡箍

取下插头

图13-3　取下室内风机插头

取下电源供电和室内外机连接线等插头时，见图13-4左图，直接向往外拔即使用力也取不下来。

见图13-4中图，这是由于连接线插头中设有固定点，相对应在主板的端子上设有固定孔，连接线插头安装到位时固定点卡在固定孔中，因此直接拔插头时不能取下。

向里按压插头顶部的卡扣，见图13-4右图，使固定点脱离固定孔，再向往外拔连接线插头，即可轻松取下。

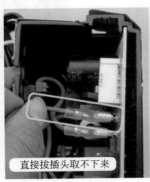   

直接拔插头取不下来

卡扣

固定点

固定孔

按压卡扣取下插头

图13-4　取下连接线插头

空调维修从入门到精通——定频空调＋变频空调维修合集

同样为防止脱落或接触不良，见图13-5左图，环温和管温传感器插头设有热熔胶，使用尖嘴钳子慢慢去掉热熔胶。注意，不要将插座引针的焊点从主板上拔下。

取下主板上插头和连接线及对接插头后，见图13-5右图，取出主板。

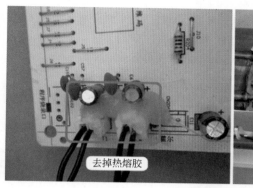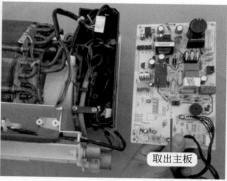

图13-5　去掉热熔胶和取出主板

2. 室内机插头和电气接线图

取下主板后，电控盒剩余的插头见图13-6左图，安装过程就是将这些插头安装到主板的对应位置。

有两种常用安装方法，如果对电路板不是很熟悉，可以使用第1种方法，见图13-6右图，根据粘贴于室内机外壳内部或前面板的电气接线图安装插头，也可完成安装主板的过程。

本节着重介绍第2种方法，即根据主板插座或端子的特征以及外围元器件的特点进行安装。原因是各个厂家的空调器大同小异，熟练掌握一种空调器机型后，再遇到其他品牌的空调器机型，也可以触类旁通，完成更换室内机主板（室外机主板）或室外机电控盒的安装过程。

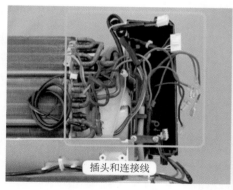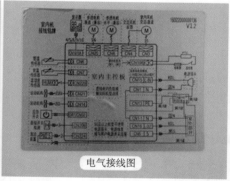

图13-6　电控系统插头和电气接线图

3. 配件主板实物外形

配件主板实物外形见图13-7，根据工作区域可分为强电区域和弱电区域。强电区域指工作电压为交流220V和直流300V，插座或端子使用红线连接；弱电区域指工作电压为直流12V或5V，插座使用蓝线连接。

由图13-7可知，传感器、继电器端子等插头位于主板内侧，应优先安装这些插头，否则会由于引线不够长而不能安装至主板插座或端子。

本机为全直流变频空调器，室内风机使用直流电机，将供电、驱动控制、转速反馈集中在1个插头，未设计室内风机转速反馈的插座；主板使用开关电源电路供电，不再使用变压器，未设计一次绕组和二次绕组的插座。

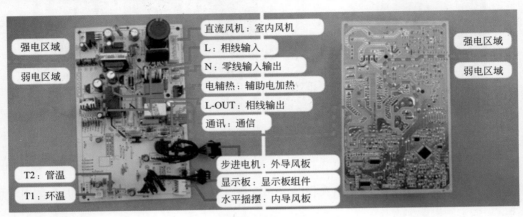

图13-7　配件主板实物外形

二、安装过程

1. 电源输入引线

电源输入引线共设有3根，见图13-10左图，棕线为相线L、蓝线为零线N、黄绿线为地线，其中黄绿线地线直接固定在蒸发器上面，在更换主板时不用安装，只需要安装棕线和蓝线。

主板没有专门设计相线的输入和输出端子，见图13-8，而是直接安装在主控继电器上方的2个端子上，端子相通的焊点位于强电区域。说明：继电器线圈焊点位于弱电区域。

标识为L（CN15）的端子为相线输入，下方焊点和2个熔丝管（5A和16A）相通为主板提供L端供电，端子接电源输入引线中的棕线；标识为L-OUT（CN16）的端子为相线输

图13-8　主板相线输入输出端子正面和反面

出，下方焊点接通信电路的元件（或为空脚），端子接室内外机连接线中的棕线（相线）。
说明：5A熔丝管使用白色套管，为主板单元电路供电；16A熔丝管使用黄色套管，为辅助
电加热供电。

　　主板强电区域中标识N（CN1-蓝、CN1-1-蓝）的端子共有2片相通，见图13-9，为零线
输入和输出端子，端子连接电源输入引线中的蓝线和室内外机连接线中的蓝线，焊点连接滤
波电感和辅助电加热插座焊点等。

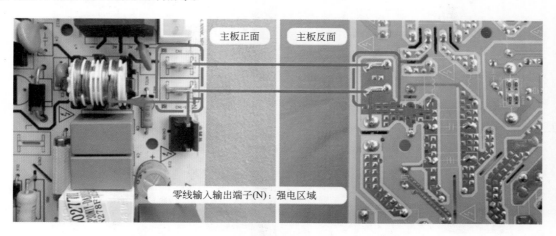

图13-9　主板零线输入输出端子正面和反面

　　见图13-10中图，将电源输入引线中的棕线插在主控继电器上方对应为L的端子，为主板
提供相线L端供电。

　　见图13-10右图，将蓝线插在N端子一侧，为主板提供零线N端供电。

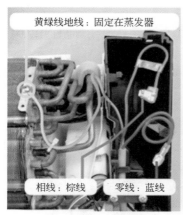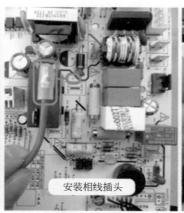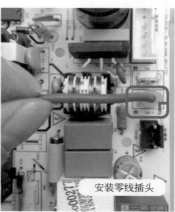

图13-10　电源输入引线和安装插头

2. 室内外机连接线

　　室内外机连接线共有4根引线，见图13-12左图，棕线为相线（套管标识L）、蓝线为零
线（套管标识N）、黑线为通信（套管标识S）、黄绿线为地线。其中黄绿线地线直接固定在
蒸发器上面，在更换主板时不用安装，只需要安装棕线、蓝线、黑线。

　　通信端子位于强电区域，见图13-11，主板标识为通讯-S（CN5-黑），端子焊点经二极管
和电阻等电路连接至光耦和CPU引脚。

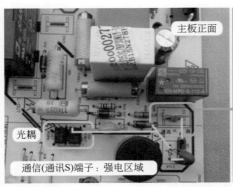
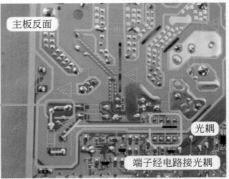

图13-11　主板通信端子正面和反面

见图13-12右图，将棕线（L）插在主控继电器上方对应为**L-OUT**的端子，通过室内外机连接线为室外机提供相线L端供电。

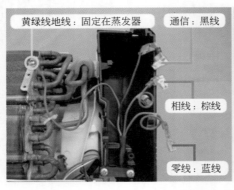

图13-12　室内外机连接线和安装相线插头

将蓝线（N）插在主板上标识为N的端子另一侧，见图13-13左图，为室外机提供零线N端供电。

将黑线（S）插在主板上标识为通讯-S的端子，见图13-13右图，为室内机和室外机提供通信回路。

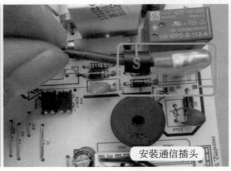

图13-13　安装零线和通信插头

3. 环温和管温传感器

环温和管温传感器实物外形见图13-14左图，环温传感器使用塑封探头，管温传感器使用铜头探头，插头均只有2根引线。

环温传感器探头安装在进风口位置，见图13-29右图，需要安装室内机外壳后才能固定，作用是检测进风口相当于检测房间温度；管温传感器探头安装的检测孔焊接在蒸发器管壁，见图13-14右图，作用是检测蒸发器温度。

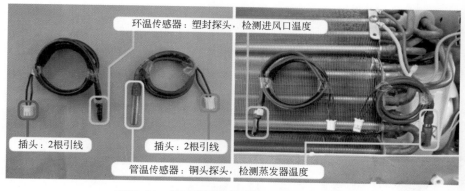

图13-14　管温和环温传感器实物外形和作用

环温和管温传感器插座均为2针设计，见图13-15左图，位于弱电区域。环温使用白色插座，主板标识为T1；管温使用浅灰色插座，主板标识为T2。

查看主板反面，见图13-15右图，2个插座的其中1针连在一起接供电5V，另1针经电阻等元件去CPU引脚。

图13-15　主板传感器插座正面和反面

见图13-16，将环温传感器插头安装至T1插座，将管温传感器插头安装至T2插座。由于2个插头和插座形状不相同，安装插反时则不容易安装进去。

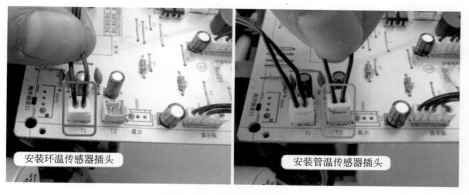

图13-16　安装传感器插头

4. 室内直流风机

室内风机驱动贯流风扇运行，本机使用直流风机，见图13-18左图，位于室内机右侧，只设有1个插头的5根连接线，从右侧下方引出。

直流风机供电为直流300V，见图13-17左图，插座位于强电区域，共设有5个引针，主板标识为直流风机（CN3）。

查看主板反面，见图13-17右图，其中2针接直流300V滤波电容的焊点，中间1针接15V供电7815稳压块的输出端，最后的2针经光耦等元件接CPU引脚。

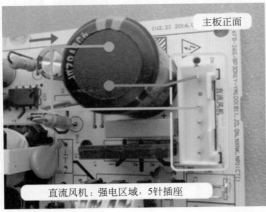
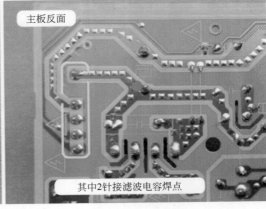

图13-17　主板直流风机插座正面和反面

见图13-18右图，将室内直流风机插头安装至主板标识为直流风机的插座。

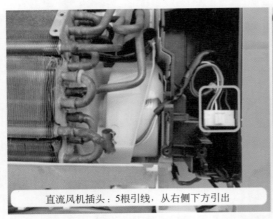

图13-18　直流风机插头和安装插头

5. 辅助电加热

辅助电加热安装在蒸发器下部，长度较长接近蒸发器的长度，作用是制热模式下提高出风口的温度，见图13-20左图，引线从蒸发器右侧的中部引出。共设有1个插头，连接2根较粗的引线（红线和黑线），并且引线上面安装有防火的绝缘套管。

辅助电加热供电为交流220V，见图13-19左图，插座位于强电区域，共设有2个引针，主板标识为电辅热（CN108）。

查看主板反面，见图13-19右图，1个焊点（对应黑线）直接连接零线N端、1个焊点（对应红线）经继电器触点和熔丝管（16A）接相线L端。

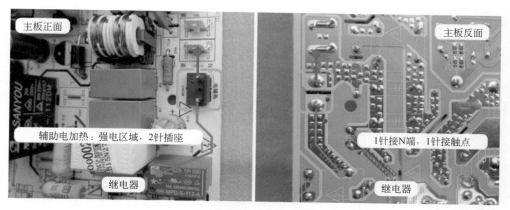

图13-19　主板辅助电加热插座正面和反面

见图13-20右图，将辅助电加热插头安装至主板标识为电辅热的插座。

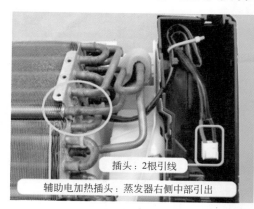

图13-20　辅助电加热插头和安装插头

6. 内侧导风板步进电机

本机室内机设有内侧和外侧2个导风板，见图13-21左图。内侧的导风板位于上方且体积较小，用于水平位置的上下旋转运行，作用是调节出风口的角度；外侧的导风板位于下方且体积较大，类似于"门"的作用，用于打开和关闭出风口。

见图13-21中图，内侧导风板由一个体较小的步进电机驱动；实物外形见图13-21右图，共设有一个插头，插头为5根引线。

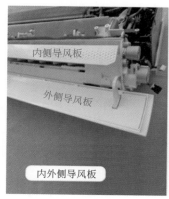

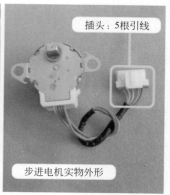

图13-21　内外侧导风板和步进电机

驱动内侧导风板的步进电机为直流12V供电，见图13-22左图，白色的5针插座位于弱电区域，主板标识为水平摇摆（CN8）。

查看主板反面，见图13-22右图，插座的4针焊点均连接反相驱动器输出侧，1针接直流12V。

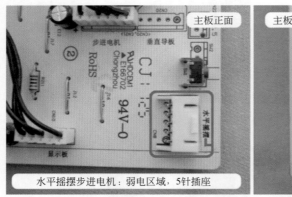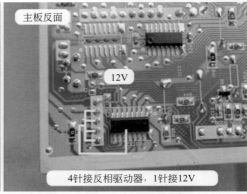

水平摇摆步进电机：弱电区域，5针插座　　　4针接反相驱动器，1针接12V

图13-22　主板步进电机插座正面和反面

由于步进电机引线较短，主板未安装到位时插头不能直接安装至插座，见图13-23左图，将主板安装至电控盒内部卡槽。

见图13-23右图，将驱动内侧导风板的步进电机插头，安装至主板标识为水平摇摆的插座。

主板安装至电控盒内　　　　　安装步进电机插头

图13-23　安装主板和步进电机插头

7. 外侧导风板步进电机

由于外侧导风板体积较大，如果使用一个电机驱动，使得导风板容易在电机的另一侧位置留有豁口（即未设置电机的一侧关不严，关闭时不在一个水平线上），见图13-24，本机使用左右两侧共两个体积较大的步进电机驱动外侧导风板。

驱动外侧导风板的两个步进电机均为直流12V供电，见图13-25左图，使用黑色的5线对接插头，对应的5针插座位于弱电区域，主板标识为步进电机（CN21）。

查看主板反面，见图13-25右图，插座的4针焊点均连接反相驱动器输出侧，1针接直流12V。

见图13-26左图，左侧和右侧的步进电机均为5根连接线（左侧引线较长，右侧引线较短），两个电机引线按颜色对应并联使用一个对接插头。

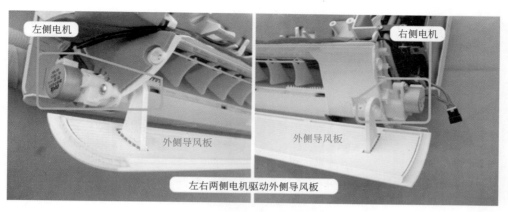

图13-24 步进电机驱动外侧导风板

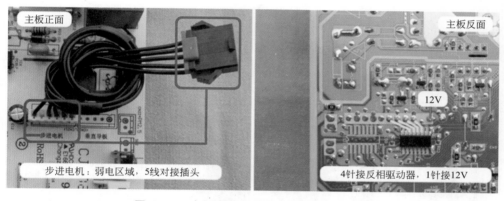

图13-25 主板步进电机插头正面和插座反面

见图13-26右图，将左侧和右侧的步进电机对接插头，对应安装至主板标识为步进电机的对接插头。

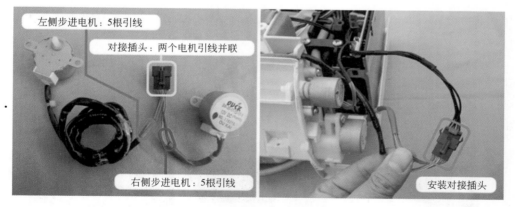

图13-26 步进电机和安装对接插头

8. 显示板组件

显示板组件安装在前面板右侧的中间位置，见图13-27左图，作用是空调器与外界交换信息的窗口。

显示板组件外壳内只有一块单独的电路板，见图13-27右图，设有显示屏、WIFI模块、CPU、接收器等电路，共有一束4根连接线的对接插头和室内机主板相连。

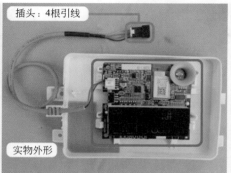

插头：4根引线

显示板组件：安装在前面板

实物外形

图13-27　显示板组件安装位置和实物外形

　　显示板组件为直流5V供电，使用黑色的4线对接插头，见图13-28左图，对应的4针插座位于弱电区域，主板标识为显示板（CN10）。

　　查看主板反面，见图13-28右图，其中一针接直流地、一针接5V，另外两针经晶体管等元件接CPU引脚和显示板组件交换信息。

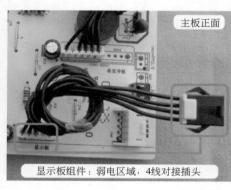
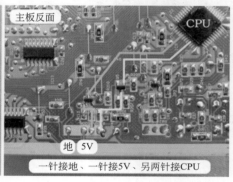

主板正面

主板反面

CPU

地　5V

显示板组件：弱电区域，4线对接插头

一针接地、一针接5V、另两针接CPU

图13-28　主板显示板组件正面插头和反面插座

　　由于显示板组件的对接插头引线较短，环温传感器探头固定在室内外机壳，见图13-29左图，安装电控盒盖板，并安装室内机外壳。

　　见图13-29中图，将显示板组件的对接插头，对应安装至主板标识为显示板的对接插头，并将插头固定在电控盒盖板的固定孔上面。

　　见图13-29右图，再将环温传感器探头安装至室内机外壳的原位置。至此，安装室内机主板的过程全部完成，将空调器通上电源，使用遥控器开机即可试机。

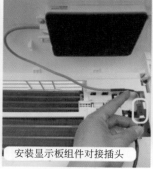

安装电控盒盖板

安装显示板组件对接插头

安装环温传感器探头

图13-29　安装电控盒盖板和对接插头及探头

本节以美的KFR-35GW/BP3DN1Y-DA200(B2)E全直流变频空调器室外机为基础，介绍美的空调器更换室外机通用电控盒过程。

一、取下电控盒和配件实物外形

1. 取下原机电控盒

取下室外机顶盖（前盖不用取下），见图13-30，使用螺丝刀取下位于前盖的电控盒固定螺钉，再取下位于挡风隔板的固定螺钉，然后取下位于接线端子的引线插头。

图13-30 取下螺钉和引线

见图13-31左图和中图，从电控盒的主板上拔下室外风机等插头；再取下压缩机等对接插头。

待电控盒的主板上连接线插头、元器件插头、对接插头全部取下后，见图13-31右图，用手拿着电控盒向上提起，即可取出。

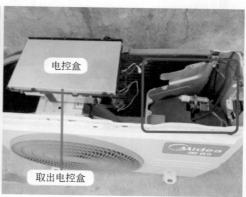

图13-31 取下插头和取出电控盒

取下电控盒后，见图13-32左图，查看室外机需要安装的插头或端子有：压缩机对接插头、室外风机插头、四通阀线圈插头、滤波电感端子、室外机接线端子、传感器插头。

图13-32右图为粘贴于接线盖内侧的电气接线图（室外机接线铭牌），根据电气接线图标识也可以完成电控盒的安装过程，但本节着重介绍根据电控盒插头或接线端子特征以及元器件的特点进行安装。

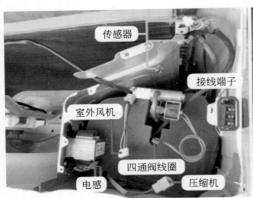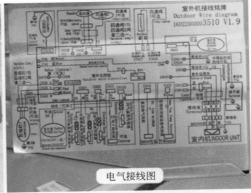

图13-32　电控系统插头和电气接线图

2. 原机电控盒倒扣安装

查看原机电控盒，取下上部的盖板，见图13-33左图，电控盒只设有一块一体化设计的室外机主板（将CPU、硅桥、模块等全部电路设计在一块电路板上面），并且主板为倒扣安装，上方没有插头或端子，只有铜箔走线。

翻开电控盒至反面，见图13-33右图，连接线插头和元器件（包括模块和硅桥）均位于主板正面，散热片位于下方。

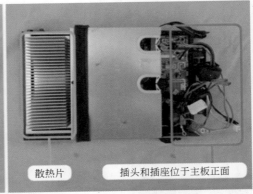

图13-33　原机电控盒正面和反面

3. 配件电控盒实物外形

根据空调器型号申请室外机电控盒，配送过来的配件是变频分体空调器的第三代售后通用电控盒（有源PFC方案），实物外形见图13-34左图，室外机主板同样为一体化设计但为正立安装，电子元器件、连接线插头和插座位于主板正面，包含压缩机、室外风机、四通阀线圈的插座，以及室外机接线端子、滤波电感、传感器的连接线。

见图13-34右图，查看电控盒反面，只有模块和硅桥的散热片。

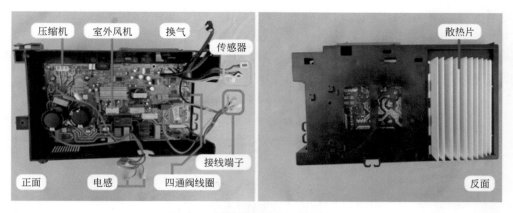

图13-34　配件电控盒正面和反面

根据工作电压分类，见图13-35，主板可分为强电区域和弱电区域，交流220V和直流300V为强电区域，直流12V、5V、3.3V为弱电区域。

 说明

变频空调器的室外机电控系统基本均为热地设计，即强电区域直流300V的地和弱电区域直流5V的地是相通的，弱电区域和强电区域没有隔离，维修时严禁触摸，否则将造成触电事故。

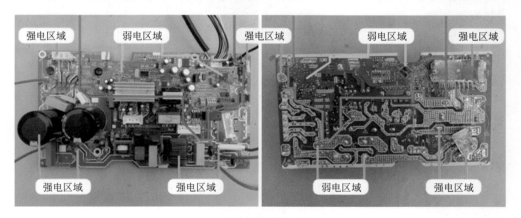

图13-35　主板强电和弱电区域

二、安装过程

原机电控盒为倒扣安装，插头和插座位于下面，需要安装插头后再固定电控盒。而配件电控盒虽然为正立安装，插头和插座位于正面，但如果直接固定电控盒再安装插头，滤波电感和压缩机对接插头将不容易安装（或者需要取下室外机前盖），因此应首先安装这两个元器件的引线插头。

1. 压缩机对接引线

电控盒主板模块输出（压缩机端子）设有插座和接线端子两种方式，而压缩机引出的连接线为对接插头，引线较短且不能安装至主板插座，见图13-36左图，应使用电控盒配备的3根连接线，一侧为3个插头，蓝线安装有U套管标识、红线安装有V标识、黑线安装有W标识，对应安装至主板端子；一侧为对接插头，和压缩机引线的对接插头连接。

见图13-36右图，将连接线中蓝线U插头安装至主板标识为蓝U的端子（CN30）。

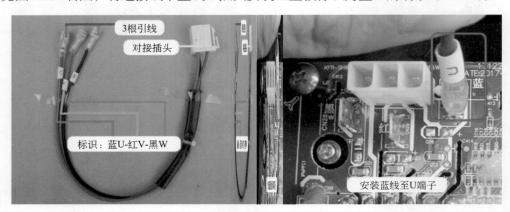

图13-36　连接线和安装U端插头

见图13-37，将连接线中红线V插头安装至主板标识为红V的端子（CN29）、将黑线W安装至主板标识为黑W的端子（CN28）。

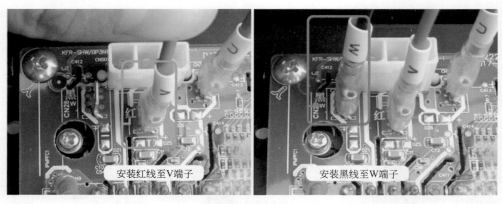

图13-37　安装V端和W端插头

2. 安装电控盒

3根引线全部安装完成后，整理压缩机引线和滤波电感引线，见图13-38，放入电控盒中部的卡槽，再将电控盒放置在室外机上方。

3. 滤波电感

滤波电感连接直流300V，引线或端子位于强电区域，见图13-39，本机电感的两根蓝线一侧直接焊在电控盒主板上面，主板只标识引线的颜色：蓝(CN32)位于硅桥附近、蓝（CN9）位于模块附近。查看主板反面，蓝线（CN32）焊点连接硅桥正极、蓝线（CN9）焊点连接模块引脚。

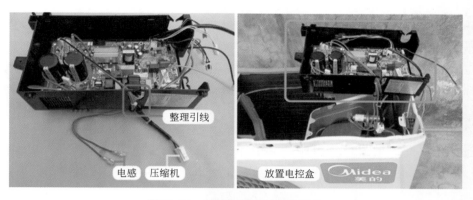

图13-38 整理引线和放置电控盒

 说明

本机模块主板标识为IPMPFC1,即将驱动压缩机的模块电路和提高功率因数的PFC电路集成在一块模块内,因此滤波电感引线才能连接模块引脚。

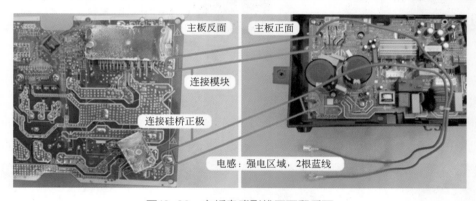

图13-39 主板电感引线正面和反面

滤波电感安装在挡风隔板中部位置,见图13-40左图,共有两个插头端子。

见图13-40右图,将主板的2根电感引线(蓝线和蓝线)插头安装至电感的2个端子,安装时不分反正。

图13-40 滤波电感和安装引线插头

4. 压缩机

为压缩机线圈提供电源的元器件为模块，模块供电为直流300V，因此模块输出的压缩机端子位于强电区域，见图13-41左图，主板标识为U、V、W。由于为通用电控盒，连接压缩机线圈设有两种方式，插座和端子。如果压缩机引线够长且使用插头，可以直接安装至主板插座，不再使用配备的连接线；如果压缩机引线较短且使用对接插头，应使用配备的连接线，并依次安装在U、V、W的3个端子。

查看主板反面，见图13-41右图，压缩机插座或端子的3个焊点，均直接和模块引脚相连。

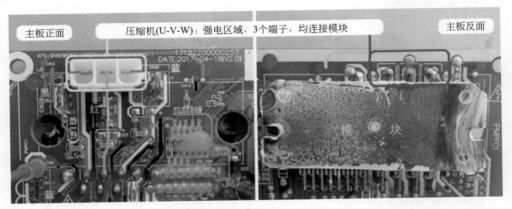

图13-41　主板压缩机端子正面和反面

压缩机共使用3根连接线，一端连接位于接线盖内侧的接线端子，见图13-42左图，另一端为对接插头。

见图13-42右图，将模块输出的压缩机3根引线的对接插头和压缩机的对接插头安装到位。

图13-42　压缩机对接插头和安装

5. 固定电控盒

安装滤波电感和压缩机插头后，其余连接线和插座均位于主板正面，见图13-43，将电控盒安装至电控系统的合适位置，并安装室外机前盖部位的两个固定螺钉。

由于电控盒为通用型，原挡风隔板的螺孔不能对应安装，但前盖的2个螺钉依然可使电控盒稳稳地固定在室外机。

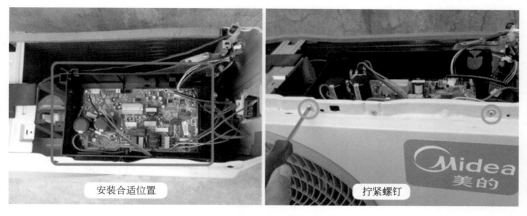

图13-43　固定电控盒

6. 室内外机连接线

室内外机的4根连接线连接室内机和室外机，提供交流220V供电和通信回路，见图13-44，连接线或接线端子位于强电区域。

主板标识L-IN（棕、CN2）的棕线为相线L端输入，焊点经15A熔丝管和电感后输出为负载供电。

主板标识N-IN（蓝、CN1）的蓝线为零线N端输入，焊点经电感后输出为负载供电（输出位置L和N组合电压为交流220V）。

主板标识S（黑、CN16）的黑线为通信，焊点经电阻和二极管等元件连接通信电路的光耦至CPU引脚。

主板标识Earth（CN3、CN3-1）的黄绿线为地线，共有2根，焊点连接防雷击电路。

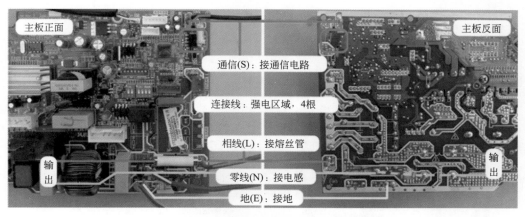

图13-44　主板室内外机连接线接线端子正面和反面

室内外机共有4根连接线，见图13-45中图，其中1根黄绿线为地线固定在铁壳位置，3根位于接线端子下方：L号棕线为相线L端、N号蓝线为零线N端、S号黑线为通信。

见图13-45左图，相对应电控盒的主板也设有4根引线和接线端子相连：黄绿线E为地线，安装在接线端子右侧地线位置、棕线为相线L端接L号端子上方、蓝线为零线N端接N号端子上方、黑线为通信S端接S号端子上方。

见图13-45右图，将主板连接线中的棕线插头安装在接线端子的L号端子上方。

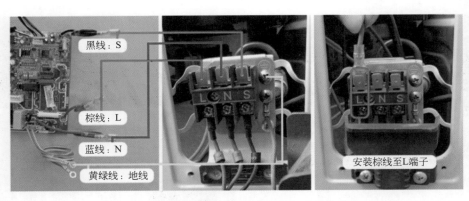

图13-45　主板引线及接线端子和安装棕线

　　见图13-46，将主板连接线中的蓝线插头安装在接线端子的N号端子上方、黑线插头安装在S号端子上方、黄绿线安装在右侧地线位置并拧紧螺钉。

图13-46　安装蓝线及黑线和地线

7. 室外风机

　　由于电控盒为售后通用型，为适应更多空调器型号的室外机，见图13-47左图，设有2个直流风机的插座，一个标识为外置直流风机（CN7），是3针的白色插座；一个标识为内置直流风机（CN37），是5针的白色插座。

　　室外风机的作用是驱动室外风扇运行，查看本机室外风机铭牌，见图13-47右图，共设有3根连接线，标识为U、V、W，说明本机使用3针插座的外置直流风机。

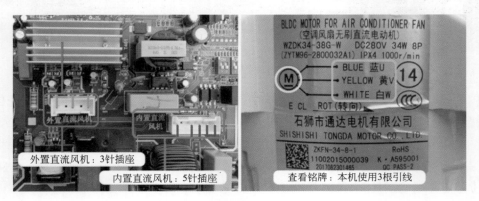

图13-47　直流风机插座和铭牌

说明

外置直流风机是指驱动线圈绕组的模块等电路设计在室外机主板，直流风机内部只有线圈绕组；内置直流风机是指驱动线圈绕组的模块等电路组成的电路板，和线圈绕组一起封装在直流风机内部。

直流风机由风机模块提供电源，模块供电为直流300V，见图13-48，插座位于强电区域，3个引针的白色插座，焊点均连接至风机模块引脚。

说明

风机模块正常运行时由于热量较高，安装有散热片。

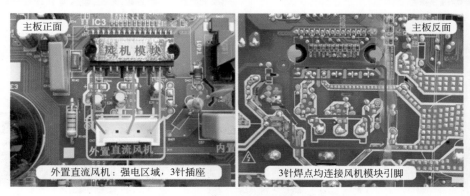

图13-48　主板室外风机插座正面和反面

查看室外风机引线，见图13-49左图，只设有1个插头，安装3根引线；见图13-49中图，整理室外风机引线至电控盒内部合适位置。

见图13-49右图，将室外风机插头安装至主板标识为外置直流风机的插座。

图13-49　室外风机引线和安装插头

8. 四通阀线圈

四通阀线圈供电为交流220V，见图13-50左图，蓝色的2针插座位于强电区域，主板标识为四通阀（CN60）。同时，为使电控盒适应更多型号的空调器，还设有四通阀接线端子，以适配使用2根连接线的单独插头，标识为CN27的端子和插座CN60上方引针相通、标识为CN26的端子和下方引针相通，安装时根据四通阀线圈插头的形状可选择插座或接线端子。

查看主板反面，见图13-50右图，插座中的上方引针焊点经继电器触点接相线L端，下方引针焊点直接接零线N端。

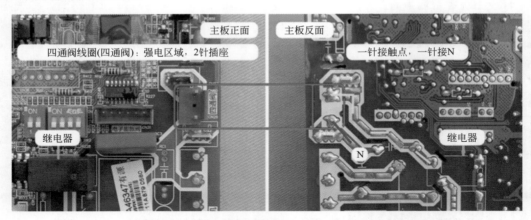

图13-50　主板四通阀线圈插座正面和反面

四通阀的作用是转换制冷和制热模式，线圈安装在四通阀上面，见图13-51左图，只设有1个插头，共有2根引线（蓝线）。

见图13-51右图，将四通阀线圈插头安装至主板标识为四通阀的插座。

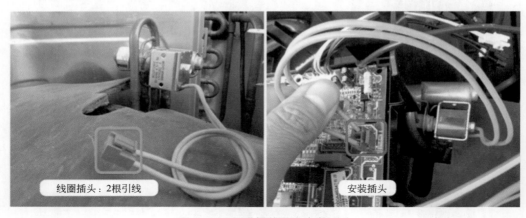

图13-51　四通阀线圈和安装插头

9. 传感器

见图13-52左图，室外环温传感器探头固定在冷凝器的进风面，作用是检测室外温度，使用白色插头；室外管温传感器探头安装在冷凝器的管壁上面，作用是检测冷凝器温度，使用黑色插头。

压缩机排气传感器探头固定在压缩机排气管上面，见图13-52右图，作用是检测排气管温度，使用红色插头。

室外机3个传感器使用3个独立的插头，见图13-55左图，室外环温为塑封探头（白色插头）、室外管温为铜头探头（黑色插头）、压缩机排气为铜头探头（红色插头）。

传感器作用是检测温度，见图13-53左图，对应白色的6针插座位于弱电区域，主板标识为温度传感器（CN21、CN22）。

图13-52　传感器安装位置和作用

查看主板反面，见图13-53右图，插座的3个引针焊点连在一起接电源（直流5V），另外3针焊点经电阻等元件接CPU引脚。

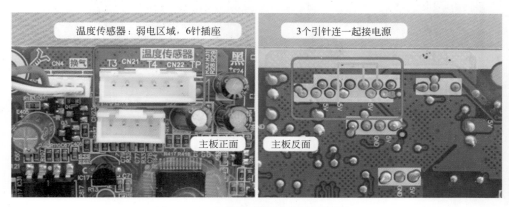

图13-53　主板传感器插座正面和反面

电控盒出厂时配备有1束6根的连接线，见图13-54，一侧安装至主板标识为温度传感器的插座，另一侧为3个对接插头，黑色插头（2根引线）对应主板T3（室外管温传感器）、白色插头对应主板T4（室外环温传感器）、红色插头对应主板TP（压缩机排气传感器）。

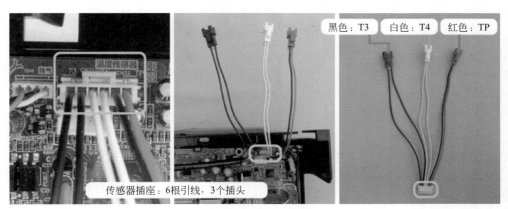

图13-54　传感器对接引线

见图13-55右图，将黑色的室外管温传感器对接插头，安装至主板温度传感器插座对应为T3的黑色插头。

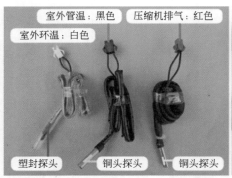
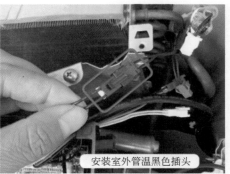

图13-55　传感器实物外形和安装室外管温插头

见图13-56，将白色的室外环温传感器对接插头，安装至主板对应为T4的白色插头；将红色的压缩机排气传感器对接插头，安装至主板对应为TP的红色插头。

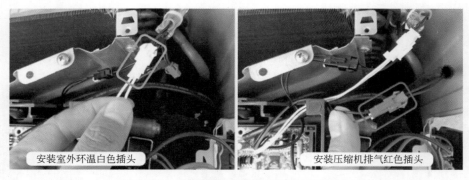

图13-56　安装室外环温和压缩机排气插头

10. 拨码开关

格力空调器的第二代通用电控盒通过检测室内机主板的跳线帽，来自动区分室外机的机型；而美的空调器第三代通用电控盒，需要人工拨码来适配室外机机型。

图13-57左图为粘贴于电控盒外侧的拨码开关说明，图13-57右图为位于弱电区域的拨码开关实物外形。主板的拨码开关共设有2个，SW1和SW2。SW1为2位开关，用于区分制冷量和能效等级，SW2为4位开关，用于区分压缩机型号。

每位拨码开关分为两个位置，位于上方为ON（开）用1表示，位于下方为OFF（关）用0表示，出厂时均默认位于下方（0）位置，表示为00 0000。

SW1的1号开关区分制冷量也相当于空调器能力，位于上方（1）位置时制冷量为2300W或2600W即1P空调器，位于下方（0）位置时制冷量为3200W或3500W即1.5P空调器。

SW1的2号开关区分能效等级，位于上方（1）位置时为一级能效，位于下方（0）位置时为二级或三级能效。

SW2的1号、2号、3号、4号开关位置的组合，用来区分压缩机的型号。

 说明

调整拨码开关位置时应按照"先拨码后上电"的原则，严禁空调器通上电源之后再调整拨码开关位置。

见图13-58左图，查看粘贴于室内机前面板的中国能效标识图标，示例空调器制冷量为3500W、能效等级为二极。

根据拨码开关规则，SW1的1号和2号应均位于下方0位置，见图13-58右图，但电控盒出厂时拨码开关均默认为0位置，因此SW1开关不用拨动即可。

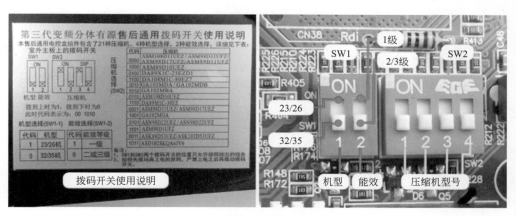

图13-57　拨码开关说明和实物外形

图13-58　能效标识和SW1位置

为使售后服务人员更换电控盒时方便查找室外机的信息，见图13-59，在电控盒的外侧、滤波电容顶部、室外风机电容顶部、空闲位置等粘贴有原机电控盒的标签。

图13-59　标签粘贴位置

示例空调器位于原机电控盒外侧的标签见图13-60左图，可显示压缩机的型号（ASK103D53UFZ）、室外机型号（KFR-35W/BP3N1-B26）、配件编码（17222000024428）等信息，在更换通用电控盒时根据标签信息进行调整拨码开关的位置。

如果更换电控盒时找不到标签，制冷量和能效等级可参见室内机或室外机铭牌，压缩机型号只能取下室外机前盖、压缩机保温棉，见图13-60右图，直接查看压缩机的铭牌标识来确认，可见压缩机实际型号和电控盒标签标示的压缩机型号相同。

图13-60　标签信息和压缩机铭牌

查看粘贴于电控盒外侧的拨动开关说明或随电控盒附带的说明书，查找到压缩机型号ASK103D53UFZ的SW2拨码开关代码位置为0011，由于SW2的1号和2号默认均为0位置，见图13-61，使用螺丝刀头或用手向上推动SW2的3号和4号拨码至ON（1）位置，使SW2实际位置为0011，和说明书上压缩机型号代码相同。

图13-61　拨动SW2开关

11. 安装完成

将电控盒上主板输入引线的另一个地线，固定在挡风隔板上方的地线安装孔（其中一个已经固定在接线端子的右侧），见图13-62，再整理引线并安装在各自的卡槽内，完成更换通用电控盒的过程，试机完成后再安装室外机顶盖。

12. 未使用插座

由于电控盒为售后通用，设计较多的插座以适应更多型号的空调器，根据机型设计不同，有些插座在电控盒安装完成后处于空置状态即不需要安装插头。

示例机型制冷系统使用毛细管作为节流元件，未使用电子膨胀阀元器件，见图13-63左图，位于弱电区域的红色5针、主板标识为电子膨胀阀的电子膨胀阀插座（CN31）为空置状态。

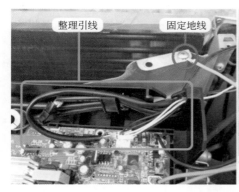
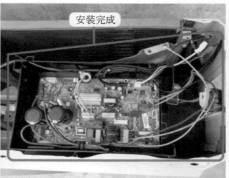

图13-62　整理引线和安装完成

　　本机未使用换气设备，见图13-63中图，位于弱电区域白色3线、主板标识为换气的插座（CN4）所相通的连接线及对接插头为空置状态。

　　见图13-63右图，位于弱电区域的白色4针、主板标识为调试小板的插座（CN23），用于连接美的变频检测仪工装插头，因此为空置状态。

图13-63　未使用插座

第十四章
变频空调器常见故障维修实例

第一节 单元电路故障

一、室内外机连接线接错

故障说明：海信KFR-26GW/11BP挂式交流变频空调器，移机安装后开机，室内机主板向室外机供电，但室外机不运行，同时空调器不制冷。按压遥控器上的"传感器切换"键2次，显示板组件上"运行（蓝）、电源"指示灯点亮，显示代码含义为通信故障。

1. 测量室内机接线端子电压

使用万用表直流电压挡，见图14-1左图，黑表笔接室内机接线端子上2号N端、红表笔接4号SI端，测量通信电路电压，将空调器通上电源但不开机即处于待机状态，实测为直流24V，说明室内机主板通信电压产生电路正常。

使用遥控器开机，室内机主控继电器触点闭合为室外机供电，见图14-1右图，通信电压由直流24V上升至30V左右，而不是正常的0～24V跳动变化的电压，说明通信电路出现故障。使用万用表交流电压挡，测量1号L端和2号N端电压为交流220V。

图14-1 测量室内机接线端子N与SI电压

2. 测量室外机接线端子电压

使用万用表交流电压挡，黑表笔接室外机接线端子1号L端、红表笔接2号N端测量电压，实测为交流220V，说明室内机输出的交流电源已送至室外机。

使用万用表直流电压挡，见图14-2左图，黑表笔接2号N端、红表笔接4号SI端，测量通信电压约为直流0V，说明通信信号未传送至室外机通信电路。由于室内机接线端子2号N端与4号SI端有通信电压24V，而室外机通信电压为0V，说明通信信号出现断路。

见图14-2右图，红表笔接4号SI端子不动、黑表笔接1号L端测量电压，正常应接近0V，而实测为直流30V，和室内机线端子中的2号N端和4号SI端电压相同，由于是移机的空调器，应检查室内外机连接线是否对应。

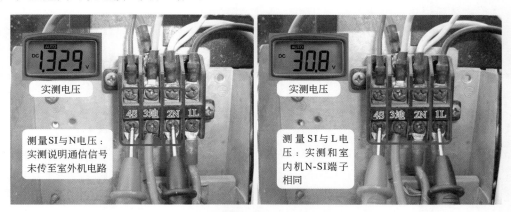

图14-2　测量室外机N-SI和SI-L端电压

3. 检查室内机和室外机接线端子引线

断开空调器电源，此机原配引线够长，中间未加长引线，仔细查看室内机和室外机接线端子上的引线颜色，见图14-3，发现为1号L端和2号N端的引线接反。

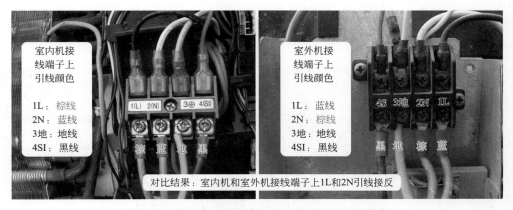

图14-3　检查室内机和室外机接线端子上引线颜色

维修措施：对调室外机接线端子中的1号L端和2号N端引线位置，使室外机与室内机引线相对应，再次上电开机，室外机运行，空调器开始制冷，测量2号N端和4号SI端的通信电压在0～24V跳动变化。

 总结

　　① 根据图14-5的室内机通信电路原理图，通信电压直流24V正极由电源L线降压、整流，与电源N线构成回路，因此2号N线具有双重作用，即和1号L线组合

为交流220V为室外机供电，又和4号SI线组合为室内机和室外机的通信电路提供回路。

② 本例1号L和2号N线接反后，由于交流220V无极性之分，因此室外机的直流300V、5V电压均正常，但室外机通信电路的公共端为电源L线，与4号SI线不能构成回路，通信电路中断，造成室外机不运行，室内机CPU因接收不到通信信号，约2min后停止室外机供电，并报故障代码为"通信故障"。

③ 遇到开机后室外机不运行、报代码为"通信故障"时，如果为新装机或刚移机未使用的空调器，应检查室内机和室外机的连接引线是否对应。

二、室内机通信降压电阻开路

故障说明：海信KFR-26GW/08FZBPC（a）挂式直流变频空调器，制冷模式开机室外机不运行，测量室内机接线端子上L与N电压为交流220V，说明室内机主板已向室外机输出供电，但一段时间以后室内机主板主控继电器触点断开，停止向室外机供电，按压遥控器上高效键4次，显示屏显示代码为"36"，含义为通信故障。

1. 测量N与SI端电压

将空调器通上电源但不开机，使用万用表直流电压挡，见图14-4左图，黑表笔接室内机接线端子上零线N、红表笔接SI，测量通信电压，正常为轻微跳动变化的直流24V，实测电压为0V，说明室内机主板有故障（注：此时已将室外机引线去掉）。

见图14-4右图，黑表笔不动，红表笔接24V稳压二极管ZD1正极，电压仍为直流0V，判断直流24V电压产生电路出现故障。

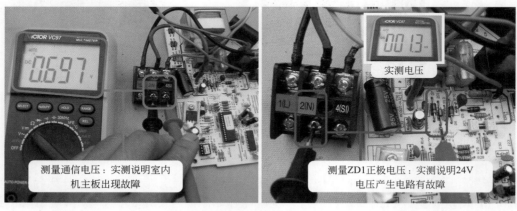

图14-4 测量室内机接线端子通信电压和直流24V电压

2. 直流24V电压产生电路工作原理

海信KFR-26GW/08FZBPC（a）室内机通信电路直流24V电压产生电路原理图见图14-5，实物图见图14-6，交流220V电压中L端经电阻R10降压、二极管D6整流、电解电容E02滤波、稳压二极管（稳压值24V）ZD1稳压，与电源N端组合在E02两端形成稳定的直流24V电压，为通信电路供电。

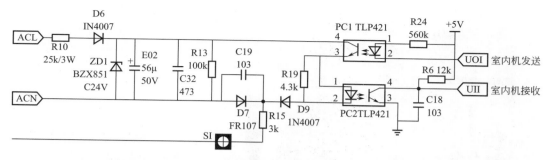

图14-5 海信KFR-26GW/08FZBPC（a）室内机通信电路原理图

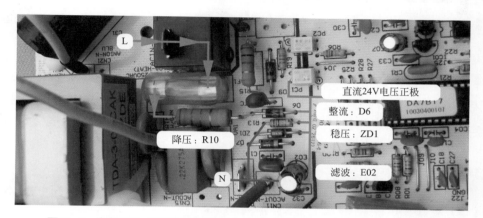

图14-6 海信KFR-26GW/08FZBPC（a）直流24V通信电压产生电路实物图

3. 测量降压电阻两端电压

由于降压电阻为通信电路供电，因此使用万用表交流电压挡，见图14-7，黑表笔不动依旧接零线N端，红表笔接降压电阻R10下端测量电压，实测约为0V；红表笔测量R10上端为交流220V等于供电电压，初步判断R10开路。

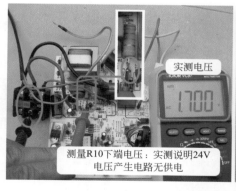
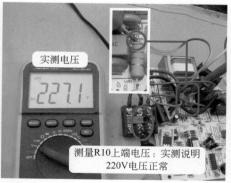

图14-7 测量降压电阻R10下端和上端电压

4. 测量R10阻值

断开室内机主板供电，使用万用表电阻挡，见图14-8，测量电阻R10阻值，正常为25kΩ，在路测量阻值为无穷大，说明R10开路损坏；为准确判断，将其取下后，单独测量阻值仍为无穷大，确定开路损坏。

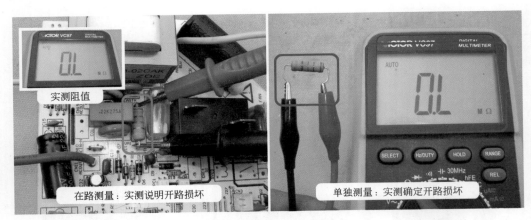

实测阻值

在路测量：实测说明开路损坏

单独测量：实测确定开路损坏

图14-8　测量R10阻值

5. 更换电阻

电阻R10参数为25kΩ/3W，由于没有相同型号的电阻更换，见图14-9和图14-10，实际维修时选用2个电阻串联代替，1个为15kΩ/2W，1个为10kΩ/2W，串联后安装在室内机主板上面。

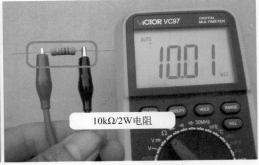

15kΩ/2W电阻

10kΩ/2W电阻

图14-9　15kΩ和10kΩ电阻

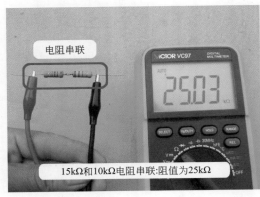
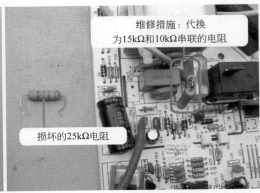

电阻串联

维修措施：代换为15kΩ和10kΩ串联的电阻

损坏的25kΩ电阻

15kΩ和10kΩ电阻串联：阻值为25kΩ

图14-10　电阻串联后代替R10

6. 测量通信电压和R10下端电压

将空调器通上电源，使用万用表直流电压挡，见图14-11左图，黑表笔接室内机接线端子上零线N端，红表笔接SI端测量电压为直流24V，说明通信电压恢复正常。

万用表改用交流电压挡，见图14-11右图，黑表笔不动，红表笔接电阻R10下端测量电压，实测为交流135V。

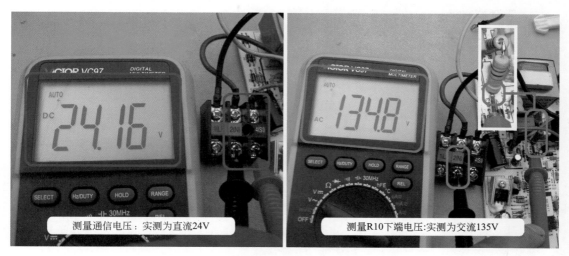

测量通信电压：实测为直流24V　　　测量R10下端电压:实测为交流135V

图14-11　测量通信电压和R10下端交流电压

维修措施：见图14-10右图，代换降压电阻R10。代换后恢复线路试机，遥控器开机后室外风机运行，约10s后压缩机开始运行，制冷恢复正常。

总结

① 本例通信电路专用电压的降压电阻开路，使得通信电路没有工作电压，室内机和室外机的通信电路不能构成回路，室内机CPU发送的通信信号不能传送到室外机，室外机CPU也不能接收和发送通信信号，压缩机和室外风机均不能运行，室内机CPU因接收不到室外机传送的通信信号，约2min后停止向室外机供电，并记忆故障代码为"通信故障"。

② 遥控器开机后，室外机得电工作，在通信电路正常的前提下，N与SI端的电压，由待机状态的直流24V，立即变为0 ~ 24V跳动变化的电压。如果室内机向室外机输出交流220V供电后，通信电压不变仍为直流24V，说明室外机CPU没有工作或室外机通信电路出现故障，应首先检查室外机的直流300V和5V电压，再检查通信电路元件。

三、室内管温传感器阻值变小

故障说明：海信KFR-45LW/39BP柜式交流变频空调器，遥控器开机后室外风机和压缩机均不运行，检查室外机主板直流300V、12V、5V电压均正常，判断室外机主板损坏，见图14-12，经更换后故障依旧，又判断为室内机主板故障。

1. 测量接线端子电压

上门检查，取下室内机进风格栅，短接门开关引线，在更换室内机主板前测量室内机的关键点电压。

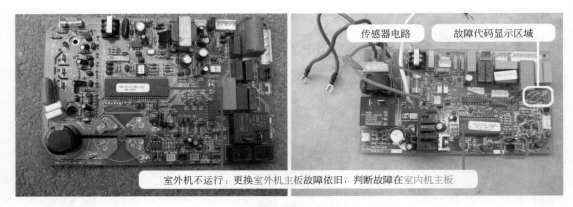

室外机不运行：更换室外机主板故障依旧，判断故障在室内机主板

图 14-12　更换室外机主板和室内机主板

使用万用表交流电压挡，见图 14-13 左图，遥控器开机后测量室内机接线端子 1 号 L 和 2 号 N 零线电压为交流 220V，说明室内机主板已向室外机输出供电。

将万用表挡位换为直流电压挡，见图 14-13 右图，黑表笔接 2 号 N 零线、红表笔接 4 号 SI 线，测量通信电压，开机后为 0～24V 跳动变化的正常电压，判断室外机主板 CPU 工作正常，且通信电路也工作正常。

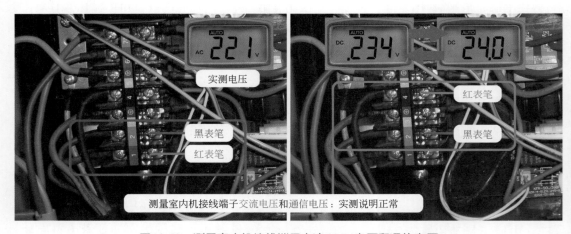

测量室内机接线端子交流电压和通信电压：实测说明正常

图 14-13　测量室内机接线端子交流 220V 电压和通信电压

2. 测量传感器电路电压

使用万用表直流电压挡，见图 14-14，黑表笔接室内机主板 7805 中间引脚地，红表笔测量室内机环温和管温传感器插座电压，此时室内温度约为 30℃。

测量室内环温传感器（ROOM）红色插座 CN11，供电电压（①处）为直流 5V，分压点电压（②处）为直流 2.7V；测量室内管温传感器（COIL）黑色插座 CN12，供电电压（③处）为直流 5V，分压点电压（④处）为直流 4.7V；同一温度下环温分压点和管温分压点电压相差约 2V，初步判断室内管温传感器分压电路出现故障。

🔧 说明

本处图片只是为便于理解，实际测量时环温和管温传感器均安装在插座上面。

空调维修从入门到精通——定频空调+变频空调维修合集

图14-14 测量室内机主板环温和管温传感器插座电压

3. 测量传感器阻值

拔下室内环温和室内管温传感器插头，见图14-15，使用万用表电阻挡测量阻值，实测管温传感器阻值为357Ω，环温传感器阻值约为4kΩ，管温传感器阻值正常时应和环温传感器相等约为5kΩ，根据测量结果判断管温传感器阻值变小损坏。

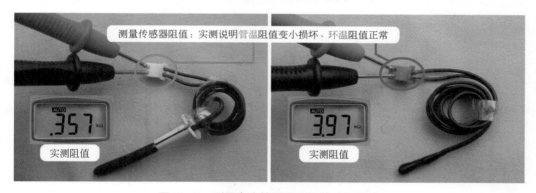

图14-15 测量室内管温和环温传感器阻值

维修措施：见图14-16左图，更换管温传感器。

应急措施：由于管温传感器安装在蒸发器管壁上面，需要取下室内机上面板和蒸发器挡板才能更换，应急试机见图14-16右图，可将待更换的管温传感器探头插在室内外机连接管道中粗管（回气管）保温套之中，并使探头紧靠粗管。

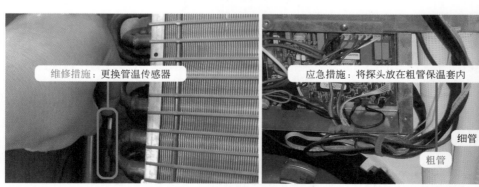

图14-16 更换室内机管温传感器

> ## 🐟 总结
>
> ① 定频空调器管温传感器损坏，通常表现为室内机主板不向室外机供电。如果输出交流电压，压缩机和室外风机运行，系统就开始制冷，由于传感器损坏不能正确检测蒸发器温度，会导致系统进入不正常的状态。
>
> ② 变频空调器室内机和室外机均设有电控系统，主板CPU通过通信电路传送信号，即使室内机出现故障如室内管温传感器损坏，室内机主板向室外机供电后，将温度信号和控制命令经通信电路传送至室外机CPU，可控制压缩机和室外风机均不运行。
>
> ③ 海信目前变频空调器室外机主板或模块板的指示灯为3个，可以显示室内机或室外机的故障代码，室内机出现故障（如传感器电路或室内风机损坏），均能在室外机显示，因此室内机故障时通常可以向室外机供电。
>
> ④ 海信早期变频空调器室外机故障代码指示灯通常只有1个，不能显示室内机的故障代码，当室内机出现故障时，通常不向室外机供电，和定频空调器基本相同。
>
> ⑤ 从本例也可以看出，即使元件出现相同的故障，不同时期的电控系统表现出的故障现象也不一样，在维修时需要注意。

四、电压检测电路开路

故障说明：海信KFR-26GW/11BP挂式交流变频空调器，遥控器开机后室外机有时根本不运行，有时运行一段时间，但运行时间不固定，有时10min，有时15min或更长。

1. 测量直流300V电压

在室外机停止运行后，取下室外机外壳，见图14-17左图，观察模块板指示灯闪8次报出故障代码，含义为"过欠压"故障；在室内机按压遥控器上"传感器切换"键2次，室内机显示板组件上"定时"指示灯亮报出故障代码，含义仍为"过欠压"故障，室内机和室外机同时报"过欠压"故障，判断电压检测电路出现故障。

本机电压检测电路使用检测直流300V母线电压的方式。电路原理为几个电阻组成分压电路，输出代表直流300V的参考电压，室外机CPU通过计算得出输入的实际交流电压，从而对空调器进行控制。

出现此故障应测量直流300V电压是否正常，使用万用表直流电压挡，见图14-17右图，黑表笔接模块板上N端子，红表笔接P端子，正常电压为直流300V，实测电压为直流315V也正常，此电压由交流220V经硅桥整流、滤波电容滤波得出，如果输入的交流电压高，则直流300V也相应升高。

2. 测量直流15V和5V电压

由于模块板CPU工作电压5V由室外机主板提供，因此应测量电压是否正常，使用万用表直流电压挡，见图14-18，黑表笔不动接模块N端子，红表笔接3芯插座CN4中左侧白线，实测为直流15V，此电压为模块内部控制电路供电；红表笔接右侧红线，实测为直流5V，判断室外机主板为模块板提供的直流15V和5V电压均正常。

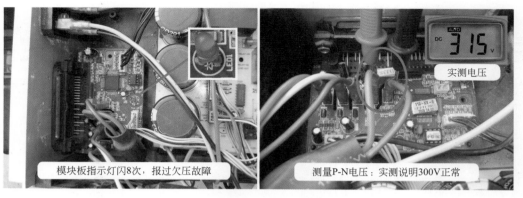

模块板指示灯闪8次，报过欠压故障　　　　测量P-N电压：实测说明300V正常

图14-17　故障代码和测量直流300V电压

说明

　　如果室外机主板开关电源电路直流12V滤波电容C08引脚虚焊，室外机不运行，模块板指示灯闪8次报"过欠压"故障，实测直流5V为3V左右，更换模块板不会排除故障，故障点在室外机主板，因此本例维修时应确定故障位置。

测量15V和5V电压：实测说明正常

15V实测结果　　　　5V实测结果

图14-18　测量直流15V和5V电压

3. 测量电压检测电路电压

　　图14-19为室外机电压检测电路原理图，在室外机不运行即静态，使用万用表直流电压挡，见图14-20，黑表笔接模块N端子不动，红表笔测量电压检测电路的关键点电压。

　　红表笔接P接线端子（①处），测量直流300V电压，实测为直流315V，说明正常。

　　红表笔接R19和R20相交点（②处），实测电压在直流150～180V跳动变化，由于P接线端子电压稳定不变，判断电压检测电路出现故障。

　　红表笔接R20和R21相交点（③处），实测电压在直流80～100V跳动变化。

　　红表笔接R21和R12相交点（④处），实测电压在直流3.9～4.5V跳动变化。

　　红表笔接R12和R14相交点（⑤处），实测电压在直流1.9～2.4V跳动变化。

　　红表笔接CPU电压检测引脚即㉝脚，实测电压也在直流1.9～2.4V跳动变化，和⑤处电压相同，判断电阻R22阻值正常。

使用遥控器开机，室外风机和压缩机均开始运行，直流300V电压开始下降，此时测量CPU的㉝脚电压也逐渐下降；压缩机持续升频，直流300V电压也下降至约250V，CPU㉝脚电压约为1.7V，室外机运行约5min后停机，模块板上指示灯闪8次，报故障代码为"过欠压"故障。

静态和动态测量均说明电压检测电路出现故障，应使用万用表电阻挡测量电路容易出现故障的降压电阻阻值。

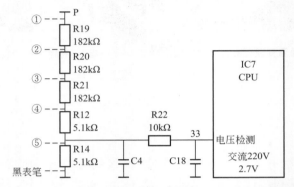

图14-19　海信KFR-26GW/11BP室外机电压检测电路原理图

图14-20　测量电压检测电路电压

4. 测量电阻阻值

断开空调器电源，待室外机主板开关电源电路停止工作后，使用万用表电阻挡测量电路中分压电阻阻值，见图14-21，测量电阻R19阻值无穷大为开路损坏，电阻R20阻值为182kΩ判断正常，电阻R21阻值无穷大为开路损坏，电阻R12、R14、R22阻值均正常。

5. 电阻阻值

见图14-22，电阻R19、R21为贴片电阻，表面数字1823代表阻值，正常阻值为182kΩ，由于没有相同型号的贴片电阻更换，因此选择阻值接近的五环精密电阻进行代换。

维修措施：见图14-23，使用2个180kΩ的五环精密电阻，代换阻值为182kΩ的贴片电阻R19、R21。

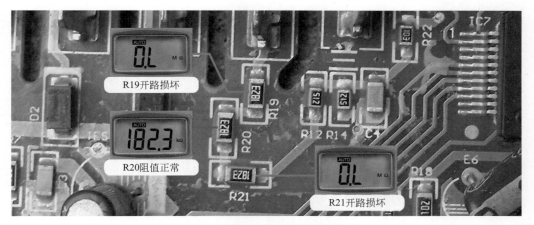

图14-21　测量电压检测电路电阻阻值

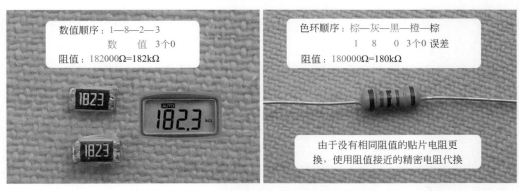

数值顺序：1—8—2—3
数　值　3个0
阻值：182000Ω=182kΩ

色环顺序：棕—灰—黑—橙—棕
1　8　0　3个0　误差
阻值：180000Ω=180kΩ

由于没有相同阻值的贴片电阻更
换，使用阻值接近的精密电阻代换

图14-22　182kΩ贴片电阻和180kΩ精密电阻

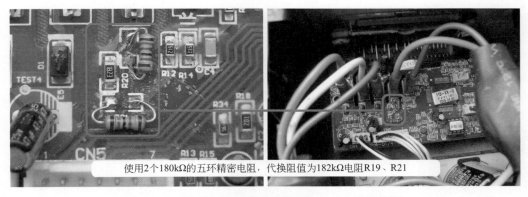

使用2个180kΩ的五环精密电阻，代换阻值为182kΩ电阻R19、R21

图14-23　使用180kΩ精密电阻代换182kΩ贴片电阻

　　拔下模块板上3个一束的传感器插头，再使用遥控器开机，室内机主板向室外机供电后，室外机主板开关电源电路开始工作向模块板供电，由于室外机CPU检测到室外环温、室外管温、压缩机排气传感器均处于开路状态，因此报出相应的故障代码，并且控制压缩机和室外风机均不运行，此时相当于待机状态，见图14-24，使用万用表直流电压挡，测量电压检测电路中的电压，实测均为稳定电压不再跳变，直流300V电压实测为315V时，CPU电压检测㉝脚实测为2.88V。恢复线路后再次使用遥控器开机，室外风机和压缩机均开始运行，当直流300V电压降至直流250V，实测CPU㉝脚电压约2.3V，长时间运行不再停机，制冷恢复正常，故障排除。

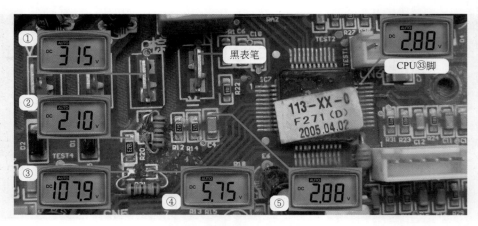

图14-24　测量正常的电压检测电路电压

> **总结**
>
> ① 电压检测电路中电阻R19上端接模块P端子，由于长时间受直流300V电压冲击，其阻值容易变大或开路，在实际维修中由于R19、R20、R21开路或阻值变大损坏，占到一定比例，属于模块板上的常见故障。
>
> ② 本例电阻R19、R21开路，其下端电压均不为0V，而是具有一定的感应电压，CPU电压检测㉝脚分析处理后，判断交流输入电压在适合工作的范围以内，因而室外风机和压缩机可以运行；而压缩机持续升频，直流300V电压逐渐下降，CPU电压检测引脚电压也逐渐下降，当超过检测范围，则控制室外风机和压缩机停机进行保护，并报出"过欠压"的故障代码。
>
> ③ 在实际维修中，也遇到过电阻R19开路，室外机上电后并不运行，模块板直接报出"过欠压"的故障代码。
>
> ④ 如果电阻R12（5.1kΩ）开路，CPU电压检测㉝脚的电压约为直流5.7V，室外机上电后室外风机和压缩机均不运行，模块板指示灯闪8次报出"过欠压"故障的代码。

第二节　室外机常见故障

一、20A熔丝管开路

故障说明：海信KFR-60LW/29BP柜式交流变频空调器，遥控器开机后室外风机和压缩机均不运行，空调器不制冷。

1. 测量室内机接线端子电压

取下室内机进风格栅和电控盒盖板，将空调器通上电源但不开机即处于待机状态，使用万用表直流电压挡，见图14-25，黑表笔接2号端子零线N、红表笔接4号端子SI线，测量通信电压，实测为直流24V，说明室内机主板通信电压产生电路正常。

万用表的表笔不动，使用遥控器开机，听到室内机主板继电器触点闭合的声音，说明已向室外机供电，但实测通信电压仍为直流24V不变，而正常是0～24V跳动变化的电压，判断室外机由于某种原因没有工作。

图14-25　测量室内机接线端子通信电压

2. 测量室外机接线端子电压

到室外机检查，见图14-26左图，使用万用表交流电压挡测量接线端子上1号L相线和2号N零线电压为交流220V，使用万用表直流电压挡测量2号N零线和4号通信SI线电压为直流24V，说明室内机主板输出的交流220V和通信24V电压已送到室外机接线端子。

见图14-26右图，观察室外机电控盒上方设有20A保险管，使用万用表交流电压挡，黑表笔接2号端子N零线，红表笔接保险管引线，正常电压为交流220V，而实测电压为交流0V，判断熔丝管出现开路故障。

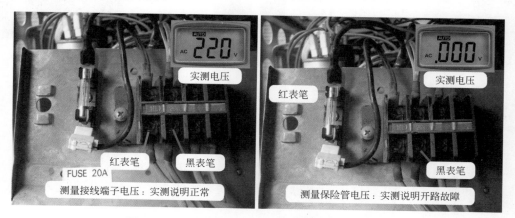

图14-26　测量室外机接线端子和保险管后端电压

3. 查看保险管

断开空调器电源，取下保险管，见图14-27，发现一端焊锡已经熔开，烧出一个大洞，使得内部保险与外壳金属脱离，表现为开路故障，而正常熔丝管接口处焊锡平滑，焊点良好，也说明本例保险管开路为自然损坏，不是由于过流或短路故障引起。

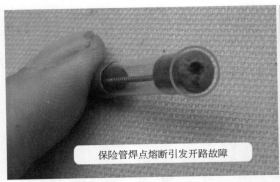

保险管焊点熔断引发开路故障

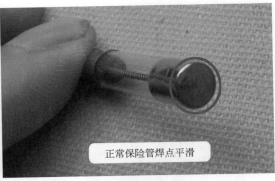

正常保险管焊点平滑

图14-27　损坏的保险管和正常的保险管

4. 应急试机

　　为检查室外机是否正常，应急为室外机供电，见图14-28左图，将保险管管座的输出端子引线拔下，直接插在输入端子上，这样相当于短接保险管，再次上电开机，室外风机和压缩机均开始运行，空调器制冷良好，判断只是保险管损坏。

　　维修措施：更换保险管，见图14-28右图，更换后上电开机，空调器制冷恢复正常，故障排除。

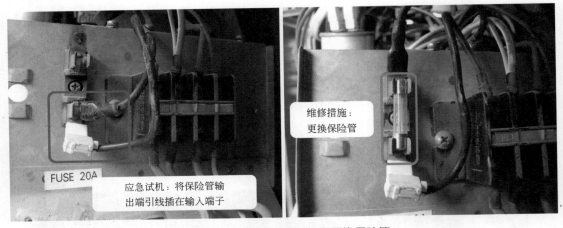

FUSE 20A

应急试机：将保险管输出端引线插在输入端子

维修措施：更换保险管

图14-28　短接保险管试机和更换保险管

> 🔧 **总结**
>
> 　　保险管在实际维修中由于过流引发内部熔丝开路的故障很少出现，保险管常见故障如本例故障，由于空调器运行时电流过大，熔丝发热使得焊口部位焊锡开焊而引发的开路故障，并且多见于柜式空调器，也可以说是一种通病，通常出现在使用几年之后的空调器。

二、硅桥击穿

　　故障说明：海信KFR-2601GW/BP挂式交流变频空调器，上电正常，但开机后断路器（俗称空气开关）跳闸。

空调维修从入门到精通——定频空调＋变频空调维修合集

1. 开机后断路器跳闸

将电源插头插入电源插座，见图14-29左图，导风板（风门叶片）自动关闭，说明室内机主板5V电压正常，CPU工作后控制导风板自动关闭。

使用遥控器开机，导风板自动打开，室内风机开始运行，但室内机主板主控继电器触点闭合向室外机供电时，见图14-29右图，断路器立即跳闸保护，说明空调器有短路或漏电故障。

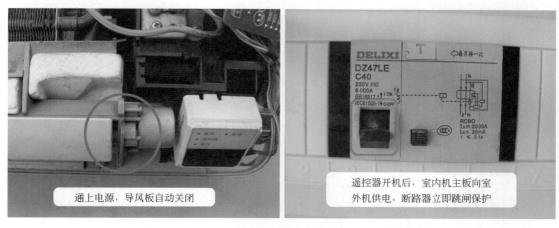

图14-29　导风板关闭和断路器跳闸

2. 常见故障原因

开机后断路器跳闸保护，主要是向室外机供电时因电流过大而跳闸，见图14-30，常见原因有硅桥击穿短路、滤波电感漏电（绝缘下降）、模块击穿短路、压缩机线圈与外壳短路。

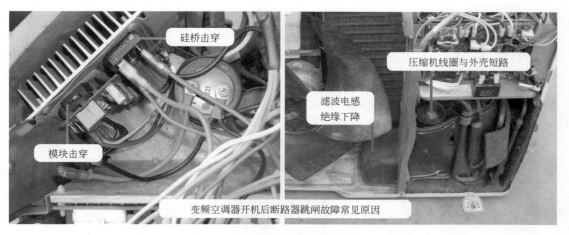

图14-30　跳闸故障常见原因

3. 测量硅桥

开机后断路器跳闸故障首先需要测量硅桥是否击穿。拔下硅桥上面的4根引线，使用万用表二极管挡测量硅桥，见图14-31，红表笔接正极端子，黑表笔接2个交流输入端时，正常时应为正向导通，而实测时结果均为3mV。

红、黑表笔分别接2个交流输入端子，见图14-32，正常时应为无穷大，而实测结果均为0mV，根据实测结果判断硅桥击穿损坏。

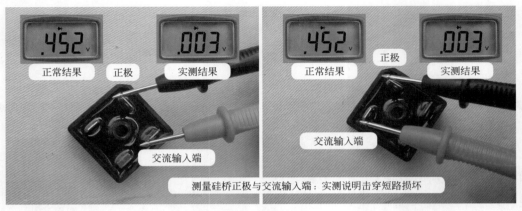

图14-31　测量硅桥（1）

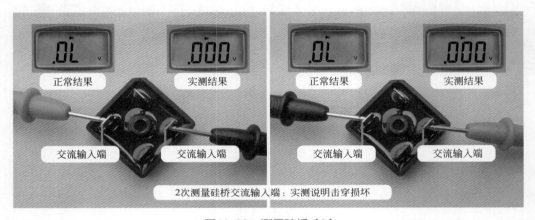

图14-32　测量硅桥（2）

维修措施：见图14-33，更换硅桥。空调器通上电源，遥控器开机，断路器不再跳闸保护，压缩机和室外风机均开始运行，制冷正常，故障排除。

图14-33　更换硅桥

① 硅桥内部有4个整流二极管，有些品牌型号的变频空调器如只击穿3个，只有1个未损坏，则有可能表现为室外机上电后断路器不会跳闸保护，但直流300V电压为0V，同时手摸PTC电阻发烫，其断开保护，表现现象和模块P-N端击穿相同。

② 也有些品牌型号的变频空调器，如硅桥只击穿内部1个二极管，而另外3个正常，室外机上电时断路器也会跳闸保护。

③ 有些品牌型号的变频空调器，如硅桥只击穿内部1个二极管，而另外3个正常，也有可能表现为室外机刚上电时直流300V电压约为直流200V左右，而后逐渐下降至直流30V左右，同时PTC电阻烫手。

④ 同样为硅桥击穿短路故障，根据不同品牌型号的空调器、损坏的程度（即内部二极管击穿的数量）、PTC电阻特性、断路器容量大小，所表现的故障现象也各不相同，在实际维修时应加以判断。但总的来说，硅桥击穿一般表现为上电或开机后断路器跳闸。

三、模块P-N端子击穿

故障说明：海信KFR-2601GW/BP挂式交流变频空调器，制冷模式开机，"电源、运行"灯亮，室内风机运行，但室外风机和压缩机均不运行，室内机指示灯显示故障代码内容为"通信故障"。使用万用表交流电压挡，测量室内机接线端子上1号L和2号N端子电压为交流220V，说明室内机主板已输出交流电源，由于室外风机和压缩机均不工作，室内机又报出"通信故障"的代码，因此应检查室外机。

1. 测量直流300V电压和室外机主板输入电压

使用万用表直流电压挡，见图14-34左图，测量直流300V电压，黑表笔接主滤波电容负极、红表笔接正极，正常值为直流300V，实测为直流0V，判断故障部位在室外机，可能为后级负载短路或前级供电电路出现故障。

向前级检查故障，使用万用表交流电压挡，见图14-34右图，测量室外机主板输入端电压，正常为交流220V，实测说明室外机主板供电正常。

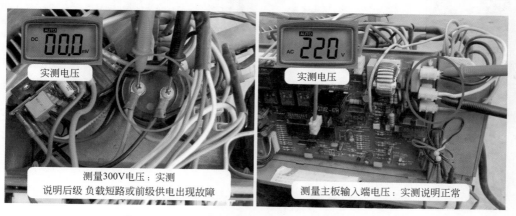

图14-34　测量直流300V和室外机主板输入端电压

2. 测量硅桥输入端电压

使用万用表交流电压挡，见图14-35左图，测量硅桥的2个交流输入端子电压，正常为交流220V，而实测电压为0V，判断直流300V电压为0V的原因，是由于硅桥输入端没有交流电源引起。

室外机主板输入电压正常，但硅桥输入端电压为交流0V，而室外机主板输入端到硅桥的交流输入端只串接有PTC电阻，初步判断其出现开路故障，见图14-35右图，用手摸PTC电阻表面，感觉温度很烫，说明后级负载有短路故障。

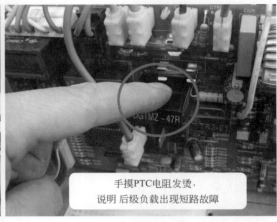

测量硅桥交流输入端电压：实测
说明室外机主板至硅桥输入端有开路故障

手摸PTC电阻发烫，
说明 后级负载出现短路故障

图14-35 测量硅桥交流输入端电压和手摸PTC电阻

3. 断开模块P-N端子引线

引起PTC电阻发烫的负载主要是模块短路、开关电源电路的开关管击穿、硅桥击穿等。见图14-36，拔下模块P和N端子引线，再次上电开机，使用万用表直流电压挡测量直流300V电压已恢复正常，初步判断模块出现短路故障。

拔下模块P、N端子引线

测量300V电压：实测已恢复正常

图14-36 断开模块P-N端子引线后测量直流300V电压

4. 测量模块

使用万用表二极管挡，见图14-37，测量P、N端子，模块正常时应符合正向导通、反向无穷大的特性，但实测正向和反向均为58mV，说明模块P、N端子已短路。

说明

此处为使用图片清晰，将模块拆下测量；实际维修时模块不用拆下，只需要将模块的P、N、U、V、W5个端子引线拔下，即可测量。

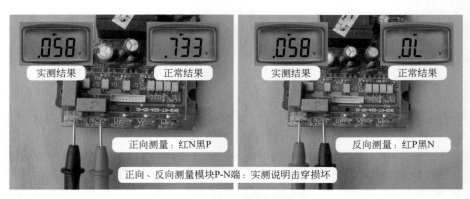

图14-37　测量模块

维修措施：更换模块，见图14-38，再次上电开机，室外风机和压缩机均开始运行，空调器开始制冷，使用万用表直流电压挡测量直流300V电压已恢复正常。

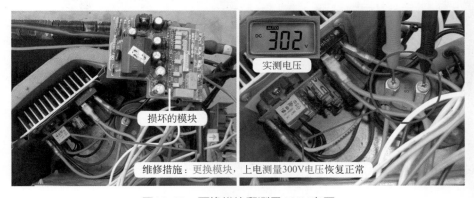

图14-38　更换模块和测量300V电压

总结

本例模块P、N端子击穿，使得室外机上电时因负载电流过大，PTC电阻过热，阻值变为无穷大，室外机无直流300V电压，室外机主板CPU不能工作，室内机CPU因接收不到通信信号，报出"通信故障"的故障代码。

四、室外机主板IGBT开关管短路

故障说明：三菱重工KFR-35GW/QBVBp（SRCQB35HVB）挂式全直流变频空调器，用户反映不制冷。遥控器开机后，室内风机运行，但马上指示灯闪烁报故障代码："运行灯点亮、定时灯每8秒闪6次",查看代码含义为通信故障。

1. 测量室外机接线端子电压

检查室外机,发现室外机不运行。使用万用表交流电压挡,见图14-39左图,红表笔和黑表笔接接线端子上1号L端和2号N端子测量电压,实测为交流219V,说明室内机主板已输出供电至室外机。

将万用表挡位改为直流电压挡,见图14-39右图,黑表笔接2号N端子、红表笔接3号通信S端子测量电压,实测约为直流0V,说明通信电路出现故障。

说明

　　本机室内机和室外机距离较远,中间加长了连接管道和连接线,其中加长连接线使用3芯线,只连接L端相线、N端零线、S端通信线,未使用地线。

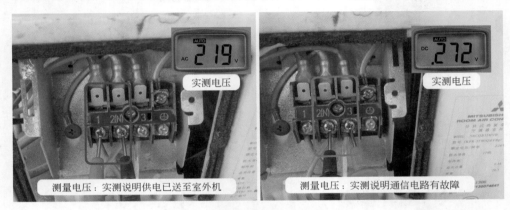

图14-39　测量电源和通信电压

2. 断开通信线测量通信电压

为区分是室内机故障或室外机故障,断开空调器电源,见图14-40左图,使用螺钉旋具取下3号端子上的通信线,依旧使用万用表直流电压挡,再次上电开机,同时测量通信电压,实测结果依旧为接近直流0V,由于通信电路专用电源由室外机提供,确定故障在室外机。

3. 室外机主板

取下室外机顶盖和电控盒盖板,见图14-40右图和图14-42左图,发现室外机主板为卧式安装,焊点在上面,元件位于下方。

室外机强电通路电路原理简图见图14-41,实物图见图14-42右图,主要由扼流圈L1、PTC电阻TH11、主控继电器52X2、电流互感器CT1、滤波电感、PFC硅桥DS1、IGBT开关管Q3、熔丝管F4(10A)、整流硅桥DS2、滤波电容C85和C75、熔丝管F2(20A)、模块IC10等组成。

室外机接线端子上L端相线(黑线)和N端零线(白线)送至主板上扼流圈L1滤波,L端经由PTC电阻TH11和主控继电器52X2组成的防瞬间大电流充电电路,由蓝色跨线T3-T4至硅桥的交流输入端、N端零线经电流互感器CT1一次绕组后,由接滤波电感的跨线(T1黄线-T2橙线)至硅桥的交流输入端。

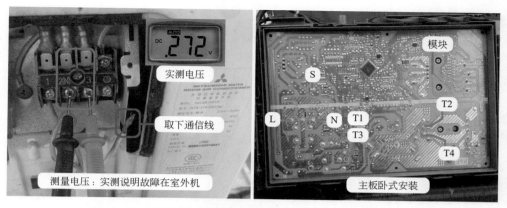

图14-40 取下连接线后测量通信电压和室外机主板反面焊点

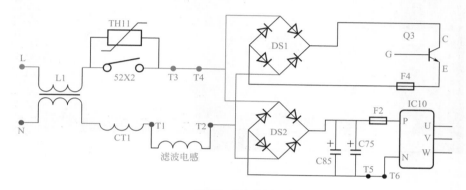

图14-41 室外机强电通路电路原理简图

L端和N端电压分为2路,一路送至整流硅桥DS2,整流输出直流300V经滤波电容滤波后为模块、开关电源电路供电,作用是为室外机提供电源;另一路送至PFC硅桥DS1,整流后输出端接IGBT开关管,作用是提高供电的功率因数。

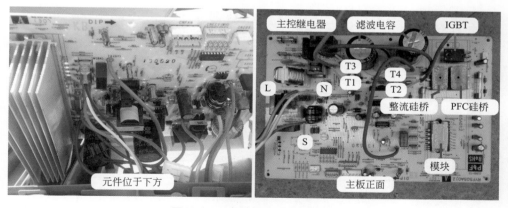

图14-42 室外机主板正面元件

4. 测量直流300V和硅桥输入端电压

由于直流300V为开关电源电路供电,间接为室外机提供各种电源,使用万用表直流电压挡,见图14-43左图,黑表笔接滤波电容负极(和整流硅桥负极相通的端子)、红表笔接正极(和整流硅桥正极相通的端子)测量直流300V电压,实测约为0V,说明室外机强电通路有故障。

　　将万用表挡位改为交流电压挡，见图14-43右图，测量硅桥交流输入端电压，由于2个硅桥并联，测量时表笔可测量和T2-T4跨线相通的位置，正常电压为交流220V，实测约为0V，说明前级供电电路有开路故障。

说明

　　本机室外机主板表面涂有防水胶，测量时应使用表笔尖刮开防水胶后，再测量和连接线或端子相通的铜箔线。

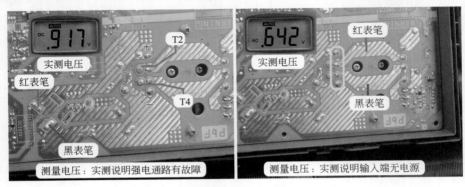

图14-43　测量直流300V和硅桥输入端电压

5. 测量主控继电器输入和输出端交流电压

　　向前级检查，仍旧使用万用表交流电压挡，见图14-44左图，测量室外机主板输入L端相线和N端零线电压，红表笔和黑表笔接扼流圈焊点，实测为交流219V，和室外机接线端子相等，说明供电已送至室外机主板。

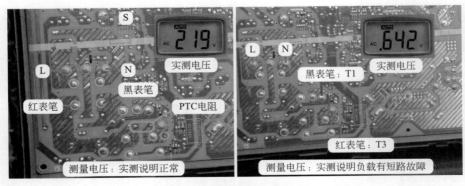

图14-44　测量主控继电器输入和输出端交流电压

　　见图14-44右图，黑表笔接电流互感器后端跨线T1焊点、红表笔接主控继电器后端触点跨线T3焊点测量电压，实测约为交流0V，初步判断PTC电阻因电流过大断开保护，断开空调器电源，手摸PTC电阻发烫，也说明后级负载有短路故障。

6. 测量模块和整流硅桥

　　引起PTC电阻发烫的主要原因为直流300V短路，后级负载主要有模块IC10、整流硅桥

DS2、PFC硅桥DS1、IGBT开关管Q3、开关电源电路短路等。

断开空调器电源，由于直流300V电压约为0V，因此无需为滤波电容放电。使用万用表二极管挡，见图14-45左图，首先测量模块P、N、U、V、W共5个端子，红表笔接N端、黑表笔接P端时为471mV，红表笔不动接N端、黑表笔接U-V-W时均为462mV，说明模块正常，排除短路故障。

使用万用表二极管挡测量整流硅桥DS2时，见图14-45右图，红表笔接负极、黑表笔接正极时为470mV，红表笔不动接负极，黑表笔分别接2个交流输入端时结果均为427mV，说明整流硅桥正常，排除短路故障。

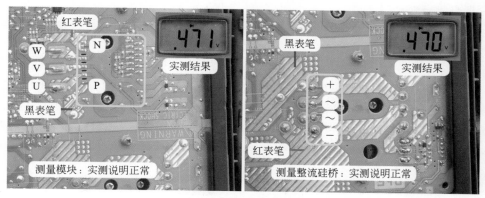

图14-45　测量模块和整流硅桥

7. 测量PFC硅桥

再使用万用表二极管挡测量PFC硅桥DS1时，见图14-46，红表笔接负极、黑表笔接正极，实测结果为0mV，说明PFC硅桥有短路故障，查看PFC硅桥负极经F4保险管（10A）连接IGBT开关管Q3的E极、硅桥正极接Q3的C极，相当于硅桥正负极和IGBT开关管的CE极并联，由于IGBT开关管损坏的比例远大于硅桥，判断IGBT开关管的C-E极击穿。

维修措施：本机维修方法是更换室外机主板或IGBT开关管（型号为东芝RJP60D0），但如果暂时没有室外机主板和配件IGBT开关管更换，而用户又着急使用空调器，见图14-47，使用尖嘴钳子剪断IGBT的E极引脚（或同时剪断C极引脚、或剪断PFC硅桥DS1的2个交流输入端），这样相当于断开短路的负载，即使PFC电路不能工作，空调器也可正常运行在制冷模式或制热模式，待有配件时再更换即可。

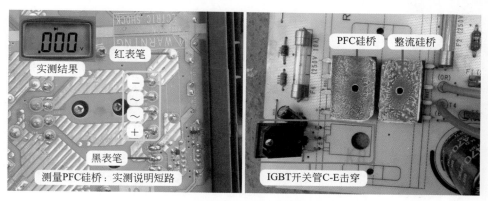

图14-46　测量PFC硅桥和IGBT开关管击穿

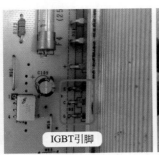

| IGBT引脚 | 使用钳子剪断引脚 | 剪断后的引脚 |

图14-47 剪断IGBT开关管引脚

> ## 🦢 总结
>
> 本机设有2个硅桥，整流硅桥的负载为直流300V，PFC硅桥的负载为IGBT开关管，当任何负载有短路故障时，均会引起电流过大，PTC电阻在上电时阻值逐渐变大直至开路，后级硅桥输入端无电源，室外机主板CPU不能工作，引起室内机报故障代码为通信故障。

五、PFC板IGBT开关管短路

故障说明：海信KFR-50LW/27BP柜式交流变频空调器，遥控器开机后室外风机和压缩机均不运行，同时空调器不制冷。

1. 测量室外机接线端子电压和直流300V电压

使用万用表交流电压挡，见图14-48左图，测量室外机接线端子上1号L端和2号N端电压，实测为交流220V，说明室内机主板已向室外机供电。

取下室外机外壳，见图14-48右图，使用万用表直流电压挡测量滤波电容上直流300V电压，正常值为直流300V，实测为0V，说明室外机电控系统有故障。

2. 手摸PTC电阻温度

用手摸室外机主板上PTC电阻，感觉温度烫手，判断电控系统有短路故障，断开空调器电源，见图14-49，使用万用表直流电压挡测量滤波电容电压仍为直流0V，使用万用表电阻挡测量两个端子阻值约为0Ω，确定电控系统存在短路故障。

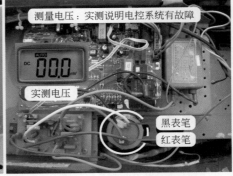

图14-48 测量室外机接线端子交流电压和直流300V电压

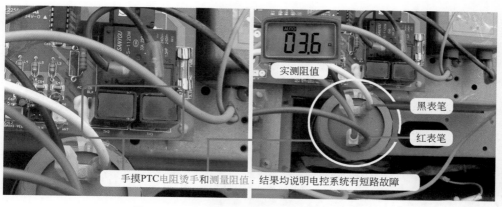

实测阻值

黑表笔

红表笔

手摸PTC电阻烫手和测量阻值：结果均说明电控系统有短路故障

图14-49　PTC电阻烫手和测量滤波电容阻值

3. 测量模块和PFC板

见图14-50左图，拔下室外机主板上直流300V正极和负极引线、压缩机线圈的3个引线，使用万用表二极管挡，测量正极输入（P）、负极输入（N）、U、V、W共5个端子，符合正向导通、反向截止的二极管特性，判断模块正常。由于模块和开关电源电路共同设计在一块电路板上，且模块PN端子和开关电源集成电路并联，如果集成电路击穿，则测量模块P和N端子时应为击穿值，这也间接说明开关电源电路正常。

拔下PFC板上所有引线，见图14-50右图，使用万用表二极管挡，黑表笔接CN06端子（DC OUT _ - ，连接滤波电容负极），红表笔接CN05端子（DC OUT _ + ，连接滤波电容正极），正常值应为无穷大，实测结果为0mV，判断PFC板上IGBT短路损坏。

说明

此机室外机主板正极输入和模块P端直接相连，负极输入和模块N端直接相连，主板上没有专门的P和N端子。

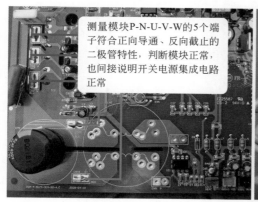

测量模块P-N-U-V-W的5个端子符合正向导通、反向截止的二极管特性，判断模块正常，也间接说明开关电源集成电路正常

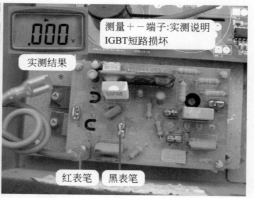

测量＋－端子:实测说明IGBT短路损坏

实测结果

红表笔　　黑表笔

图14-50　测量模块和PFC板

维修措施：见图14-51，更换PFC板。将空调器通上电源，遥控器开机后室内机主板向室外机供电，室外机主板上开关电源电路立即工作，指示灯点亮，压缩机和室外风机开始运行，故障排除。

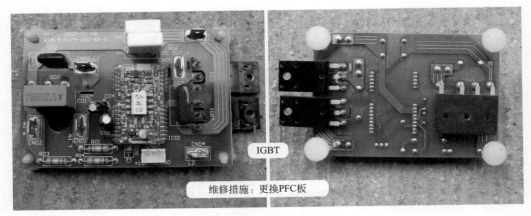

维修措施：更换PFC板

图14-51　更换PFC板

附 录
空调维修操作视频二维码

1收氟

2排空

3加氟

4电子膨胀阀阀杆
上下移动过程

5测量R410A制冷
系统压力

6测量变压器线圈
阻值

7测量步进电机线
圈阻值

8测量辅助电加热
阻值

9测量四通阀线圈
阻值

10测量室内外机
连接线阻值

11测量室内交流风
机线圈阻值

12测量室外交流风
机线圈阻值

13测量室外风机
线圈阻值注意事项

14测量电容

15测试压缩机吸
排气能力

16两个常用
小经验

17使用手机检测
遥控器发射功能

18检测接收器输
出端电压

19不接收遥控信
号故障

20不同型号的接
收器代换方法

21电源电路

22测量继电器线
圈阻值

23短接继电器和
反相驱动器方法

24测量霍尔反馈
插座电压

25格力空调器室
外机指示灯含义

26美的空调器室
外机指示灯含义

27测量3线室外直
流风机线圈阻值

28测量变频压缩
机线圈阻值

29使用指针万用
表测量模块

30使用数字万用
表测量模块

附录　空调维修操作视频二维码

359

31模块常见故障

32测量56V通信
电压

33测量24V通信
电压

34测量直流140V
通信电路电压

35测量通信电路
光耦

36测量5线室内直
流风机驱动电压

37测量5线室内直
流风机反馈电压

38测量5线室外直
流风机电压

39测量3线室外直
流风机电压

40测量交流变频
压缩机电压

41测量直流变频
压缩机电压

42测量室外机运
行电流

43测量电流检测
电路

44测量直流
300V电压

45测量电压检测
电路

46测量6路信号
1-CPU经反相器
驱动模块

47测量6路信号
2-CPU直接驱动
模块

48测量6路信号
3-CPU经光耦驱
动模块

空调维修从入门到精通——定频空调＋变频空调维修合集